建筑的语言

中国建筑学会
建筑科普丛书

[加]
王其钧
著

宛自天成的中国园林

Chinese Gardens
that are
Naturally Formed

游园入梦

机械工业出版社
CHINA MACHINE PRESS

得王其钧老师嘱托,让我为新书写个序,扪心自问何德何能,担心自己的粗鄙文字配不起老师的锦绣大作,不知如何起笔。后来转念一想,作为后生晚辈,为敬重的前辈师长送上衷心祝福,也是一种心意。

被誉为"绘画界全才"的王老师非常勤奋且高产,著作、画作等身,永远精力充沛、带着让人心生温暖的微笑。每次与王老师谈话,都能汲取到很多人生智慧。乔治·艾略特说她第一次读卢梭的作品时像受了电击。十几年前,我第一次读到王老师的《画境诗情——中国古代园林史》,就有过类似感觉。书中那些独具特色、精致清雅的配图让我十分感慨:是怎样的一位掌握了园林的深意与高超绘画技艺的作者,才能把"以园入画,因画成景"诠释得如此到位?!虽然园林是非常美好的人居环境,但用科普的语言将专业的枯燥写得通俗易懂却很难。能够厘清园林历史、解读园林文化、解构园林技术等,还能集绘画与书法于一身的大家,在当今尤为难得。这也要求其广博的视角、娴熟的文字驾驭能力、高超的绘画技艺缺一不可。

园林是一个可以治愈心灵、体味生活美好的空间。当我们徜徉在园林中,面对金碧辉煌或美轮美奂的景致感叹不已时,也常会陷入究竟哪里美、为何美的困惑里。所以,适当把园林的相地与布局关系进行解构,把借景、障景、框景等美妙的造园手法进行解读,从建筑构架、叠山理石、遣水造景、植物配置来厘清园林四要素的构图与关系,让貌似高深莫测的造园技艺从镶着金边儿的云里降落人间、沾上烟火气,才会让人们切身体会,中国园林从古到今,一直就是中国人民对美好生活不息向往的智慧结晶,一直就是人类的"理想家园"。

而阅读，也应是一件惬意的事。尤其是读专业或科普书籍，应当给人以趣味和启迪。林语堂说，头悬梁、锥刺股的苦读精神，是不值得提倡的，如果一个古代圣贤在对你说话，你却睡着了，那你就应该上床去睡觉。我也深以为然，读书应该让人愉悦，因愉悦才废寝忘食。发现一本喜欢的书，内容让你觉得和作者意会神合，都让人欣喜。做学问，固然需要沉下心，原汁原味地读原著，严谨地考证浩瀚史实中的真相，但也需要轻松快乐地体会到在历史深处，很多艺术作品和文化现象是含着许多趣味的，更是创作者们电光石火的灵感乍现，才得以让今天的我们共飨历史的丰厚馈赠。或许某些观点仅是一家之言，可这又有何妨我们去认识整片森林呢？

读万卷书、行万里路都是丰厚人生的方式。阅读和游园，恰是这两点的巧妙结合。行走在园林空间，可以让我们循着"时光隧道"做历史旅行，也可以让我们在美丽画卷中，体味世间之美好、抚慰生命中种种皱褶；阅读园林书籍，则让我们从几千年丰厚的造园积累中，汲取到源远流长的不朽智慧。《游园入梦——宛自天成的中国园林》就是这样的一本书，它将园林和画作做了很好的融合，回归到众多古典园林造园者的"初心"，让读者透过优美的图画与文字，体味园林与生活之美好。

所以请你不要错过《游园入梦——宛自天成的中国园林》；也请你，一定要时常悦读、时常行走于园林间。

杨秀娟
中国园林博物馆党委书记、馆长

中国有着悠久的造园历史,这始于远古时期先民对于美好环境的喜爱和崇敬。商周时期,帝王就开始造园,当时称之为"囿"或者"游囿",就是把自然景色优美的区域给圈起来,放养禽兽,供帝王狩猎。商纣王"好酒淫乐……益收狗马奇物,充牣宫室,益广沙丘苑台,多取野兽蜚鸟置其中。"受后人尊崇的周文王也曾建灵囿,"方七十里,其间草木茂盛,鸟兽繁衍。"那时不仅天子,就连一些诸侯也有囿,只不过是天子百里,诸侯四十,园林的规模在尺度等级上有些差别而已。

汉代的帝王在游囿的自然模式中糅入更多的人工建筑,发展成为帝王苑囿行宫。除了皇帝可以游憩之外,其中的建筑还具有处理公务、举行朝贺的功能,这时的园林称为"苑"。不仅如此,汉代帝王的宫殿也大量吸纳自然景观,使苑与囿结合。譬如汉高祖的"未央宫",汉文帝的"思贤苑",汉武帝的"上林苑",梁孝王的"东苑",宣帝的"乐游苑"等,都是这种模式的著名苑囿。

魏晋南北朝是我国园林发展史上的一个重要时期,文化昌盛,但社会动荡。面对动荡不安的社会局面,人们受其害却无法改变现实,于是开始寻求一种脱离苦海的方式。玄学就是在这种情况下应运而生的。受玄学的影响,一些士大夫在世俗社会上追求功名失意,便转而去享受自然环境。隐居名山大川之中成为文人的普遍风尚,一些文学名著也因此产生。如刘勰的《文心雕龙》、钟嵘的《诗品》、陶渊明的《桃花源记》等都反映了那一时期文人的处世态度。

园林艺术的产生与社会文化取向的关系密切。唐代文化成就斐然可观,与之相对应的园林艺术也高贵华美。唐太宗在西安骊山所建的"汤泉宫",后来被唐玄宗改作"华清宫"。这个宫苑区中殿宇楼阁"连接成城"。尽管建筑华丽,但是在造园艺术上没有什么大的创造。

中国园林艺术能有今天的成就，与北宋时期的造园创造与实践是密不可分的。宋徽宗的绘画造诣很深，他把石头作为园林要素中的主要欣赏对象。奇花异石的自然呈现，带有不可复制性和十分抽象的美学价值。"寿山艮岳"是在造园活动的多方面具有重大突破的帝王御苑，是中国园林史上的一次高峰。此外，"琼林苑""宜春苑""金明池"等一些名园，都为后来中国园林的典雅奇巧、文心画境的形成，做出了突出的贡献。在私家园林营造中，文人、画家参与造园，创作出了中国特有的写意山水园的意境。

清代是中国园林创作的高峰期。由于皇家收入不再用于营造长城、宫殿等大型工程，于是，皇家有了造园的充裕资金。再加上当时稳定的社会局面以及发达的手工技艺，给建造大型园林提供了有利条件。在园林意境构成上，康熙皇帝、乾隆皇帝的多次江南之旅，使他们对于江南园林的美景产生了强烈憧憬，因此"圆明园""避暑山庄"等皇家园林得以大规模营造。清代遗留下来的皇家园林成为今天中国园林的瑰宝。

明清时期的私家园林以江南园林为主要成就，在园林意境的创造手法上以"小中见大""壶中天地"为美学理念。自然、写意、诗情、文心成为主导的艺术思想，形式各异的园林建筑成为造景的主要手段。园林的功能也由最初的游憩场所转变成为可游可居的住宅附属空间。明末产生的园林艺术创作的理论书籍《园冶》，使中国园林的艺术创造和实践活动得以系统地传播和继承，并有了理论依据。

中国园林的成就在清末达到了巅峰，园林集中国多种艺术手法为一体，在世界园林发展史上独树一帜，是全人类宝贵的历史文化遗产。

王其钧

序

前言

01 中国园林总论

中国园林发展的几个阶段　2

中国园林的类型　11

中国园林的主要特征　14

02 起源与生成时期的造园语言

商周时期中国园林的起源　24

秦代的皇家园林　26

汉代的皇家园林　30

汉代的私家园林　39

03 转折时期的造园语言

魏晋南北朝的历史背景与文化特征　46

魏晋南北朝的皇家园林　52

魏晋南北朝的私家园林　60

72　04 全盛时期的造园语言

隋唐时期的历史背景与文化特征　74

隋唐时期的皇家园林　85

隋唐时期的私家园林　96

隋唐时期的其他园林　106

112　05 发展时期的造园语言

宋、辽、金园林发展综述　114

宋代的皇家园林　121

北宋的私家园林　129

宋代的其他园林　140

146　06 成熟时期的造园语言

元明时期的都城与园林建设　148

清初的都城与园林建设　166

清中叶的皇家园林　172

清代的私家园林　186

192　07 皇家园林的造园语言

大内御苑　194

行宫御苑　221

离宫御苑　230

276　08 私家园林的造园语言

扬州园林　278

无锡园林　288

苏州园林　294

318　09 其他园林的造园语言

北方私家园林　320

岭南私家园林　335

山水园林　347

寺观园林　359

其他地区园林　372

后记

参考文献

01 中国园林总论

中国园林发展的几个阶段

中国园林的类型

中国园林的主要特征

中国园林发展的几个阶段

中国园林的雏形

中国的园林,到底源于何时?其最初的形式是什么?学界众说纷纭,但大多数学者还是倾向于这样一种说法,即中国最早的园林应该是原始社会村落住宅旁的林木绿化和园圃等实用性小块土地。人类开始定居生活以后,由以采集和狩猎为主要获取生活资料手段的生活方式转向以农业种植为生的农耕生活。从出土的古代石器、陶器及磨制工具所提供的信息,可知古人在村落或房屋四周的空地上植树,房前屋后有果木蔬圃,虽然这只是简单的为人们提供物质生活资料的园圃,或称苗圃,但客观上已具备了园林对种植绿化的需求。

我国第一部诗歌总集《诗经》中,就有很多关于上古村落绿地的记载。"昔我往矣,杨柳依依。今我来思,雨雪霏霏",描绘出村落近旁恬静优美的自然风貌,并且注意到阴、晴、雨、雪等天气变化对风景的衬托。商代是我国有直接史料记载的历史开端,古人建都并开始了长期定居的生活,农业的丰盛、畜牧业的发达及商业的兴起,为城市的兴建提供了基础。商代兴建了许多城市,并已开始营造园林。中国最早的文字——甲骨文中就有"园""圃""囿"等字。但这时的"园"或"圃"只是农业上栽培果蔬的园地,而作为繁殖和放养禽兽以及供帝王畋猎游乐的场所的"囿",应是园林的雏形。《史记·殷本纪》中记载:"(纣王)好酒淫乐……益收狗马奇物,充仞宫室。益广沙丘苑台,多取野兽蜚鸟

置其中。"以商作开端,到了西周,开始有灵囿。西周时期,随着贵族帝王畋猎活动日益兴盛,开始出现大型的苑囿。

《诗经·大雅·灵台》中描述周文王的灵囿,方圆几十里⊖,内有高台、池沼,囿内饲养各种珍奇动物,灵异禽鸟,池沼内养鱼。周文王不仅能在囿内畋猎,还可欣赏鱼跃池水、动物嬉戏的场景,享受自然界带来的生活情趣。而且除周文王外,这时的诸侯也有自己的囿,只是规模比王囿要小。

西周的囿,可以看作是中国园林的最初形式。囿中除用夯土筑成的高台和掘土形成的池沼外,均是自然生长的动、植物。这是西周朴素的园林,也是中国园林的最初形式。

春秋战国时期的各国都兴建了宫苑,宫苑比起西周的囿则以建高台、筑亭榭而显其壮丽,这时的苑囿是一种集宫殿与花园于一体的

⊖ 1里=500米。

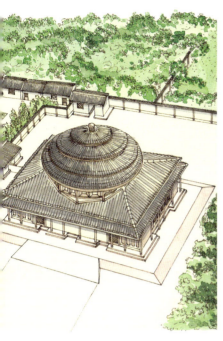

召陈遗址复原图 位于陕西省扶风县召陈村的建筑遗址是约建于西周时期的一组建筑,从复原图上看,这组建筑不仅规模较大,而且还点缀着绿植景观,据推测应是贵族的住宅

山水册 将建筑融入自然山水景观之中的做法早在中国古代时期就已经出现,并由此形成了园林建筑的雏形

宫苑。宫苑围绕宫殿,形成建筑与风景相结合的园林形式。与商周时期仅作放养飞禽走兽的苑囿相比,自然景致更多。以自然山水为主题的园林营建活动从这一时期正式萌芽。

园林的生成时期

帝王是封建社会的最高统治者,一边享受着荣华富贵,一边也总想长生不老。战国时期,以宣扬神仙方术而得宠于帝王的方士,为了迎合帝王长生不老的愿望,便杜撰东海有神仙,住在蓬莱仙境中,仙人有长生不死之药,帝王坚信如能"入海求仙",方可"长生不老"。自秦始皇迷信于方士之说,派人千里迢迢入东海求仙开始,汉文帝也"望气取鼎",之后历代帝王同样矢志不移地寻求神仙方术,而这种精神追求又慢慢地体现在帝王营造园林的活动中,开拓了中国园林的艺术构思。

"六王毕,四海一",秦始皇(前259—前210)统一中国后,在都城咸阳大兴土木,以炫耀文治武功,展现人间富贵荣华。秦代建造园林以模仿自然山水为主,筑土为山,开池置岛,布置出的理想中"东海仙山"的山池景观,成为中国园林文化发展的一个开端。汉武帝(前156—前87)时,扩建秦时遗园上林苑,使这一时期的上林苑达到方圆几百里的规模。汉时上林苑继承秦始皇构筑

仙山楼观图 秦汉时期是中国园林史上的一个重要时期,其中仅在秦代短短的十五年历史中,所营建的苑囿就多达百余处。但这些苑囿现都已不复存在,只能从文字记载和画作中进行了解

的东海仙山的模式，在都城长安西南部建章宫内设太液池，池中堆筑蓬莱、方丈、瀛洲三山，寓意神山圣水的景象。中国皇家苑囿中"一池三山"的模式由此确立，中国园林史上真正意义上的皇家园林也由此出现。

自成为帝王的那一刻起，皇帝便享受到至高无上的权力。所谓"奉天承运"，也就是帝王在封建时期被看作是代表上天来统治寰宇的特使，基于旧时人们对于自然的崇拜与敬畏，这种对众生有威慑力的绝对优势，使帝王们占据了当时最高统治者和最高崇信者的地位。这种得天独厚的优越感总要借助某种具体的形式来表达，以展现出其凌驾于万人之上的威望。而以宫苑为代表的皇家用于居住、行政、休憩的场所便是最好的实物载体。汉初建造未央宫时，刘邦（前256—前195）和萧何（前257—前193）的一段对话，充分体现了"且夫天子以四海为家，非壮丽无以重威，且无令后世有以加也"这一思想。在这种情况下，园林就成为在圈定的一个广大范围内与宫室紧密联系的综合体，"大、广、空、建筑极少"是秦汉皇家园林表现出来的主要特点。汉武帝时，除发展上林苑外，又营建了建章宫，上林苑和建章宫是这一时期园林的代表，

同时这一时期也是中国园林史中重要的生成时期，各地官僚、贵族、富豪的私家园林的出现，也是园林生成时期的重要内容。

此外，汉代（前206—220）时期建筑技术和材料方面的进步和发展也促进了园林的发展，"美轮美奂"的建筑是封建统治势力的象征，也与帝王的享乐生活有密切的关系。战国时期已出现了板瓦、筒瓦及带有纹饰的半圆形瓦当，秦汉时期出现装饰图案丰富的圆形瓦当。春秋时期以建造重屋和高台建筑为主，秦汉时期木构架结构技术已日渐完善，以抬梁式和穿斗式为主要结构的做法在这一时期已经发展成熟，开始出现高达三四层的楼阁。从西周时期栌斗演变而来的斗拱不仅作为重要的结构功能构件，更成为建筑形象的一个重要组成部分。此外，汉代建筑的屋顶已经有庑殿顶、悬山顶、攒尖顶和歇山顶等几种基本形式，为我国木结构建筑的发展打下坚实的基础，丰富的建筑形象也成为园林发展和园林艺术成就的一个重要组成部分。

汉武帝时期推行"罢黜百家，独尊儒术"的政策，帝王、官宦营造园林多以彰显其富贵、王权煊赫及追求享乐为目的，但道教文化在民间的流行，却促使了中国园林文化中的自然意趣的生成。在园林营造上，仍离不开对自然美的欣赏。

歇山顶 为汉代出现的几种基本的屋顶形式之一，主要由一条正脊、四条垂脊和四条戗脊构成，在宋代和元代颇为流行

园林的发展和园林形式的成熟期

魏晋南北朝是中国历史上最为动乱的一段历史时期，园林发展在此时有了转折性的改变。秦汉时期"长生不老"的思想被"人生得意须尽欢"的思想所代替，造园风格上抛弃了以宫室楼台为主、禽兽充溢苑中的形式和"一池三山"的传统模式，开始以自然山水为本色，构筑山池亭台，园林的游憩性质日益突出。魏晋南北朝时期，文人园林在我国园林史上占据了重要地位，影响了以后私家园林的风格，文人园林的一些造园手法还被应用到帝王苑囿的营建中。受这一时期建造的园林影响较大的是后赵邺城的华林园。

隋唐时期国家统一，经济文化繁荣昌盛，这时的宫廷苑囿规模很大，建筑装饰华丽可与秦汉时期相媲美。隋代与初唐时期是皇家园林的兴旺时期。隋炀帝利用洛阳水利之便，营造洛阳西苑，使皇家园林的理水跨入了一个新的历史时期。

在北宋史学家司马光编纂的《资治通鉴》中记载："筑西苑，周二百里，其内为海，周十余里，为蓬莱、方丈、瀛洲诸山，高出水百余尺，台观殿阁，罗络山上，向背如神。北有龙鳞渠，萦纡注海内。缘渠作十六院，门皆临渠，每院以四品夫人主之。堂殿楼观，穷

骊山避暑图 骊山避暑图中所描绘的是建于唐代的一座离宫，称华清宫。华清宫位于今陕西省西安市临潼区骊山北麓，周围群山环抱、景色宜人，是当时园林建筑的典范

极华丽。"隋炀帝的西苑以水景为主,并以丰富的水景水法取胜,建筑及园林景观内容上较秦汉时期丰富得多。大量的观景建筑"亭"的出现,充分发挥了"亭"这种建筑艺术形象在园林景境中的点景魅力。唐代的苑囿称为禁苑,是因为非侍卫及通籍之臣是不能随便进入的。唐禁苑建在宫城的一侧,起着守护宫城的作用。

与大唐禁苑正好相反,位于隋唐长安城东南角的曲江芙蓉园,更多地带具有世俗气息。曲江芙蓉园是一处以自然风景为主的公共游憩场所,上至帝王贵族,下至平民百姓,都可以进入娱游玩乐。据载,每逢春和景明或秋高气爽之日,或是传统节日,园内游人众多,几乎摩肩接踵,是唐代政治清明和文化思想上开放自由的体现。同时,贵族官员的府邸和文人园林也在这时有了大量的营建。其中诗人王维的辋川别业,是唐代最著名也是规模最大的文人园林,代表着唐代私家园林的意趣,是唐代文人向往自然山水的道家思想的展现。

宋徽宗(1082—1135)时,艮岳的营造表明中国皇家园林,已

湖山一览图　从古至今,自然景观不仅是画家笔下常见的主题,同时也是中国园林中不可缺少的构成元素

苏州沧浪亭"周规"月洞门　宋代以私家园林居多，沧浪亭即是其中一例，始建于北宋时期，在现存的苏州园林中历史最为久远

经从以往的单纯从形式上摹写山水转向在神韵中欣赏和感受自然情趣的园林创作，标志着写意式山水园林的创作时代的开始。文人园林的迅速发展与宋代重文轻武，写意山水画、山水诗的兴起紧密相关。而从皇家园林和私家园林的关系上看，这时帝王造园受私家园林影响很大，与秦汉时期私园受官苑影响的状况截然相反。

中国园林的高峰时期

明清两代是中国封建社会的终章，而此时的中国园林发展却达到又一高峰。明代承前代余绪而突飞猛进，苑囿建设不多，却呈现出精雅的风格。随着造园艺术的兴盛和趋于成熟，培养出了一批专业的造园家并著作了专门的造园书籍，明末计成（1582—1642）的《园冶》系统地阐述了文人造园的思想和具体的造园技术手法，对清代的造园活动具有重要的指导作用。

清代是中国造园艺术的集大成时期。清代的皇家园林，已经完全脱离秦汉苑囿"空、大"之风，驶至精雅的巅峰。功能不同、形制各异的园林建筑，精湛成熟的山水布局和变化多端的造园手法，使皇家园林集外观的宏大气势和内在的精致华丽于一体，成为中国园林史上最辉煌富丽的代表。

清代，在北京城的西北角有一片地势低洼、湖泊聚集的区域，这里水源充足、景色宜人，十分适合营建园林。清代在明代清华园的故址上进行扩建，形成一座皇家园林——畅春园，后又在北京西郊的香山营建了行宫静宜园，在玉泉山建了静明园，在万寿山建了清漪园（后改为颐和园），并整修扩建了清康熙时的圆明园。这就是清代在北京营建的著名的"三山五园"，其中规模最庞大、景色最宜人的是圆明园。除此之外，自康熙四十二年（1703）开始在北京城外燕山山脉西部营建的避暑山庄，是清代皇家园林中又一具有代表性的园林，也是我国帝王苑囿中占地面积最大的一处园林。

清代皇家园林的风格表现出帝王崇尚的江南特色。由于皇帝经常外出南行，皇家园林在彰显北方传统的风格时颇受江南私家园林审美和构思方式的影响，出现了许多精美的以模仿江南园林为特色的"园中园"，如圆明园、避暑山庄、颐和园等大型皇家园林内都建造有模仿江南园林风格的小园林，形成了一个个园中园，颇具特色。而后又由于清宫廷对佛教的重视，清代皇家园林的建造中又出现了不同风格的佛教建筑，并因此造就了皇家园林建造艺术更加丰富多样的特色。皇家园林分为大内御苑、行宫御苑和离宫御苑等功能性质不同的园

北京香山公园静宜园半月塘　北京香山公园静宜园有一座园中之园，这座园中之园的中心是以曲廊环抱的一个半圆形水池，池西有一座三开间的轩榭，名为见心斋，始建于明代嘉靖年间（1522—1566）

北京颐和园石舫 名为清晏舫,始建于清乾隆二十年(1755),清光绪二十年(1894)重建。清晏舫三面临水,舫体为青石雕刻而成,舫头靠岸,舫尾朝湖面。船舱部分仿法国游艇的样式分为两层,用油漆装饰成大理石纹样。舫体两侧各有一个石质机轮,模仿当时的蒸汽船

山西晋祠 寺观园林,在中国古典园林中,为纪念历史上的一些重要人物而营建的园林也不在少数,它们可被统称为纪念性园林。位于山西省太原市的晋祠就是一座颇具代表性的纪念性园林,是为纪念晋国开国诸侯唐叔虞而建

林形式。

　　无独有偶,明清时期的私家园林也涌现于全国各地,并在中国园林史中大放异彩。明代中叶以后,农业经济恢复,手工业、商业发展,达官显贵文人学士的造园热情再度高涨,尤其是江南私家园林,建造之势如雨后春笋。此外,各地寺观园林、公共游憩园林、村落园林等,均以各自独特的风格呈现出瑰丽多姿的风采。

西藏罗布林卡 园林在藏语中被称为"林卡",而图示的罗布林卡则可以被译为"有如珍宝一般的园林"。罗布林卡始建于乾隆年间,是藏族园林中保存最为完整的代表作之一

中国园林的类型

在光彩夺目的中国古建筑中，古典园林建筑无疑是最引人注目的一种类型。中国园林按照园林的隶属关系可分为皇家园林、私家园林、寺观园林和自然景观园林（公共游憩园林）等几种类型。

皇家园林

皇家园林又称宫苑、御苑、苑园、苑囿等，是供帝王居住、娱乐、祭祀以及召见大臣、举行朝会、休养生息的场所。皇家园林历史源远流长，从秦汉时期的宫苑建筑、魏晋南北朝的御苑到清代的皇家园林，与中国封建社会始末同步，历经三千多年的发展历程。皇家园林由于其拥有者特殊的地位和权力而具有与其他园林不同的特点。

首先，皇帝是封建社会的最高统治者。严密的封建礼法和森严的等级制度构筑成一个"金字塔"，而皇帝就位居"金字塔"的塔尖。凡是与皇帝有关的建筑从整体布局到具体形象无不显示着皇家的权威和气势。皇家园林也不例外，在遵循风景式造景的情况下尽量体

现皇家的气派。其次，皇家园林同其他皇家建筑如宫殿、坛庙一样都以彰显国家的财力和物力为目的而营建，因此，其建筑形式、用料、结构规模等都是最高等级的，是一般园林所不能比拟的。规模浩大、布局完整、陈设完备、功能齐全、富丽堂皇是皇家园林所独有的特点。

皇家园林的发展历程贯穿中国建筑艺术发展的全过程。

私家园林

民间的私家园林是相对于皇家的宫廷园林而言，具体是指除皇帝以外的王公贵族、官僚、缙绅、文人、士大夫、富商等私人所有的园林。私家园林大体分为两类：一是达官贵人的府邸宅园，由于这些园林的所有者权势显赫、经济实力雄厚，所以多讲究气派，以显示园主的政治地位；二是古代文人士大夫的宅园，这些园林的营建者崇尚自然、热爱自然，为了逃避动荡不安的现实社会，很多文人隐居山林，追求理想中的生活境界，而他们当中有一部分人则把住宅建成具有自然山水情调的处所，形成"前寝后园"的宅园形式。宅邸拥有住宅和花园两部分，前部为居住的生活场所，紧邻邸宅的后部模拟自然山水风光，为园主人休憩、游乐、会友、读书的场所。

私家园林最早出现在汉代，以后各代都有不同程度的发展和扩大。魏晋南北朝时，大量的文人士族隐逸山林，其居所的形式便与豪权贵族府邸宅园有很大的不同。这一时期不仅落魄的文人对隐逸的山林生活情有独钟，达官贵人也乐此不疲，将自己的小园构筑得有声有色，凸显其富贵豪华。这一时期，私家园林开始出现写意山水庭院，并逐步向文人园林靠近。唐代末年，豪华奢靡的城市宅邸园林与清新幽雅的文人别业不再有很大区别。宋代（960—1279）受山水画论的影响，私家园林更趋于精雅。

清代(1616—1911)，尤其是从乾隆时期(1736—1796)到清末，私家园林造园活动兴旺，遍及全国，一些少数民族地区也建有一定数量的私家园林。除江南、北方两地域，岭南园林的异军突起，既丰富了私家园林的布局和风格，在艺术形式上也独树一帜，成为私家园林中的一朵奇葩。三种不同风格的园林在造园方式上各显特色又互相影响。北方私家园林沉稳、敦厚，具有刚健之美；江南园林建筑小巧玲珑、山明水秀，具有柔媚的氛围；岭南园林布局紧密、使用功能突出，再加上气候温和湿润，一年四季花团锦簇、芳草鲜美，与皇家园林有所不同。中华民国时期涌现出大量的私家园林，苏州园林中就有很大一部分改建或扩建于这一时期。

寺观园林

寺观园林是指附属于寺庙、道观和祠堂的园林。寺观园林从性质上说不是游赏型园林，但从建筑形式和空间氛围上看，这种建筑的附属区域又具有园林的特色。佛教和道教是中国的两大主要宗教，历代统治者利用宗教加强和维护自己的统治。魏晋南北朝时期佛教建筑遍布全国各地，各地的寺庙、道观香火旺盛。这些寺观拥有土地，还经营工商业，与封建地主小农经济相似，形成一种经济形态——寺观经

北京云居寺 建筑依山势而建,建筑具有三条轴线,主要殿宇集在中路。建筑共有六进殿宇,每座主殿的两侧都建有配殿及配房,形成了一组组封闭的院落。由于地势的起伏,使得每进院落都不在同一水平面上。每组院落均自成一个四合式建筑群体,院内有甬道连通各座建筑。由于建筑台地间有较大落差,因此形成一个个观景平台

济。寺观经济是寺观园林存在的物质基础。另外,古代的寺观多建在风景优美的山郊野外,这在客观上也提供了营造园林的优越地理条件。中国的宗教世俗化,是寺观和园林最终相结合的根本原因所在。寺观园林以神圣庄严和清幽雅静的特点成为与皇家园林和私家园林并驾齐驱的园林形式。

自然景观园林

除了前面提到几种园林类型外,还有一种园林既不是皇家敕建,也不是私人营造,更不是寺观的附属建筑,而是一种天然景观,利用天

然山水的局部或片断作为建园基址，配以周围环境，构筑一些园林建筑，然后经过人为开发加工成为公共游览性景观园林。自然景观园林由于本身的地形特点、水源、植被等因素，可谓"清水出芙蓉，天然去雕饰"，具有人工园林所不可替代的优势。通常来说，自然景观园林规模较大，内容广泛，人文景观十分丰富。

中国园林的主要特征

模山范水，追求自然情趣

中国园林的起源，源于原始人类对自然的崇拜，天地山川是其崇拜的主要对象。因此园林的主题和内容总是与山水有关。当人类跨入文明社会之后，秦汉苑囿的"一池三山"表现的是人们对神海仙山的强烈向往之情。而历代文人对自然界的山水更是情有独钟。中国园林造园的主旨意在模仿自然，巍峨的山峰、奔流的江河、辽阔的平原、浩淼的湖海、幽深的洞壑，在广袤的中华大地上的锦绣山河都是园林所模

苏州狮子林 始建于元代的狮子林是苏州四大名园之一，园内以假山、怪石和洞壑等诸多摹拟自然的景观为主，并因怪石的形状多类似于狮子而得名于此

檀干园镜亭 位于安徽省黄山市檀干园内的镜亭采用了犹如展开的羽翼一般的飞檐，与其周围的自然景观相得益彰

拟的原型。正如古文所述："高山仰止，景行行止。虽不能至，然心向往之。"

大自然形态万千、变化多端，园林不可能在有限的地域空间、物质条件下对大自然原样照搬，而是有意地、重点地、有针对性地对自然中的某一构成要素加以突出表现。在不悖于"客观"的条件下，改造、调整、加工、剪裁，从而表现出一个高度概括、典型化的自然。园林中的山水，绝对不是自然山水的复制品，而是同绘画一样，基于自然，再现自然，又高于自然。模拟自然的原则是要忠于客观，但又不完全照搬，重在神韵、气质的相似而非单纯地具体形态的相像。从中国园林营造的动机或目的来看，不同的园林类型模拟的具体内容不同。同样是对自然山水的再现，又因造园者身份、地位、情趣爱好、经济条件的不同，而呈现出丰富多彩的园林山水景观。

中国古人对自然的欣赏，因其身份的不同对自然的解读也各不相同。同样一座山，在万人之上的帝王眼中，是权威的象征；对于中上阶层的士大夫来说，就是其攀附向上心理的一种载体；而对于性情高雅的文人来说，可能是一处很好的画景。纵观中国园林的营建，大多是与权、钱分不开的。皇家园林自不必说，不管是魏晋南北朝时期隐逸文人的庄园、别业或中晚唐落魄诗人的草堂，还是清代辞官回乡的绅士名流的私家宅园，假如没有一定的政治背景和经济条件做基础，是无法实现的。这些园林的园主虽呈现出各种各样的精神面貌和生活特征，但终归都是受封建正统思想的影响，他们的审美观念和社会背景决定着园林山水景观对自然山水模拟的法则和程度。

多种艺术形式的集合体

在中国传统建筑中，园林艺术的境界很高，发展很成熟，民族特点也极强，是中国建筑的精华。文学的本质、诗词的意境、绘画的神韵，都在园林艺术中得以具体体现，形成中国文化的代表形式之一。清代钱泳在《履园丛话》中对园林与文学的关系有自己独到的见解："造园如作诗文，必使曲折有法，前后呼应，最忌堆砌，最忌错杂，方称佳构"，钱泳点出了园林的总体布局与写文章的关系。正如钱泳所说，造园同作诗文一样有"起承转合"，才能引人入胜，意味无穷。

通常来说，园林起始空间设计较为低调，没有太亮丽的景观，多以曲折狭长的小径作为引导，沿路两旁设置小榭美亭，引人注目。等游人足够放松、心情极为闲散之时，或有一峰山石突显于眼前，峰回路转，则又是一池清波，山水相依，一明一暗，一柔一刚，一聚一散，处理得协调自然；或者由大片的水域渐渐打开游人视线，亭台楼阁沿池依次展开，让人有目不暇接之感，这便达到了园林的高潮部分。高潮过后，或"转笔"，或再次转向平和，表现在园林的设计上则要借助小品及建筑来实现，一座彩虹般的小桥凌波而置，一段曲廊透迤而去，都是把人引入另一境界的手法。园林收尾空间的处理，也要如同作文写诗，注重意的延续、神的扩展，切忌戛然而止。

园林与文学的关系，主要体现在诗词与园林景致的构成上，具体的表现是要赋予园林景观一定的感情色彩。园林中大量摄取古典诗词中的意境描述，作为园林景致的构成成分。徜徉园中，细细咀嚼品味，犹如徜徉于古代诗文

中,给人以无尽的回味和震撼。园林中的楹联、匾额不仅起到点景、标示的作用,而且提升了赏游的趣味,增添了园林的文学气息。

如果说,文学的加入是对园林的一种补充和修饰,那么绘画,特别是山水画,则是决定园林发展的一个因素。宋代,山水诗、山水画、山水园林互相渗透的密切关系已完全确立。中国古代绘画以写实和写意相结合的方法,表现出"可望、可行、可游、可居"的中国文人士大夫向往的理想境界,说明了"对景造意,造意而后自然写意,写意自然不取琢饰"的方法。与中国古代绘画息息相关的园林艺术也明显带有中国画作品中"可望、可行、可游、可居"的艺术特点,最终促使中国园林发展成集观赏、游乐、品情、休息、居住等多种功能于一体的特殊场所。

以中国传统画论为园林叠山理水的创作思想是园林与绘画相结合的另一种表现。扬州个园的四季假山便是对宋代画家郭熙(1023—约1085)"春山淡冶而如笑,夏山苍

万壑松风图 五代时期画家巨然创作的水墨画,表现了江南深谷幽泉,高山密林的自然景象。画面分为远、中、近三个空间层次,在自然山石中加入了亭桥、建筑、水系点缀其中,这种疏朗穿插、错落有致的构图技法,成为后人营造园林所遵循的标准和原则

翠而如滴。秋山明净而如妆，冬山惨淡而如睡"画论的最好诠释。中国造园史上出现的许多造园名家，多精通画艺，能以画论叠山置景。扬州片石山房的假山为明末清初画家石涛（1642—1708）叠山的"人间孤本"，明代北京的勺园、湛园、漫园三园的园主即为米芾（1051—1107）后裔，当时名的画家米万钟（1570—1631）。清代三山五园之一的畅春园由山水画家叶洮规划设计，叠山名家张然叠山。古代绘画大师不仅亲自参与造园活动，其作品也常常成为叠山掇石的构图蓝本。如承德避暑山庄万壑松风直接取景于宋代画家李唐（1066—1150）的《万壑松风图》，圆明园狮子林模拟元代画家倪瓒(1301—1374)的《狮子林图卷》营建。园林在景观的布置上常常应用到一些造园手法，诸如框景、对景。框景就是透过特意设置的门窗去看园景，把山石花木框入其中，宛若一幅天然的图画。透过洞门或竖向的空窗，人们看出去的景色仿佛是一幅条屏，由上至下，画面产生变化；而从横向的空窗或是长廊的两柱之间看去，会产生手卷一样的横向构图，像是宽银幕的画面，让人左右回顾；各式各样的花窗又会像一幅幅扇面图画，有"团扇""羽毛扇""蕉叶扇"等各种构图形式，更有趣的是透过长廊上形状各异的什锦窗看风景，边走边看，一幅一幅景观构成连续的画面，犹如一本打开的画卷。

意境美

意境美是中国园林最具魅力的审美构成因素。唐代诗人王昌龄（698—757）的《诗格》中有三境之说："物境""情境""意境"，也有人称之为"生境""画境"和"意境"，讲的是意境美的过程，即由客观的"物境"，进入主观的"情境"，然后再引发创造出理想的"意境"。由此看来，意境是由客观具体的自然物质形态，经过文化艺术的加工，上升至具有艺术美的"情境"，再通过触景生情，达到理想美的"意境"。"境"在汉语中是指一定的范围界限。前面加上"意"字，则就有了更高的境界，强调的是心灵的感染。

古典园林中的观赏点，能使观赏者综合感受景色美的真境。清人厉鹗在《秋日游四照亭记》中说："献于目也，翠潋澄鲜，山含凉烟。献

山东十笏园四照亭与春雨楼
位于山东半岛的十笏园始建于光绪十一年（1885），是中国私家园林中的代表，清人厉鹗笔下的《秋日游四照亭记》所描绘的即是十笏园内的一处重要景观

于耳也,离蝉碎蛩,咽咽喁喁。献于鼻也,桂气崦薆,尘销禅在。献于体也,竹阴侵肌,痏痒以夷。献于心也,金明萦情,天肃析醒。" 这段描述十分形象地向人们传达了秋日坐在园林中的综合感受:眼睛可以看到湖水涟涟,林木青翠,烟云缭绕;耳朵可以听到秋蝉合奏般的鸣唱;鼻子可以闻到桂花的香气,而且还使人萌发禅心,身体通过在竹阴下小憩,不仅舒适,而且疲惫尽扫。心田则迎合了各种感受,沉浸在荡漾夺目的山光水色之中。古典园林的精髓在于将中国诗词中常用的字眼,如"徘徊""流连""周旋""盘亘"等,用具体的建筑语言表现出来。在这种特有的建筑空间中,中国的哲学书籍,如《易经》中所常用的"来回""往复""无往不复""周而复始"等抽象的字眼,通过园林艺术得以实际体现。

客观的物象首先要冲击到人的视觉、听觉或嗅觉,这种感观的美一旦通过概括、提炼、赋予和点染,就会上升到情与景相互交融的第二种境界——情境。以情看景,赋自然之物以人性,是中国古人游园赏景的传统习惯。《世说新语》中记载,魏晋南北朝梁简文帝游华林园时,感叹道:"会心处不必在远,翳然山水,便有濠濮间想也,觉鸟兽禽鱼,自来亲人。" 北京颐和园昆明湖东北岸乐寿堂的正门,临湖的一间敞轩,是当年慈禧从园内下水游览湖光的必经之处,这里水光潋滟,花木葱茏,而以"水木自亲"为名,巧妙地点出游人于此赏景怡然自得的愉悦感。只要人与自然保持和谐亲近的心态,不必跋山涉水隐逸到远山深林中,只需按自己的喜好构筑与自然万物相通的一方天地,同样可以自由地与自然进行对话,达到"天人合一"的境界。这应该也是中国园林构筑的初衷。

中国人的空间意识,在园林艺术中层层推出,又回返至内心。在儒家看来,大自然山林川泽之所以会带给人们美感,在于它们的形象能够表现出与人的高尚品德相类似的特征,从而将大自然的某些外在形态、属性与人的内在品德联系起来。孔子(前551—前479)说:"知者乐水,仁者乐山。知者动,仁者静。"知者何以乐水,仁者何以乐山呢?因为水的清澈象征人的明

北京颐和园十七孔桥 北京颐和园十七孔桥是一座联拱石桥,始建于清乾隆十五年(1750),是连接东堤与南湖岛的石桥,也是中国皇家园林中现存最长的桥梁。十七孔桥桥身由十七个发券孔组成,正中一孔最大,两侧依次渐小。桥正中的额栏上北侧刻"灵鼍偃月",南边刻"修蝀凌波"。桥栏上有望柱62对,望柱柱头上共雕有约540只石狮,形态各异。桥东西两端的四个栏杆起始处各有一只石刻靠山兽,威武勇猛,形态生动

智,而山的稳重高大象征人的敦厚,常说的"虚怀若谷",就是一种非常恰当的比喻,把人的开阔的胸怀比作深远的山谷。

建筑美与自然美的融合

中国人对自然山水的热爱之情是十分深厚的,先秦时期就开始用"比""兴"的方式来表现、传达人们对自然美的情感和观念。所谓"比者,以彼物比此物也。"(《诗经集传》),管仲(?—前645)开始以水比德,孔子曰:"知者乐水,仁者乐山",也以山水比德。所谓"兴者,先言他物以引起所咏之辞也。"例《诗经·小雅·采薇》中:"昔我往矣,杨柳依依。今我来思,雨雪霏霏"就是先人用植物形象和气候景象来表达其情思。

山、水、花木、建筑是构成园林的四大要素,园林中没有建筑形式,也就无异于自然中

远眺颐和园佛香阁　位于北京颐和园内的佛香阁伫立于万寿山前山的正中,其依山傍水、居高临下,而且建筑本身也颇为宏伟、高大,堪称是颐和园内最为亮丽的风景线

的山水。园林要源于自然,更要胜于自然,园林之胜,就在于形制各异、丰富多彩的园林建筑小品。自然界的山水多呈现柔和婀娜的曲线,山岭峰石的轮廓,溪流河池的岸线,几乎都是曲线,很少有笔直方正的几何形。园林中的亭台楼榭与之相呼应,也尽量求"曲"。曲径、曲廊、曲桥这些原本以直线组成的建筑,无不随山形地势柔曲成形。就连园内用于赏景、休憩的美人靠,也一改横平竖直的栏杆形式,几乎全用

北海濠濮间　濠濮间形态各异的景观、巧夺天工的建筑,在引人入胜的同时,又将中国人对自然山水的热爱以及对美好生活的向往尽展无遗

曲木制成；台地踏步、石桥台阶也常用天然山石铺砌，自然柔曲的线条，使建筑更具自然情趣，也使建筑能够与周围的自然环境和谐地融合在一起。

为了适应山水地形的高低曲折，园中亭榭多随意多变，不强调中轴线、对称均衡的建筑布局。出于赏景的需要，亭阁或立于山巅，或卧于水际，或隐于花木。颐和园佛香阁，八面三层四重檐，山、阁浑然一体，成为昆明湖前湖前山景区构图的中心。

园林作为游赏性的场所，使游人获得最多的观赏点。正如古人所说："常倚曲阑贪看水，不安四壁怕遮山。" 园林中的建筑通常空透玲珑，建筑的墙面多开有空透的门窗，而一些用以赏景的建筑更是四面开敞，不设墙壁。游人置身其中可自由环顾四周，多面观景。中国传统建筑多用木结构，木结构的建筑与砖石结构相比更灵活通透，相互之间的组合也更和谐。

此外，建筑的名称也多以水、山、花、木为名，如承德避暑山庄水心榭、浙江嘉兴南湖烟雨楼、苏州拙政园海棠春坞、扬州瘦西湖荷蒲熏风等，使建筑与自然更亲近。

苏州狮子林双香仙馆与问梅阁 中国古典园林不仅在整体形式上各有千秋，而且园中建筑的名字也是千变万化，很少出现雷同的现象，展现出了中国古代文化水平的博大与精深

苏州拙政园小飞虹 苏州拙政园小飞虹是一座廊桥。桥名取自南朝鲍照《白云诗》里的意境："飞虹眺卷河，泛雾弄轻弦。"小飞虹廊桥的桥栏板为"卍"字形木棂格，是苏州园林最常用的元素，涂以朱红色油漆，色彩十分鲜艳。桥身中段较高，倒映水中，恰如彩虹，微风吹拂，碧波荡漾

02 起源与形成时期的造园语言

商周时期中国园林的起源

秦代的皇家园林

汉代的皇家园林

汉代的私家园林

商周时期中国园林的起源

中国园林的起源最早可追溯到原始社会的新石器时期。自人类定居生活开始,人类社会就出现了以饲养家禽、种植蔬果为主的原始农业,以满足物质生活的需要。有学者认为园林艺术除了起源于游戏以外,像古代统治者的狩猎活动、一般的生产劳动、先民聚居区村落的植树绿化以及对鬼神的祭祀活动(如上古的图腾崇拜及庆典活动)也都促进了园林艺术的兴起。

原始社会生产力低下,对于上古时代的人类来说,自然界中的风、雨、雷、电等一切自然现象都充满神秘性,于是人们便对大自然界中的一些现象产生了某种精神崇拜。原始人类对祭祀活动非常重视,部落首领的更换、新房子的开工与落成以及祈祷来年丰收等大小事宜所要举行的或大或小的祭祀活动,都促使人们精神活动的发展。祭祀的方式往往与他们的生产方式息息相关。他们或者把种植生产的农作物摆在田间地头,或者在牧场上用各种珍禽异兽当作贡品来祭祀所信奉的图腾。祭祀之后通常还会举行相关的宴乐活动,从而把原本庄严肃穆的气氛转向热闹欢娱,而随着祭祀的场所中娱乐性质的加入,用于祭祠的场所逐渐转变成集祭祀、娱乐、聚会于一体的公共活动空间。原本祭祀时用于摆放贡品的庄重的神台也渐渐向提供登高远望和观赏风景的高台转变,其最原始的用途逐渐淡化,形式也开始发生变化,从而最终演变为中国园林中最早的建筑形

人面鱼纹彩陶盆 原始社会虽然还没有园林建筑的存在,但人们在选择图腾或营造祭祀场所的时候,就已经表现出了对大自然的亲近和热爱,为古典园林的形成埋下了伏笔

式——灵台。

到了商周时期,帝王有了专门的玩乐场所。暴虐无道的商纣王不仅对臣民残暴,而且生活奢靡,苑中建台放养牲畜,以享畋猎之趣。文中的"鹿台",即是灵台,在商城郊外朝歌城内(朝歌即今河南省鹤壁市内,距离当时的都城殷不远)。商纣王在朝歌建造城囿,作为离宫苑囿,苑中掘土筑台,用于平日打猎、游玩。鹿台体量非常庞大,"纣为鹿台,七年而成,其大三里,高千尺,临望云雨。"(引自刘向《新序·刺奢》)。鹿台不仅是纣王游赏的场所,还被用来储存赋税征得的钱财,当作国库使用。汉代人所说的"苑"就是先秦的"囿"。商代(前1600—前1046)的苑与台两者在功能上已经融为一体,共同组成商纣王游乐嬉戏的场所。

时间进入周代(前1046—前256),华夏文明又向前迈进一步。与商代相比,周代园林相关的史料记载增多。中国最早的诗歌总集《诗经》中就有许多关于"园""囿"

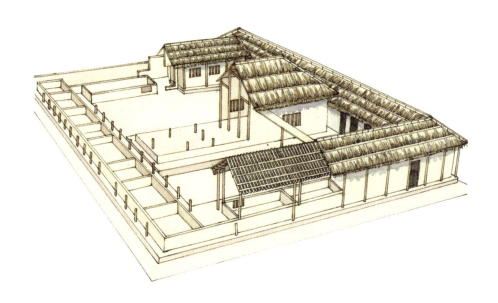

陕西凤雏建筑遗址复原图 发现于陕西省宝鸡市岐山县凤雏村的一处约建于西周早期的建筑遗址,为人们了解周代的建筑提供了重要依据。该建筑在格局、结构和材料的应用上都有所突破,因此也成为后期的建筑营造者们争相效仿的对象

"庭"的记载,当时历代统治者常常以高台广囿显示国力的强大。

《诗经·大雅·灵台》记载,周文王(前1152—前1056)建有一个方圆几十里的灵囿,位于长安以西四十多里,囿中有"灵台、灵沼"。周文王讨伐商纣王,深得民心。灵囿营建之时,从记载的"庶民攻之,不日成之"中可知,帝王造囿,老百姓都来建造,因此没多久就筑成了。"王在灵囿,麀鹿攸伏",周文王在灵囿中游乐,可以看到自由自在的雌鹿。在灵囿内不仅可以畋猎,还可欣赏到大自然景物。灵囿中饲养各种珍贵的野兽、灵异的禽鸟,并专设了各种囿人,掌管囿中的动物饲养和植物莳栽等事宜。这显然已经是一个有山、有水、有建筑的园林,是经过大规模人工改造的自然园林。园中有鹿、有鱼,是具观赏与生产双重目的的园囿。在周代,不仅只有帝王建园,各诸侯也都建园,只是规模比帝王的要小。毛苌在《诗经·大雅·灵台》篇中注解:"囿……天子百里,诸侯四十里。"可

双兽钺 春秋战国时期诸侯相争、战乱不断,但却极大地促进了各领地建筑和艺术的发展,以满足诸侯们想要从多个方面称霸于世的野心

24 - 25

见，当时建园已不是帝王一家之事，各地方诸侯也都建有自己的园林。

春秋战国时期(前770—前221)，囿仍然是帝王贵族通过射猎和游乐以悦心神的场所，在内容上没有什么发展。但另一方面，各地诸侯割据称霸贪图享乐的风气使诸侯们对营建宫室、台池更是怀有极大的兴趣，诸侯们都致力于"高台榭，美宫室"，这也成为他们一种享受生活的需要和兴趣所在，因此造园活动盛极一时。

殷周时期，出现了一大批宫室台观，有吴王夫差的姑苏台、海灵馆，还有梁囿、温囿、朗囿等，这一时期囿的兴建活动和数量是我国园林建造史上的第一个高潮。在园林营造方面，在商和西周掘土筑高台的基础上已开始营建台、阁，战国时期已经开始出现台、榭，可以从今天河北省邯郸市的名胜古迹"丛台"中想象出当时园囿中台、榭的情景。筑土为山，又有台、榭、池沼，以山水为主题的造园活动开始萌芽。

秦代的皇家园林

秦国原为周代的一个诸侯国，春秋争霸时成为"五霸之一"。秦孝公（前381—前338）任用商鞅（约前390—前338）进行变法，使秦国成为强国。前221年，秦始皇（前259—前210）灭六国统一天下，完成了统一中国的事业，建立了中央集权的君主专制国家。秦始皇以"皇帝"的尊号，宣布自己为这个多民族统一国家的第一个皇帝，并自称"始皇帝"，以后子孙则世代相承，为二世、三世……秦始皇为表示唯我独尊，以"朕"自称，并制定了一系列尊君卑臣的朝仪和文书制度。在经济上改革田制，兴修水利，政治上实行独裁。同时为了巩固国家统一，不断扩大疆域，并以加强中央集权来统治全国。为此还专门制定了一套适应封建国家需要的新的行政机构，

万里长城 除了大肆营造离宫别苑外，堪称中华文明瑰宝的万里长城也是在秦始皇在位期间修筑完成的，彰显出秦始皇在对开拓和巩固国家领土上的勃勃雄心

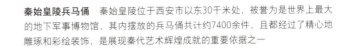

秦始皇陵兵马俑 秦始皇陵位于西安市以东30千米处,被誉为是世界上最大的地下军事博物馆,其内摆放的兵马俑共计约7400余件,且都经过了精心地雕琢和彩绘装饰,是展现秦代艺术辉煌成就的重要依据之一

如改分封为郡县、统一度量衡和文字等,并以"焚书坑儒"来统一思想。

为了抵御北方匈奴人的侵扰,秦始皇把原秦、赵、燕三国北方长城连接起来,形成西起临洮、东至辽东的防御工程,这也是这一时期典型的建筑工程。秦始皇确定了一套与皇帝地位相适应的复杂的祭典以及封禅大典,臣民不得僭越。秦始皇在咸阳城附近仿照关东诸国宫殿式样营建了许多宫殿,气势磅礴的阿房宫、咸阳宫、骊山宫等宫殿

悬圃春深图 宫苑的营建促进了人们在建筑艺术上的推陈出新，使一些造型典雅、错落有致的亭台楼阁相继出现，它们不仅可以顺应地势而建，同时也可以与自然景观更好地融为一体

建筑群拥有巨大的尺度和规模，按照天上星座的名称布局建置并命名，体现了"天人合一"的思想。秦始皇在位时，曾在先代基础上大建离宫别苑。《史记》记载"关中计宫三百，关外四百馀。"建于咸阳渭水南岸的有甘泉宫、林光宫、兴乐宫、信宫、章台宫、上林苑等。其他见于文史的还有兰池宫、望夷宫、长杨宫、梁山宫等。

上林苑

秦始皇在渭水之南营建上林苑，南起终南山北坡，北至渭河，东到宜春苑，西跨周至，规模宏大至极。苑内宫殿参差巍峨，最主要的是阿房宫，它是上林苑的核心。阿房宫早在秦惠文王（前356—前311）时即已创建，在《三辅黄图·秦宫》中记载："阿房宫，亦曰阿城。惠文王造，宫未成而亡。"秦始皇在其旧址上扩建，建成"东西五百步，南北五十丈 ⊖，上可以坐万人，下可以建五丈旗"规模庞

⊖ 1丈=3.3米。

大的宫殿建筑群。

上林苑内主要宫殿阿房宫通过复道北连咸阳宫，东接骊山宫，复道为两层的廊道，上层封闭，下层开敞，形成以阿房宫为核心的辐射状交通网络，也构筑了强大的皇家统治中心。整体格局是对天体星象的模拟：从"天极"星座经"阁道"星座，再横过"天河"而抵达"营室"星座。《史记·秦始皇本纪》："周驰为阁道，自殿下直抵南山。表南山之巅为阙，为复道，自阿房渡渭，属之咸阳，以象天极阁道绝汉抵营室也。"秦代这种以建筑作基点的网状交通，打破了地域间的闭塞，促进了不同地域城市间的交通往来，也有利于各地经济文化的交流，对社会经济的发展、国家的统一以及园林的发展和建设具有积极的作用。

除主要宫殿外，各类宫、殿、台、馆分散上林苑各处，并以地形条件顺势构筑，与自然环境相协调。另外还建有作为狩猎专用的射熊馆，位于苑的最西边；有专为圈养野兽而修筑的兽圈，如虎圈、狼圈等，并在旁边建馆、观之类的建筑，供皇帝观赏动物和射猎时使用。

园林的格调以奇诡谲异为主，植被丰富，树木花草各成气候，郁郁葱葱，水源充沛，既有天然河流的注入，又建造了许多人工湖泊，既满足了园中的水源管理，又以水景作点缀丰富了园林之景。

兰池宫

战国时期（前475—前221），燕齐一带的神仙方士为了迎合帝王长生不老的愿望，大肆渲染蓬莱神话，说东海有神仙住在蓬莱山上。齐威王（前378—前320）和燕昭王（？—前279）先后派人去海上寻找灵丹仙药，以祈长生不老，但都无功而归。秦始皇嬴政骁勇善战、智慧过人，凭着自己的实力统一华夏，创造了"四海归一"的大一统的神话。但他对"人可不死"的神话同样深信不疑，并曾多次派人到东海仙山上求取长生不老的仙药。

前215年，秦始皇先后派卢生、侯公、韩忠等两批方士携带童男童女入海求仙，寻求不死之药，碣石而名"秦皇岛"。还派山东滨海商人徐福等人到海上寻找神话中的神山，只可惜派去的人或有去无回，或空手而归。秦始皇不甘心，于是便在园林中挖池筑岛，模拟海上仙山的景象，以求接近神仙满足他"长生不死"的愿望。兰池宫便

清袁耀阿房宫图（局部） 借助自然景观的天然之美，再加上人工的精心设计而营造出的古代宫苑，似乎丝毫不逊色于神话传说中的蓬莱仙境

是在这一情形下建成的,它是秦始皇为实现其愿望而具体建造的。

兰池宫坐落在秦咸阳东二十五里处,以引渭水入园汇集成池,池东西二百丈,南北二十里,池中筑土为山,得蓬莱和瀛洲两山,并以池为海,在池中用巨石刻出鲸的形象。兰池宫模拟仙山的意图十分明显,比起战国时筑台求仙的做法有了更深一层的意义。

汉代的皇家园林

汉代(前206—220)国力强盛,经济繁荣,封建大一统的局面得以巩固。西汉(前206—25)建立之初,秦旧都咸阳被毁,汉高祖于咸阳东南、渭水南岸营建新都长安,并在秦离宫兴乐宫旧址上重建长乐宫。汉代从汉武帝刘彻时期开始大规模修建离宫别苑。《三辅黄图》记载:"汉畿内千里,并京兆治之,内外宫馆一百四十五所……秦离宫三百,汉武帝往往修治之。"汉武帝先后营造上林苑、凿昆明池、置甘泉宫、作建章宫,并修复了许多秦时原有离宫,首次形成了我国古代皇家苑囿"大、全、多"的特点。西汉的离宫苑囿,经文献记载和考古发掘证明的已有数十处之多,现将其中具有代表性的几处介绍于下:

上林苑

位于西汉长安郊外(今陕西省西安市附近),原为秦时旧苑。汉高祖刘邦鉴于秦亡教训,实行休养生息政策以恢复农业生产,把秦苑囿园还作民田。汉武帝即位后,经常外出狩猎、游憩,北至池阳(今陕西省泾阳县),西至黄山(今陕西省兴平市北),南猎长杨(今陕西省周至县南),东游宜春(今陕西省西安市东南)。随行人马浩浩荡荡,经常践踏农田,毁坏庄稼,引起当地百姓的不满。于是朝中有人提议征用这一带田地,兴筑上林苑作为皇家专用区域。太中大夫东方朔(前154—前93)却认为这样做"上乏国家之用,下夺农桑之业,弃成功,就败事,损耗五谷,是其不可一也""非所以强国富人也"。汉武帝不予采纳,派朝中官员去丈量土地,计算亩㊀数,划定范围开始营建上林苑。

㊀ 1亩=666.6平方米。

汉宫秋月图 由清代画家袁耀创作的《汉宫秋月图》描绘了汉代宫殿在秋日月光映衬下的优美景象,令人赏心悦目,同时也生动地记录下了汉代宫苑的诸多特征

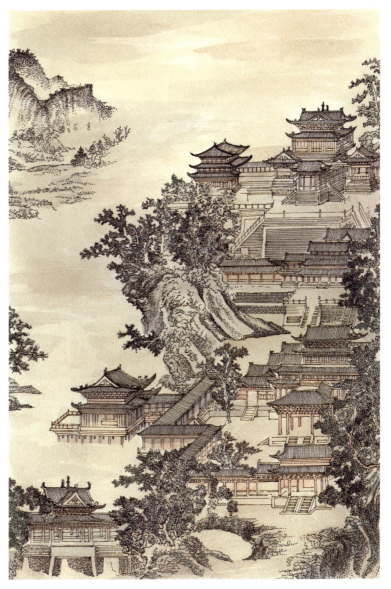

元李容瑾汉苑图(作者临摹) 相较于秦代而言,汉代的宫苑不仅在规模上更加宏伟,而且苑内建筑的种类和数量也更加丰富,成为集居住、娱乐和狩猎等多种功能于一体的活动场所,对中国古典园林建筑的发展起到了极大的推动作用

汉武帝建元三年(前138),开始对秦代旧苑上林苑进行扩大、增建,以后又陆续有扩充、增筑活动,增建内容包括苑、宫、观,使之规模空前宏伟。汉代上林苑方圆三百多里,东起蓝田、南至宜春、鼎湖、御宿、昆吾,沿终南山西至长杨、五柞,北绕黄山,濒临渭水,范围之大,包山括水,占有七八个县的农田山林,其规模居于西汉诸苑之首。

仙山楼阁图局部（仇英） 中国古典园林中的建筑虽然在种类、作用、结构和形式上都各有不同，但有一点却是相同的，即都要与建筑周围的景观相互协调，以创造出和谐、统一的园林环境

先秦时期的苑主要作为囿来满足皇帝狩猎之乐。发展到汉代，这时的囿苑除供狩猎之外，还是供帝王进行各种游乐活动的场所，苑囿的规模和建筑形式及数量也比早期的囿要丰富和庞大得多。据《长安志》《三辅黄图》等史料记载，苑中建筑数量十分可观，建筑种类大多为台、观、宫、馆、园、苑等。《关中胜迹图志》引《关中记》记载："上林苑门十二，中有苑三十六，宫十二，观三十五。"

秦汉时期，台是园林中常见的建筑形式之一，就其形式来说，有用土构筑的高耸的平台，有高出地面的自然土台；就其作用来讲，或者作为登高远眺的观景点，或者作为抬高建筑的台基，台上建屋，便是观。从台的类型来分，又可分为观望台、祭祀台、纪念台、天文台等。汉代上林苑中有祭祀神灵的通天台，观测天象的汉灵台，观水赏景的商台、桂台，纪念钩弋夫人的通灵台等。台在秦和汉初时期是一种具有特殊意义的建筑形式，后发展为观。据《三辅黄图》记载，上林苑中有昆明观、茧观、平乐观、远望观、燕升观、观象观、便门观、白鹿观、三爵观、阳禄观、阴德观等三十五座观，分别有不同的作用，并具有不同的建筑形式。

上林苑中不仅建筑形式丰富，而且还有许多天然的或人工的池沼，其中面积最大的是昆明池，位于长安城的西南，周长四十里。元狩三年（前120）汉武帝欲开拓西南疆域，征伐当时的昆明国，昆明国内有方圆150公里的滇池，为熟悉水战，汉武帝于上林苑中开凿一方水池，用以训练水军，并以"昆明"名之，在昆明池中大造楼船，环池建观。池中有大型的鲸鱼石雕，每遇雷雨天气，常有吼鸣之声，仿秦代兰池宫而设。后又在池的东西两岸铸造牛郎、织女石像，《西京赋》："昆明灵沼，黑水玄址……牵牛立其左、织女处其右。日月于是乎出入，象扶桑与蒙汜"，意把昆明池比作天上的银河。《三辅故事》中曰："池中有龙首船。常令宫女泛舟池中，张凤盖，建华旗，作棹歌，杂以鼓吹。帝御豫章观临观焉"，昆明池上载舟载歌，皇帝可在观中游赏。这一场景被后来清代乾隆皇帝所模仿，清代在北京建造的颐和园中的昆明湖就是仿上林苑中的昆明池所建造的。

昆明池不仅是苑中最大的一个池，而且也是一处风景优美的景区。池中除三处大型的鲸鱼石雕外，还建有豫章台，被喻作池中之岛，作为昆明池的构图中心，环池列观，池的东西两岸分别立牵牛、织女石像，为园林增添了浪漫气息。池水中盛产各种鱼类，种植有荷花等水生植物。池水风光壮观秀丽，情趣盎然，是皇帝游苑的胜地。

除昆明池外，上林苑中还另辟有琳池、影娥池等池沼。丰富的水源，既是上林苑园林的主体景观，同时也滋养了苑内的大量水生植物。《三辅黄图》中就特别提到一种名为"蒯"的水生植物。"蒯池生蒯草以织席"，蒯，丛生水边，多年草本植物，茎可编席，也可造纸。席在汉代是生活的必需品，汉代人的坐姿与跪相近，双膝着地，上身直立为跪；双膝着地，臀部靠脚为坐，地面铺满席子。上林苑和甘泉苑共有离宫一百七十多所，房屋千万间，全都铺满席，对蒯草的用量极大，因此，苑中专设蒯池种植蒯草，以供皇家使用。

此外，上林苑中池沼水产的鱼鳖、水禽等，也是专供皇帝食用的。除了供祭祀、宴请宾客外，还有部分剩余，则拿到长安市场上出售，作为园林的财政收入。上林苑出产木材，古籍中记载有栎、檀、枫、女贞等良材，多为高大乔木，可为宫殿建设提供建筑材料。《上林赋》另记，苑内设有专门培植果木的葡萄宫、扶荔宫等。可以

颐和园昆明湖 在北京颐和园内，开设有一个半天然、半人工的湖，称昆明湖。像汉代上林苑内的人工池沼一样，昆明湖的岸边也设有具有象征性的雕塑，为一尊铜牛像，可被看作是牛郎的象征，与园内象征着织女的耕织图景区相对应

仙山楼阁图 错落有致、层次分明的楼阁式建筑在中国古典园林中十分常见,常被作为园林内各区域的布局中心。因为楼阁不仅可以供人居住,同时也十分适于观景,而且其本身也可以被看作一道亮丽的景观

看出,汉代上林苑虽是帝王狩猎游憩的场所,但其生产功能也占了很大的部分,这在中国园林史上是一种特殊的现象,也为中国园林的营造增添了丰富的内涵。

总的说来,秦代上林苑是一个在广大地域内包罗着多种多样生活内容,以宫室建筑为主体的园林。汉代上林苑是一个既有优美的自然景物,又有华美的宫室组群的囿和宫室建筑群的综合体。上林苑中有苑、有宫、有观、有池,除保留了传统的狩猎娱乐活动外,还增加了各类苑、宫、观等不同功能、形式的建筑。苑中水禽成群,野兽繁衍滋生,既继承了囿的传统,又丰富了游憩生活内容,园林发展又向前推进了一大步。上林苑以一个新的园林形式标志着秦汉囿苑的成熟,在继承古代囿的传统基础上,随着新的生活内容的出现,园林的形式和内容也不断地变化和发展。

上林苑是包罗多种多样生活内容的园林总体，是秦汉时期宫苑、园林的典型。中国历史上，以尚富和追求享乐为目的的帝王、官宦的建宫、造园活动由此开始了一个相对活跃的时期。继汉武帝之后，《汉书》中还有汉元帝、汉成帝在上林苑中狩猎、校猎等活动的记载。虽在汉武帝后期，因抗击匈奴，以充西域军饷，不得不将上林苑中的部分土地佃于农民，但其仍有几十年的辉煌时期。后随着西汉王朝的灭亡，东汉建都洛阳。东汉初年，上林苑中的大部分土地归为耕地。

建章宫

建章宫是上林苑中规模最大的宫殿建筑群。太元初年（前104），长安城内柏梁台失火，汉武帝采纳越巫之言，建大屋以压之。但因长安城内的宫殿已十分拥挤，于是就在西城墙外筹建建章宫。建章宫与城内的未央宫隔城墙和护城河相望，两宫之间以飞阁相连，既方便两宫来往，又将王宫建筑连为一体，增强了气势。

建章宫从功能和布局来看，可分作三部分。东南部为以建章宫为主的宫殿建筑区，以阊阖门、圆阙门、前殿和建章宫宫殿为轴线，左右对称布置殿堂，宫殿区周围以阁道相隔，自成一体。宫城西南为唐中殿和唐中池，北部造太液池，池中有蓬莱、瀛洲、方丈三山，象征海中仙山。

整座建章宫以南门为正门，以阊阖命名，象征天门。门右侧为铜制凤阙，阙顶安装铜铸凤凰，左侧为神明台，作祭祀仙人使用。门内左右对峙别凤阙和井干楼。门北正对圆阙门，为宫内的第二道门，圆阙门向北百步为嶕峣阙，三者相连形成宫殿建筑群的中轴线。向内有玉堂，左

东山丝竹图 上林苑作为秦汉时期宫苑建筑代表，不仅满足了当时的帝王及官宦们享乐的需求，同时也极大地推动了中国古典园林史的发展，使多种倍受后人推崇的园林格局相继出现，如设置在建章宫内的"一池三山"的格局形式即是其中一例

蓬莱仙岛图 古代画家笔下的蓬莱仙岛多被描绘得出神入化，令人为之神往，并因此成为中国古典园林中不可缺少的一部分，与太液池及瀛洲、方丈两山一起构成了"一池三山"的皇家园林传统造园模式

右建承光宫和承华宫，再向里，坐落在轴线终端的是建章宫宫殿。据《三辅黄图》记载，建章宫内共有单体殿宇及宫殿组群二十六处，有天梁宫、奇华殿、鼓簧宫、奇宝宫、神明堂、骀荡宫、疏圃殿、铜柱殿、函德殿、鸣銮殿等。主殿为建章宫宫殿，建在高台上，雄伟高大，据记载可"下视未央"。

宫殿区以北是苑区，也是建章宫的主要园林区，区内有著名的太液池。《三辅黄图》记载："太液池，在长安故城西，建章宫北，未央宫西南。"凿池"周回千顷"，形成面积庞大的人工水池——太液池，象征大海。池中有蓬莱、方丈、瀛洲三岛，象征海中三神山。传说中，海上仙山形如壶状，所以也叫作"三壶"。《拾遗记》卷一中有："三壶则海中三山也。一曰方壶，则方丈也；二曰蓬壶，则蓬莱也；三曰瀛壶，则瀛洲也。形如壶器。"这种"一池三山"的布置方法，是在秦代的基础上的进一步完善，发展而成的一种传统造园模式，并在中国造园史上流传近两千年之久。

中国历代皇家园林常以"方壶胜景"为景名布置园中胜景，即指"一池三山"中的仙岛"方丈"。建章宫太液池中有石，刻出鱼、龙、奇禽、异兽之类；池西利用挖池之土建凉风台，台上起观；岸边种植雕胡、绿节之类的水生植物，其间生活着凫雏、雁子、紫龟，池边沙滩上则是成群的鹪鸽、鸿鹚等飞禽。太液池南建唐中

池，布局规模与太液池相似。

建章宫的规模和豪华程度远超过长安城内的宫殿。外围阁道，主殿位于高台之上。宫城内还设置许多装饰性的标志物，如阙、台、铜质凤凰和仙人承露盘。仙人承露盘仿秦代所制，只是意义上发生了变化。秦王嬴政一统天下建立秦代之后，为了防止封建贵族割据的复辟，把缴获的六国武器和没收的民间武器加以销毁，并集中在咸阳，铸成十二个铜人，放置到全国各地，以示威望，并加强对全国的统治。

汉武帝效仿秦代，铸铜人置于建章宫神明台上。而这些铜人则手捧铜盘或玉杯，表示承接云表之露，是一种求仙之道，也是造景的艺术创作。汉武帝妄想长生不死之愿与秦始皇相比，是有过之而无不及。汉武帝为企求仙丹妙药，曾多次派方士前往海上求仙而不得。方士谎称皇帝可以遇仙，但因仙人都喜欢住高楼，所以必须把皇帝的居处建成如仙境般的环境才可如愿，而且使宫室衣物等都以神仙的形象标准来制作，以为这样才能招来神物。建章宫里的宫苑殿宇也大都是以此思想进行营建的。

建章宫的布局南为宫廷，北为苑囿，成为后世营建大内御苑的固定模式。建章宫太液池"一池三山"的园林格局延用两千余年，唐代园林艺术影响到日本，对日本传统园林的营建具有重要意义。

以建章宫为代表的汉代苑囿宫苑，以宫城的形式建造，宫内集合了池沼、神山，将建筑和山水景观融合，表现出崇拜神仙思想的园林艺术内涵。囿苑中的宫殿布局不同于当时长安城内未央宫或是长乐宫的宫殿布局，禁宫布局以突出严整、讲求严格的均衡对称，以显示帝王至高无上的尊严和强大的统治势力为目的。而这一时期的苑囿的建筑群则以便于游憩、增添情趣为目的，整体平面布置形式不拘泥于均衡对称，而是错落有致、充满变化，与受严格法制限制的禁宫有很大不同，而是另一种离宫别苑式的格局。后来各代皇家园林，尤其是皇家离宫别苑大都是依

仙人承露盘 汉代宫苑内的重要装饰物，主要由带浮雕装饰的神明台和铸铜人像所组成，铜像手托铜盘或玉杯，表示承接云表之露，并由此而得名"仙人承露盘"

照这种模式进行布局或发展的。

此外，汉代苑囿山水土地资源的开发利用是体现在园林实用功能上的一个重要方面。汉代苑囿内驯兽、水禽、鱼鳖的饲养，水果、菜蔬和药物的种植等，都是为了皇室物质生活的需要所进行的生产活动。而分布在自然山水中的离宫别馆，也正是得益于这些收获才更加充实和丰富。这些生产对象本身所具有的审美价值使园林成为生产、娱游的活动场所。将生产作为园林的一个主要功能，是历代皇家园林中都保留有的一种传统做法，但生产所占内容之多和比例之大却以汉代最为突出。

汉武帝时，董仲舒（前179—前104）提出"罢黜百家，独尊儒术"，强调了神权与政权的联系，使神权、君权、父权三位一体，奠定了中国封建社会基本的精神哲学。较秦代而言，汉代园林在创造思想上仍然继承前代"神仙思想"的传统，强调神权的地位，并正式确立了"一池三山"这一固定模式。皇家园林仍然是这一时期造园活动的主流，并以崇尚宏大、华丽作为皇家园林生成时期的主要风格特征。

汉代的私家园林

在西汉封建社会中，阶级对立十分突出，尤其是地主阶级和农民阶级。地主阶级包括皇帝、贵族、官僚和一般的地主，他们是封建社会中的统治阶级，掌握着国家的经济和政治权力，拥有最大部分的土地，凭借封建社会机制，强迫农民缴赋纳税，提供无偿劳役。不仅如此，随着封建专制的加强，地主阶级掠夺土地的现象日趋严重。萧何在关中"贱强买民田宅数千万"，汉成帝也"置私田于民间"。西汉中期以后拥有土地三四百顷的大地主比比皆是，个别的甚至达到千顷以上。

拥有如此充足的土地储备和财产，官僚、贵族和豪富们也纷纷效仿皇帝，开始为自己建造园苑。权臣、宦官营建园林以皇家建苑囿为标准，只是规模略小而已，风格上也以崇尚宏伟、华丽为主，由此开始，私家园林逐步发展成与皇家园林同步前进的一种园林形式。《西京杂记》记载的梁孝王兔园、富商袁广汉园、东汉梁冀园等为汉代私家苑囿的代表，开启了中国园林史上皇家园林之外的一种重要的园林

汉宫春晓图（局部） 《汉宫春晓图》由明代画家仇英绘制，从中可以看出汉代的宫苑不再拘泥于传统的对称模式，而是更注重人性化的设计，这一点在汉代建章宫的整体布局上得到了充分的体现

双阙　阙是汉代宫苑内的一种常见的建筑形式，它最早出现于西周时期，是一种导引性的标志建筑，有单阙、双阙和三出阙之别

形式，开辟了私家园林发展的天地。

兔园

梁孝王的兔园，也称东苑，在睢阳城东10公里处（今河南省商丘市）。汉初分封宗室诸王，诸王分别在自己的封土内经营宫室园苑。《史记·梁孝王世家》："于是孝王筑东苑，方三百余里。广睢阳城七十里。大治宫室，为复道，自宫连属于平台三十余里。得赐天子旌旗，出从千乘万骑。东西驰猎，拟与天子。"

西汉梁孝王刘武（？—前144）为汉文帝嫡二子，七国战乱时，梁孝王出兵协助朝廷平定叛乱有功，得到丰厚的赏赐。雄厚的财力、膏腴的封地，为兴造宫苑提供了条件。兔园的规模相当大，山、水、建筑、植物，园林四大要素一应俱全。《西京杂记》中记载："梁孝王好营宫室苑囿之乐，作曜华之宫，筑兔园。园中有百灵山，山有肤寸石、落猿岩、栖龙岫。又有雁池，池间有鹤州凫渚。其诸宫观相连，延亘数十里，奇果异树，瑰禽怪兽毕备。王日与宫人宾客弋钓其中"，记述园中有百灵山，山上堆砌小块的石头，为肤寸石。肤寸是古代的度量单位，一指宽为寸，四指宽为肤。秦汉时期的山一般为土山，用土堆筑。但也有少数以石块结合夯土而堆筑的土石山，兔园中的百灵山根据文献记载，应属于土石山。

山水图册之柴门远眺　汉代的私家园林虽然在规模上不及皇家园林，但在数量上却略胜一筹，遍布城市及近郊。到了东汉时期，地处远郊的一些庄园也开始向着园林化的形式发展

兔园中不仅筑土山，而且间有独立石块，或掇石仿岩、岫；又筑池，池间仿江中洲渚。这样的山池之筑是接近于自然的摹写，与"一池三山"之境迥异，是模仿自然、山水形式的园，是为西汉山水建筑园。

兔园中开凿人工水池——清泠池和雁池。曜华宫为园内的主体建筑，其他宫室鳞次栉比，绵亘数十里，园内遍植奇果异树，林木繁茂，各类飞禽鸟兽亦是不计其数。梁孝王喜好结朋交友，当时的许多名士云集门下，梁孝王常与四方豪杰游乐园中，以至"极欢到莫乐而不舍""与宾客弋钓其中"（"弋"是用带绳子的箭来射禽鸟，"钓"是钓鱼）。由此可以看出，梁孝王的苑囿虽继承了囿的传统，但却只是进行射猎活动，园中的飞禽主要用来观赏。

兔园以山、水、花、木以及建筑之盛和丰富的人文气息著称，园中百灵山是人工堆砌的以模仿自然境域的园景，开山水景园的先河。梁孝王的兔园成为后世诸多文人墨客咏诗作赋的对象。

袁广汉园

袁广汉园是西汉著名的私家园林。《西京杂记》对园

内情况有较为详细的记述:"东西四里,南北五里。激流水注其内,构石为山,高十余丈,连延数里。养白鹦鹉、紫鸳鸯……奇兽怪禽,委积其间。积沙为洲屿,激水为波潮,其中致江鸥海鹤……延漫林池。奇树异草……屋皆徘徊连属,重阁修廊,行之,移晷不能遍也。"袁广汉是汉代茂陵地区的富户,家资显赫,在洛阳的北邙山下筑园。园东西宽2公里,南北长2.5公里。引山下的激流水注入园中。假山以石构筑,高十余丈,连亘数里,积沙为洲,山水间养鹦鹉、紫鸳鸯以及众多的珍禽异兽。另有各种各样的奇花异草于园中争

梁园积雪图 汉代的兔园由梁孝王刘武所筑,因此也可称为"梁园"。图示由明代画家沈士充创作的山水画《梁园积雪图》,所描绘的即是兔园内的一处山水景观被白雪覆盖时的优美景象

奇斗艳，美丽的景象不言而喻。还有重阁修廊，建筑间"徘徊连属""行之，移晷不能遍也"，人在园中游览，往往一天的时间也不能游遍，可见园林规模之大。后来，袁广汉因罪被诛，家宅和园林都被没收，园中的鸟兽花草都被移入上林苑。

梁冀园

东汉大将军梁冀，历事汉顺帝、汉冲帝、汉质帝、汉桓帝四朝，官位显达。为官二十多年期间，先后在洛阳城内外及附近地区营造园囿，经营范围数十里，东至荥阳（今河南省郑州市）、西至弘农（今河南省灵宝市）、北至黄河和淇河流域，南至鲁阳（今河南省鲁山县），园林规模可与皇家园林相比。建筑装修极为华丽，"柱壁雕镂，加以铜漆。窗牖皆有绮疏青琐……"追求海上仙境的意图，可谓不言而喻，且与皇家园林"一池三山"的创作思想相统一。

汉代的私家园林，是当时中国园林类型中新的形式，在一定程度上它仍然受着皇家园林的影响，如宏大的规模、华丽的气势，但对自然景物的追求与向往之情已日渐显露。《后汉书》描述了汉代儒士理想的生活追求："濯清水，追凉风，钓游鲤、弋高鸿……不受当

汉宫春晓图（袁耀） 汉代的私家园林虽然多是仿照皇家园林的形式设计，但也呈现出了一些独有的特色，为私家园林在之后的魏晋南北朝时期的蓬勃发展奠定了基础

时之责，永保性命之期。如是则可以凌霄汉，出宇宙之外矣。岂羡夫入帝王之门哉"，这种思潮的存在和发展，对之后魏晋南北朝士族大夫营造的自然山水园林具有重要的意义。

转折时期的造园语言

魏晋南北朝的历史背景与文化特征

魏晋南北朝的皇家园林

魏晋南北朝的私家园林

魏晋南北朝的历史背景与文化特征

从懵懵懂懂的原始社会、诸侯割据的奴隶制社会，直到一统华夏的秦汉，君主专制的封建社会开始登上中国历史的舞台。东汉末年大规模的农民起义，最终被地主武装所镇压，接着军阀混战，相互兼并，形成魏、蜀、吴三国鼎立的局面，在经历了近五百年的太平盛世之后，中国社会又走向四分五裂的混乱状态。人类社会总在分分合合中不断前进。"分久必合，合久必分"的社会动态也一直是中国乃至整个世界的历史发展规律。

司马炎于265年灭曹魏，建立晋王朝政权，史称西晋。西晋王朝仅相对安定二三十年后，304年匈奴族刘渊建立前赵导致西晋于316年灭亡。刘渊建立前赵起，在中国北方、西北和四川等地先后又出现了匈奴族建立的胡夏、北凉，羯族建立的后赵，鲜卑族建立的前燕、后燕、南燕、南凉，氐族建立的前秦、后凉，羌族建立的后秦，巴氏建立的成汉和汉族建立的前凉、西凉、北燕。至北魏灭北凉的一百三十五年间，中原和西北是少数民族所建立的十三国和汉族的三国的政权分裂局面，史称十六国或五胡十六国。相对于政权云集的北方，南方相对安定。

316年，西晋灭亡，其残余势力把持着长江以南的政权，并由西晋王朝后裔司马睿在名门大族的拥戴下，在建康（今南京）建立了政权，史称东晋（317—420）。北魏太武帝灭夏、北燕、北凉，统一了黄河流域，结束了长达一百三十五年的十六国分裂割据的局面。南方在东晋末年之后，又相继由宋、齐、梁、陈四个汉族政权更迭代兴，统称为南朝，至此，中国历史上出现了北方的北魏、东魏、北齐、西魏、北周王朝与南方四朝相递的南北两大政权对峙的局面，即史称的魏晋南北朝。

魏晋南北朝时期，政治上的大动乱造成社会秩序的大解体，社会经济、文化、思想意识等方面都有突破性的转折，造就了我国历史上第一个民族大融合的时代。无论是文学、哲学、宗教、文化、艺术都发生了较大的转变，体现在绘画、书法、雕塑、音乐等各个方面，表现出文化交流与融合带来的社会文化的繁荣和各方面的大

北朝·胡人俑 魏晋南北朝时期，随着大批胡人（中国古代对北方边地及西域各民族的称呼）的进驻和统治，各种不同质地、不同身份的胡人俑也迅速盛行起来，见证着这一时期历史、文化及艺术进程的发展

袁安卧雪图 魏晋南北朝时期的人们在文学上所取得的成就对唐宋时期的文学家们产生了极大的影响，如唐代文学家王维就对形成于魏晋南北朝时期的五言诗十分热衷，而且他的作品也多以山水田园为主题

发展。

　　文学上，曹氏父子及"建安七子"的吟怀咏史诗文，情调慷慨，语言刚健，成就了具有骏爽豪迈风格的"建安风骨"。陶渊明（约365—427）、谢灵运（385—433）等人的山水田园诗，言词清丽委婉，对唐宋诗词影响较大。五言诗的形成，则是这一时期对中国文学最大的贡献。

　　书画艺术上，王羲之（303—361）、王献之（344—386）父子的字，顾恺之

洛神赋图（局部） 图示的《洛神赋图》由东晋时期的画家顾恺之创作，为一组连续的神话故事画，取材于曹植的《洛神赋》

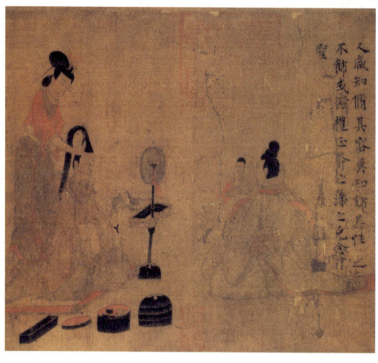

女史箴图（局部） 顾恺之擅长于绘制人物画，代表作品有《女史箴图》和《洛神赋图》等，图示为《女史箴图》的一件摹本，绘制于唐代，现藏于大英博物馆

（348—409）和陆探微的人物画，尤其是顾恺之提出的"传神论"，对于中国绘画史有着重大的意义。其中的"迁想妙得""置陈布势"等重要主张，至今仍为艺术创造所用。谢赫提出的"六法"，宗炳（375—443）"近大远小"的定点透视法，为绘画理论增加了新的内容。

无论是文学还是绘画等文化领域的转变创新，都直接反映出社会意识形态的状态。动荡不安的社会现实，从根本上否定了秦汉时期所尊崇的一套旧理论、旧道德，人们不再像两汉时期那样只关心功业、节操和学问，而是以内在的思辨态度来看待世间的一切，人的精神

状态受到关注,人和人格本身逐渐成为艺术创作的中心。摆脱了汉代"罢黜百家,独尊儒术"的束缚,开始寻求一种新的、能为社会作出合理解释的思想理论。

玄学的产生是秦汉政治大一统局面被破坏的主要原因之一。面对社会动荡不安的现实,人们受其害却无法改变。如何脱离苦海、逃避现实是人们唯一关心的事情,而以往的儒教、礼制对这一时期的现实境遇而言实际意义甚小。其主要特点是具有高度抽象的唯心主义的思辨形式。玄学成为魏晋南北朝时期的主要哲学思想。正始年间(240—249)玄学主张"清谈",玄学家大都是所谓的名士,他们以出身门第、容貌举止和虚无玄远的气质相标榜,并成为一时之风气。

在"清谈"中,有人(嵇康)主张毁弃礼法,但多数人依然维护着儒家的伦理观念。西汉武帝时,把符合封建统治利益的政治观念、道德规范等立为名分、定为名目、号为名节、制为功名,以之教化,称"以名为教",即得名教。名教内容主要是"三纲""五常"的伦理道德。正始年间,何晏作《道德论》,王弼注《老庄》《易经》,都提倡"贵无",认为"天地万物,皆以无为本",主张君主"无为而治"。王弼还从哲学上探讨了自然与名教(伦理纲常)的关系,宣称名教出于自然,尊卑名分是自然的必然结果,应当反映自然、尊重自然。王弼、何晏等玄学家,都身居显位,出自儒家,而心神又寄于老庄,并以此来显示超凡脱俗的清高姿态。他们为士族官僚的统治辩护,并为其荒淫的生活做出合理的解释,对于统治者十分有利,因此使得玄学很快成为当时社会的主体思想潮流。曹魏正始以后,在曹氏与司马氏的政治斗争中,司马

听琴图(局部) 由宋徽宗赵佶创作的《听琴图》所描绘的是其与几位名仕一起弹琴、赏琴的情景,呈现出一种高贵、绝世之风,与魏晋南北朝时期的文人所追求的"清谈"气质相一致

氏以传统儒家的护卫者自居，大杀异己，企图代替曹魏政权。也正是在这种充满血腥的政治压迫下，出现了以阮籍(210—263)和嵇康(224—263)为代表的反对名教的第二代玄学家。

阮籍主张"无君而庶物定，无臣而万事理"，嵇康主张"崇简易之教，御无为之治，君静于上，臣顺于下"，进一步冲击着儒家僵死的教条、经义。出于对社会政治的疑惧和反感，这些玄学家们表现出玩世不恭、醉生梦死的生活态度。他们平日里长醉不醒，或以裸体为

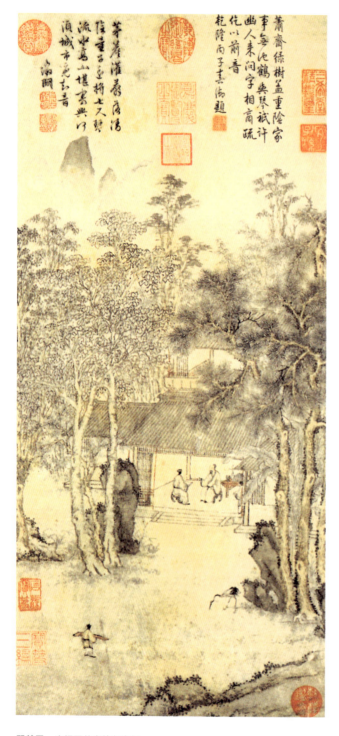

琴鹤图 这幅画的意境与主旨反映了画家淡然悠远的性情与思想，表达了画家重隐逸的心情，显示出继魏晋南北朝之后的一些艺术家们对玄学思想的继承与推崇

归去来辞图 宋末元初画家钱选根据陶渊明的《归去来兮辞》诗意而作。东晋文学家陶渊明因官场失意，便辞退归隐，从此过上了隐居的生活。画中表现的是陶渊明乘船归来，家人出门相迎的情景

乐,种种荒诞、怪异的言行是这些所谓的士族名士空虚绝望的心情的流露,也是这一时期社会反抗腐朽思想的表现。

西晋时期的玄学代表人物是向秀和郭象,向秀、郭象注作《庄子注》,认为名教与自然一致,封建秩序是天理的自然。他们发展了王弼、何晏"贵无"的哲学观点,但他们认为无不能生有,"物各自造而无所待焉,此天地之正也",认为一切现存事物都是合理的,人不可逆天而行。向、郭还把这种观点运用在政治上,认为现存事物都是合理的,认为所谓的圣人就是皇帝和显贵权臣。这种思想在很大程度上维护了统治阶级的利益。

玄学的发展是由最初的纯唯心主义至倡导人的觉醒的,反礼制、反教条的一种新的观念体系。然而在新的历史条件下,却又成了倡导名士腐朽的生活方式和标榜玄学家自身形象的武器,是儒家唯心主义哲学在新的历史条件下变种的结果。

东晋南迁后,建康(今江苏省南京市)成为玄学的中心。而这时佛教的传入,在很大程度上影响了玄学,也使玄学不再"孤零"。

东晋以后,玄学与佛学趋于合流,张湛的《列子注》,显然受佛学影响;般若学各宗,则大都用玄学语言解释佛经,两者合流的结果是,佛学在逐渐玄学化的同时,又为玄学注入了新的思想和新的内容。东晋的玄学在很大程度上渗入了佛教教义,尤以与玄学相通的般若学为主。般若学是佛教中的学术,主要流行于南方,同主要流行于北方的、偏重宗教修持的禅学相对立,成为魏晋南北朝时期佛教的两大派别之一。

玄学中的"清谈"与佛教的"虚无"相结合,促使着魏晋的门阀士族和士大夫远离政治,亲近自然,寄情山水,以祈在明净的大自然中得到精神慰藉。而实际上他们的这种"隐逸",是心怀激愤、筑壁自守的表现,并非真正看破名利、彻悟人生,意决要避开烦嚣的尘世过淡泊宁静的生活,只是对自己在现实中落败境遇的掩饰。从某种程度上讲,这一时期文人雅士对大自然的向往之情,也是老庄无为思想的一个侧面表现。

表现在艺术创作上的玄学思想包括玄言诗、山水诗、山水画等,都是通过诗歌、绘

画、雕塑等创作的形式将哲学的内容思想表达出来，意将玄学思想和情感融合起来的创作亦包括园林的创作。

魏晋南北朝的皇家园林

魏晋南北朝时期士人们沉浸在"缥缈"的大自然中时，大自然中的真山真水却距他们越来越远。城市的发展，使得居住在城市中的人们与自然界接触得越来越少，人们对自然的向往之情却日益加深。文人学士或门阀士族们都放下繁华，走向自然清幽的山川之境，将玄学思想的情感与大自然紧密地融合。帝王也开始享受大自然的乐趣，由于他特殊的地位和身份，不必跋涉到山林郊外，而是在都城附近圈占广大地域，供游乐、狩猎之用，也有专供宫廷养殖等进行生产活动的场所。苑中营建一些供帝王休憩的建筑，带有园林的性质。魏晋南北朝时期的帝王宫苑，从布局和使用内容上继承了秦汉苑囿的某些特点，规模较秦汉苑囿小，但增加了较多的自然色彩和写意成分，开始走向高雅，是中国园林发展的转折期。魏晋南北朝时，建都比较集中的三个城市是北方的邺城（今河北省邯郸市临漳县的漳水北岸地区）和南方的建康、洛阳，因此这三个城市有关皇家园林记载的文献也较多。

邺城的皇家园林

铜爵园

铜爵园或称铜雀园，是曹操(155—220)在邺城内宫城之西建造的一座内苑，兼有军事坞堡的性质。据《魏都赋》记载，铜爵园不大，其主要景观是位居园的西北角城墙上的三座高台：铜雀台、金虎台和冰井台。高台建在城墙之上，方位组合呈鼎立之势。铜雀台在中间，其南为金虎台，北立冰井台，台与台之间相距均为十六

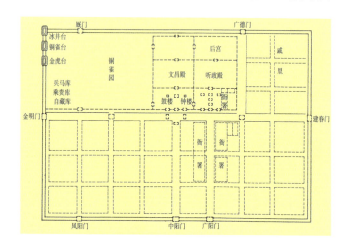

曹魏邺城平面想象图 由曹操指导营建的铜爵园（亦称铜雀园）位于邺城（今河北省邯郸市临漳县）的西北角，可被看作是当时皇家园林的代表。铜爵园后随邺城一起被毁，只能通过部分遗址及想象来对其进行复原

步,上有阁道相连,宛如飞虹。

铜雀台居中,上建五层楼阁,"高十丈,有屋一百二十间",楼顶有5米高的铜雀装饰。台殿建成时,曹操曾带着他的儿子们登台赋诗。曹植(192—232)作《登台赋》,便是描写的这一情景。金虎台居南,建筑房屋130间;冰井台下建冰室三间,上为冻殿,有屋145间。三台均为砖筑,房屋间数略有不同,用"筑台若山"的形式,使建筑获得了无限开阔的视野。园中的建筑已由秦汉的土筑改为砖制,是建筑材料和技术上的进步。台上建楼阁的建筑形式,使建筑获得了崇高雄伟的气势。

铜爵园内以三座高台为主景,而这种以亭台建筑为载体,表现从有限到无限,由无限回归于有限的空间意识与视觉审美经验,又成为后世园林创作思想的源头,为后世造园开了"借景"的先河。有的学者也把此类园林称为"楼阁式台苑"。

铜爵园紧邻宫城,俨然一座大内御园。园中开凿水池,以引城外漳河之水,在铜雀台与金虎台之间开水道,蓄水养鱼并作水景供观赏。园中除楼台景观外,另有武库、马厩、粮仓,可见受当时战争频繁的影响,以观赏游憩为主题的园林还具备了军事功能。

明代关山行旅图 优美的山水景观不仅可以美化环境,同时也可以陶冶情操,因此便成为中国园林中必不可少的元素,这一特点在始建于曹魏时期的华林园中也得到了很好的体现

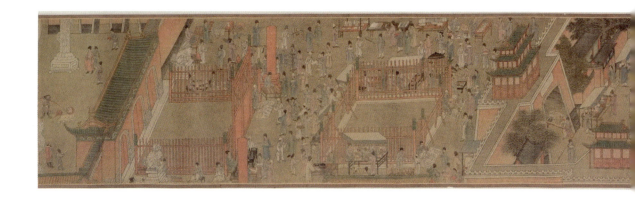

皇都积胜图 魏晋南北朝时期的苑囿在此前的基础上又产生了很大的进步,其中最值得关注的即是买卖街的引入,使此时的苑囿更具人性化

据载,后来邺城为北齐政权占领,齐王不仅在都城增建了不少宫殿,还对铜爵园进行大规模的建造。重建了铜雀三台,改名为金凤、圣应、崇光。后来北周(557—581)灭北齐(550—577),都城遭到破坏,园林遭废弃。

仙都苑

东晋永和三年(347),石虎役使十万余人在邺城之北建华林苑。苑建三观,开有四座门,其中三座门与城外漳水相通。苑内开凿天泉池与外漳水相联系,构成园内水系。武成帝在位时(561—565),开始在苑中封土筑五岛,象征五岳,五岳之间引水为四渎、四海,最后汇入大池,又称大海,山水创作颇有新意。池上可通船行舟,绕五岳环行,通行船只的水程长达25里。水中有鱼,园中有鸟兽,水中还建大殿十二间,供观景使用。环池沿岸筑观、堂、殿、屋,山水景观、建筑宫殿丰富。北齐后主高纬,据史载,武平四年(573)曾在都城邺大兴土木,建楼筑阁,构山筑池,营造都苑。在苑内增建"若神仙居所",于是改称仙都苑。此时的仙都苑,已经开始"容天下于一园",筑五岳,分四渎,模山范水,布局造景上较前代园林有了发展,充满新意。这时的园林创作手法也开始由再现真实自然的写实转为具有象征意义的写意。由写实向写意的转变标志着园林人文思想意识的出现,也是园林开始走向艺术创作世界的表现。此外,苑内还设置了具有食宿情韵的买卖街,兴建楼台庙宇,这些对后世园林的营建都具有很大的影响。

洛阳的皇家园林

华林园

华林园是魏晋南北朝洛阳城中著名的皇家园林,始建于曹魏,当时称芳林园,"齐王(曹芳)忌讳改为华林"(《洛阳图经》)。北魏的华林园是在曹魏芳林园的基础上建立的,园中保留有曹魏时期的很多景观。北魏建都洛阳,华林园被纳入都城建设的规划之中,成为城市中心区的重要组成部

分。华林园位于北魏洛阳城中轴线的北端,毗邻宫城,便于皇帝游览玩赏。

华林园中有"天渊池",位居园中心,为魏文帝曹丕黄初五年(224)所凿。池中筑造九华台,高祖(孝文帝拓跋宏)于台上造清凉殿,世宗(宣武帝元恪)在池内筑一山,名"蓬莱山""山上有仙人馆,上有钓鱼殿,并作虹霓阁,乘虚往来……海西南有景阳殿,山东有羲和岭,岭上有温风室。山西有姮娥峰,峰上有露寒馆,并飞阁相通,凌山跨谷。山北有玄武池,山南有清暑殿。殿东有临涧亭,殿西有临危台。景阳山南有百果园……奈林西有都堂,有流觞池,堂东有扶桑海。凡此诸海,皆有石窦流于地下,西通谷水,东连阳渠,亦与翟泉相连。"由此可见,园内景观虽不是同一时间建造,却相处和谐,景观内容相当丰富,并开始了布局方面的营造,引水筑池,并使池水不竭,可见当时引水工程的成就值得称赞。园中百果园内栽植大量果树,春李、西王母枣、羊角枣、仙人桃、安石榴等都是比较名贵的品种。

北魏华林园在魏晋华林园故址之北,只是北墙向南移,园内新起土山,仍名景阳山。华林园历经曹魏、西晋、北魏等朝代不断建设,已经成为魏晋南北朝时期著名的皇家园林,其造园艺术的成就在中国园林史上占有一定的地位。

魏晋南北朝以来一共建有三座华林园,一座是邺城石虎建造的华林园,后改为仙都苑;一座是曹魏在北魏洛阳建造的华林园,初称芳林园,后改为华林园,即文中所述华林园;后南朝宋、齐、梁、陈在都城建康营造的皇家园林也称华林园。

建康的皇家园林

华林园

建康的华林园源于三国时的东吴,贯穿六朝始终,是东晋南朝时期著名的皇家园林。华林园位于玄武湖南岸,包括鸡笼山的大部分,东接覆舟山乐游苑,其建设主要在刘宋以后。据《南史》《建康实录》等史书记载,华林园位于建康都城宫城北部的第二重宫墙之内,园设三个大门,南门与宫城的后宫相通,北面有北门称"上合(小门)",东面的门称"东合"。刘宋文帝元嘉年间(424—453)在东合内建延贤堂,作为皇帝日常接见朝臣的地方,阁外有客省、都亭。刘宋文帝元嘉二十二年（445），开始按照张永的规划设计在园内进行大规模的修建。修建内容包括保留并扩建了景阳山、武壮山，对天渊池加大规划面积，新建了华光殿、凤光殿、景阳楼、通天观、一柱台、芳香琴堂、射埒等建筑。以景阳山、天渊池为园内主景，华光殿为主殿，园内楼阁殿堂，池阶宛转，一派华丽

月曼清游图册（一） 魏晋南北朝时期的苑囿集自然景观和人文景观于一体，为皇室成员们创造出了华丽而又不失优雅的生活环境，并被艺术家们通过绘画的形式表现了出来，令人为之神往

月曼清游图册（二） 华林园中的建筑具有了明显的分类，出现了专供嫔妃们居住和游玩的场所。这种专属性的建筑在后期的宫殿及园林中也十分多见，图为清代宫苑内的一间专供仕女居住的房间，其内部的摆设和色彩都相对淡雅，给人舒适而不流俗之感

景象。此后的南朝诸年间,除齐代以外,其他各代都有对华林园营建留下的记载。

刘宋孝武帝承接了刘宋文帝时期华林园的规模,加建日观台、灵曜前殿以及灵曜后殿,改芳香琴堂为连理堂。梁代的梁武帝信奉佛教,在原华光殿的旧址上新建两层的楼阁,上层为兴光殿,下层为重云殿,作为皇帝讲经、舍身进行佛事活动的场所,又新添朝日楼和明月楼。此外,在景阳山上建有用以观天象的"通天观",还有观测日影的日观台,这里成为当时的天文观测所。

东晋的天文学家何承天(370—447)、祖冲之(429—500)都曾在园内工作过。549年,侯景之乱时,华林园遭毁坏,后代稍有恢复,到陈后主时,才开始对其修缮,并进行大规模建设。

陈后主为其爱妃张丽华修建临春、结绮、望仙三阁,阁下"积石为山,引水为池,植以奇树,杂以花药。后主自居临春阁,张贵妃居结绮阁,龚、孔二贵嫔居望仙阁,并以复道交相往来。"此时的华林园仅是作为供陈后主以及妃嫔居住和游玩的场所,是宫的一部分。

陈后主对华林园的建设,包括开发、增建、扩建和美化,均在前人的基础上作尽文章,这从侧面反映了中国皇家园林的发展历程。另一方面,由纯粹模仿大自然的山水景园兴起,逐渐加入了具有象征意义的人文景观,为园林注入了新的精神文化内涵。在对华林园的建设中,陈后主以一组楼阁建筑的组合为园林增添了宏丽精美的气质,阁下积石为山,筑水池,花木衬景,即山、池、植物与建筑相互结合的园中之园,中国皇家园林的规模和形态已初具规范化。

此外,华林园中建有射埛,供宴射之用,这是对秦汉囿苑传统的保留。据《南史》记载,宋少帝营阳王,曾在华林园设立店铺,并亲自参加买卖活动。另载,南朝齐王东昏侯也在华林园"立店肆,模大市,日游市中,杂所货物……"后世皇家园林中"买卖街"的营建便是由此而来。从当时的情况来看,华林园内似乎也有类似的建筑,以供后妃游赏。在《南史》中又有这样的记载,梁武帝萧衍(464—549)围攻建康时,东昏侯曾在园内华光殿前立军垒,可推知主殿前

颐和园苏州街 宋少帝营阳王在华林园内设置店铺的做法对后期许多皇家园林的营建都产生了深远的影响,使各种专供商业买卖的街道纷纷出现在皇家园林之中,如位于北京颐和园内的苏州街即是其中一例

应有相当大的广场或广庭。

南朝的营苑,除华林园外,在建康城外的玄武湖畔或长江之畔,营建有上林苑、乐游苑、王游苑等多座皇家苑囿。

乐游苑

《六朝事迹编类》乐游苑条:"《舆地志》云:在(东)晋为药园,(刘)宋元嘉中以其地为北苑,更造楼观,后改为乐游苑。"乐游苑,又称北苑,位于覆舟山南麓。覆舟山南靠台城,东临青溪,北接玄武湖。玄武湖位于钟山西麓,金陵(今江苏省南京市)城北,也称"北湖"。据说湖中曾有黑龙出现,据《后汉书·王梁传》:"玄武,水神之名。"故名"玄武湖"。湖中有三座岛屿,是仿"海

京畿瑞雪图 与秦汉时期的苑囿相比,魏晋南北朝时期的苑囿更注重对自然景观的引入,并且能够通过设计而将建筑与自然风景更好地融为一体。图为唐代京城苑囿的雪后景象,其在建筑和景观的设计上受魏晋南北朝时期的影响较大

上三神山"而设。乐游苑位于玄武湖南岸，刘宋元嘉中期对其进行楼观营建，作游乐之苑。

覆舟山是台城的重要屏障，原是东晋祭祀天地的郊台，刘宋元嘉初年，郊台外移，在其原址上营建苑囿，为北苑。覆舟山南建楼观。元嘉十一年（434）三月，宋文帝与群臣于此禊饮（古代春秋两季在水边举行的一种祭礼），此时已更名为乐游苑。刘宋孝武帝在苑内筑造正阳殿和林光殿，林光殿有专供禊饮用的流杯渠，流杯禊饮在当时已成为十分流行的一种娱乐活动，文人士族、帝王将相都对其乐此不疲。南北朝(420—589)各代皇帝携大臣在苑内重九登高、祭祀禊饮、射礼、接见外国使臣。从功能上来看，乐游苑是真正意义上的苑囿。

刘宋孝武帝在覆舟山北建藏冰井，用于冰冻酒水。此外，苑内主要建筑正阳殿和重光殿两座殿堂，建于覆舟山南开阔地带，站于山上的楼观中，可观望东面的钟山和北面的玄武湖，视野极佳。这些特意设置的流觞禊饮的殿堂和观湖赏波的山中楼观，正是园林建筑所应具备的特性。刘宋孝武帝大明三年（459），又在玄武湖北建上林苑。这样，玄武湖北有上林苑，东南有乐游苑，这就意味着在建康以北形成了一个以覆舟山、玄武湖为山水骨架的一个巨大的皇家苑囿区。

乐游苑与华林园一样，与南朝共始终，都是南朝著名的皇家园林。宋、齐、梁、陈四朝都曾以乐游苑为皇家专用御苑，在园内进行禊祓、赋诗、宴请等各种活动。苑内山清水秀，风景绮丽宜人。在刘宋颜延之的《三月三日曲水诗序》中有详细描绘："苑太液，怀层山。松石峻垝，葱翠阴烟……旌门洞立，延帷接枑。阅水环阶，引池分席。"

湘东苑

湘东苑是梁元帝萧绎(508—555)营建的园林，位于江陵（今湖北省荆州市）子城中。因萧绎被封为湘东王，故园名湘东苑。萧绎自幼聪慧好学，博采群艺，尤其是在绘画方面造诣颇高，是一位很有才华的皇帝。因此，得益于他对山水画以及自然山水的理解，反映在园林布置和山水处理方面，则使园林景致突出了精美、雅致的特点。

从《渚宫旧事》中对湘东苑的描述："穿池构山，长数百丈"可知苑以山为屏障，以水为中心，湘东苑的山已经是石构，而并非土筑。古人用字很有讲究，土山为"筑"，石山为"构"，材料不同，建造手法也不一样。山中构石为洞，曲折逶迤，山上建阳云楼，可远眺近观园内外景致。山在池之北，池在水之南，池中植莲荷，倚岸杂栽奇花异草，殿宇亭榭环池而筑，池南为芙蓉堂，东设禊饮堂，后建隐士亭，亭北为正武堂、射埘（用于分隔射道）等建筑，池西是用于观景和休息的射堂。

萧绎在《山水松石格》中曾对园中的山水这样评述："夫天地之名，造化为灵。设奇巧之体势，写山水之纵横。……素屏连隅，山脉溅洞。首尾相映，项腹相迎。丈尺分寸，约有常程。"较为详细地阐述了造园时山水的比例关系。"山以水为血脉，水以山为屏障"，山水相映，且应合乎自然规律。萧绎的湘东苑，山水主题很突出，是其山水理论的具体实施者。山水景境浓郁的湘东苑，成为魏晋南北朝时期的一代名园。

综观魏晋南北朝时期皇家园林的营造，虽然保存了秦汉园林宫室建筑的崇饰宏丽和以建筑组群为主体的园林营造方式，但由于受财富的限制和朝代更迭的影响，无论是园林还是园林宫苑的规模都不能像秦、汉那样广袤。魏晋南北朝时期，无论从军事还是经济力量上来看，都是南弱北强，南贫北富，经济基础直接影响了园林的建设。当然，其中洛阳华林园、建康的华林园和邺城的仙都苑也都有不小的规模，而且在某些方面与秦汉园林相比颇具有新意。具体表现在受魏晋南北朝时期玄学和崇尚自然的思想的影响，园林创作重在自然、山水生活意境的创作和发挥。创作主题以直接模仿自然为主，以期建造山水情致浓郁、游憩兴致较高的自然山水园。

在自然水景和人工水景相结合的理水手法上，魏晋南北朝时期的园林也不同于秦汉时期园囿中大江大湖的营造，而是趋于精细、婉转的风格，这是这一时期人们对自然美的欣赏和领悟能力及创造力有所提高的表现，对后世造园活动中营造山水体系园景的理念及发展具有重要的意义。此外，受山水诗、山水画和游记文学影响最深的，还是这一时期私家园林的营建。

以上述园林为例，对魏晋南北朝时期皇家园林的特点作归纳，主要有以下几点：

（一）帝王造园受社会思潮的影响，从欣赏趣味开始向追求自然美转移，盛行于秦汉的畋猎苑囿，开始被大量开池筑山、表现自然美的主题的园林所代替。

（二）秦汉时帝王妄想长生不老，主张求仙服药的思想观被否定，取而代之的是"人生苦短，及时行乐"的人生观，因此园林的游憩性质日益明显。

（三）造园活动兴旺，战争的破坏、统治者的频繁更迭，致使苑囿存在的时间极短。为了显示统治者"承天受命"的至尊地位，各朝代都以营建壮丽的宫室苑囿作为彰显朝代强盛的手段。

（四）由于连年不断的战争，苑囿只能建在城内或近郊。虽然这些园林存在的时间都较短，但却能使园林营建水平在新旧更迭中得到实践和发展。

（五）造园技术和手法上比秦汉时期成熟，尤其是山的筑造，一改秦汉时期大量用土堆筑的土山，出现了土石混合的假山形式，园林景致有了很大的改变。

魏晋南北朝是我国自然式山水风景园林的奠基时期，也是园林创作意识形态由物质认知逐渐向美学认知转变的关键时期。

魏晋南北朝的私家园林

魏晋南北朝在思想、文化、艺术上的重大变化以及在科学技术上的重要成就和思想领域里玄学的发展，都对这一时期园林建设产生重要的影响。晋时出现的山水诗是从玄言诗演变而来的，不同的只是题材上的变化。山水诗虽然直接描述山水，但把山水形象作为表达玄理的媒介，从山水中领略玄趣，追求与道冥合的精神境界，正是魏晋南北朝时期园林（尤其是私家园林）的内涵。

浙江绍兴兰亭曲水流觞处 魏晋南北朝时期的一些文学作品也对中国园林的发展产生了一定的影响,如东晋书法家王羲之所创作的《兰亭集序》就为江南园林的修建提供了范本

上层人物面对动乱的社会现实,以"对酒当歌,人生几何"来抒发心中的抑郁,表现出来的是"人生得意须尽欢"的生活态度。而此时社会中的另一个群体——隐士的行为又是一个极端,他们厌恶政治,愤怒社会,逃避现实。隐士,虽身"隐"于市井之外的山林中,却不是处于孤独状态,他们三五成群,或结伴为友。魏晋南北朝时期最著名的一个由七个人组成的集团——阮籍、嵇康、向秀、阮咸、山涛、王戎、刘伶七位名士,即东晋时期著名的"竹林七贤"。七人结交为友,且都向往隐逸自然,寄情山水。他们经常结伴在竹林小聚,吟酒赋诗,甚是潇洒。后来随着嵇康与山涛的绝交,其他人也多出山为官,这个集团也随之星散瓦解。

山水风景陶冶了名士的情操,对山水的热爱由单纯的观赏变为人性化的对话。晋人宗炳有一句名言"山水以形媚道",将中国传统文化乃至中国精神集合在一个"道"字上。士人从自然山水中领悟到"道",唤起了人本身对文学艺术自觉的追求。诗、书、画、服饰、居室和士人山水园林,都在各自的领域内融合了这种精神。这一时期的人与自然不仅仅是感知,更是一种彼此亲近,在与大自然的对话中,中国文人对自然的崇尚不断上升。中国特有的山水审美观以及其文化成果——山水诗、山水散文、山水画、山水园林四种艺术形式也由此诞生。

对大自然的崇尚和热爱,在中国的古典文学、绘画以及园林建

竹亭对棋图 与大型的皇家园林相比,《竹亭对棋图》中这种景致清幽的私家小园似乎与魏晋南北朝时期所推崇的园林特征更加吻合,具有趋于精细、表达婉转的风格

设中都有具体的体现。单就绘画来说,中国山水画中又分浅绛山水、金碧山水、青绿山水、水墨山水等多种类别。画家对山水的偏爱,同文人对自然的欣赏一样,都是通过对自然美的鉴赏,逐渐转变为借助描绘山水景物的方式来享受和体验山水风景带来的乐趣,也因此成为他们精神生活上的一个主要内容。因此,在动乱的年代,当人们已经对前途感到失望和不安时,寻找精神的寄托便显得尤为重要,甚至变得十分必要。

此时,涌现出的王羲之等数十人于浙江绍兴会稽山下的兰亭进行曲水流觞、饮酒赋诗等文人雅事,给予了这些文人感叹人世的变化无常、抒发心志、游憩赏景的机会,并由此成就了《兰亭集序》的千年辉煌。年代稍晚一些的陶渊明,在晋宋政权交替之际,发出"归去来兮,请息交以绝游。世与我而相违"的感叹,于是不得不"复驾言兮焉求",并于丘壑林泉中营造自己"芳草鲜美,落英缤纷……黄发垂髫,怡然自乐"的世外桃源,用一个类似于"乌托邦"的理想世界,道出世道的混浊、大自然的清香;用"少无适俗韵,性本爱丘山"作自我安慰,隐退山林。

魏晋南北朝时期的私家园林,受社会、政治、文化思想(尤其是文人思想)的影响,私

南村别墅图 魏晋南北朝时期的文人雅士对隐逸生活的向往与追求,是提高他们对自然美的欣赏和领悟能力及创造力的重要条件之一

家园林的营建呈现出有别于汉代纯自然享乐式的私家园林的特点。这时私家园林的建设主要包括两类:一类是宅旁附园,另一类是建在山郊野外山水优美处的园林化庄园。

金谷园

金谷园为西晋大官僚石崇经营的一处庄园。石崇年少有为,二十多岁就开始做官,曾任县令、郡守、荆州刺史,出为征虏将军,假节、监徐州诸军事。石崇为官期间广聚钱财,鱼肉百姓,生活奢华。《世说新语》记载许多

归田祝寿图 在远离喧嚣的山林间营造建筑的做法早在秦汉时期就已经出现,并在魏晋南北朝时期盛行,为私家园林的发展起到了显著的推动作用

左上 | 山居图（局部） 与秦汉时期建造在郊外的亭台楼阁不同，魏晋南北朝时期的山间住宅以简洁、朴素的形式居多，将其周围的山水景观衬托得更加秀丽，进一步显示出了人们对自然山水的热爱

左中 | 兰亭修禊图 《兰亭修禊图》为一幅描绘王羲之等人在浙江绍兴会稽山下的兰亭进行集会的画作，出自明代画家文徵明之手。画中峰峦层叠、曲水流觞，众文人汇聚溪水两岸，吟诗作赋，构成了一组优美、清幽的人文景观

左下 | 曲水园图（局部） 文嘉的《曲水园图》描绘的是一处庄园实景，该园位于小岛之上，其整体的风格与魏晋南北朝时期建在郊外的园林化庄园颇为类似

出其成景的意图。园内建筑形式多样，层楼高阁，雕梁画栋，以"观"和"楼阁"建筑较多。金谷园整体布局还受到两汉私家园林"大、全、景多"等特点的影响。

石崇和他的金谷园一直是后世诗人咏叹、抒发感慨的对象。唐代杜牧(803—852)作《金谷怀古》叹道："凄凉

金谷园图 清代画家华嵒创作的《金谷园图》描绘的是西晋官僚石崇在他的私人别业金谷园中吹笛寻欢的场面

关于石崇穷奢极侈的生活，书中描述，就连其厕所也放置绛纱帐大床、沉香汁、甲煎粉等各类名贵物品作常备使用，并有数十名身着华服的美丽侍女随时恭侍，其奢华程度堪与帝王相比。

石崇人到暮年，辞官归居，却更加放逸好乐，在洛阳西北郊的金谷涧营建大型庄园河阳别业，也就是金谷园。

金谷园的开凿，满足了石崇游宴生活以及安享山林乐趣、吟咏等多方面的享受。园内有人工开凿的池沼和由园外引来的金谷水，水流清渠，穿梭萦绕于建筑之间。河道能行驶游船，两岸可供垂钓，植物配置以成片的林木为主，不同的树种与不同的地貌或环境相结合，突

遗迹洛川东，浮世荣枯万古同。桃李香消金谷在，绮罗魂断玉楼空"，写的就是石崇的爱姬绿珠在金谷园中坠楼的故事。

始宁墅

始宁墅是谢玄(343—388)、谢灵运（385—433）祖孙所经营的山居别业，也称始宁园。东晋士族官僚谢玄，因病辞官，于会稽郡的始宁县（今浙江省三界镇）占领山泽，经营自己的别墅。谢玄主要在南山营建宅园，宅园临江而建，园内楼前为奔腾不息的江水，对面连绵起伏的群山高耸峻拔，远处山水相接，蔚为壮观。园内坡地上建有一座楼阁，楼两旁桐树、樟树成片成林，因此，这座楼得名为桐亭楼，是谢玄时期始宁墅内的主要楼阁建筑。

谢灵运经营始宁园，在祖宅的基础上继续开拓修建新居，两处相距1.5公里，有水陆两路可通往。从水路往返可见洲岛相连；走陆路需翻山越岭，绵亘田野，沿途景致赏心悦目，风景迷人。始宁墅周围林木扶疏，鸟、鱼、野兽等动植物资源丰富，但谢氏祖孙认为"兽亦有父子相亲，应以好生为德"，因此从不捕鱼狩猎，不破坏大自然的生态环境。为适应环境，营造自然园林景观，周围还可进行农田耕作、水利灌溉、果树栽培等农事活动，以满足日常生活所需，园林营建与自然农事相结合，也使园林内容更丰富，更具田园野趣。

谢灵运是中国历史上有名的文学家，魏晋南北朝时期的名士，曾任永嘉太守，本性桀骜不驯，故仕途坎坷，于是常常寄情山水以排遣心中的忧愤。在谢灵运的《山居赋》中，对新居开拓的过程、如何利用山水风景地带而"相地卜宅"等情况分别作了详细介绍。园中依山建经台，傍水筑讲堂，另有禅室、僧房等建筑，星罗棋布地散列于山岭之中，这些建筑多以茅草盖顶。这里没有府邸宅园的金碧辉煌、豪华气派，处处体现着一种与自然相亲相近的氛围，这种以突出顺应自然的情趣格调与自给自足的庄园生活相结合的造园模式，正是后来中国园林中文人园林的基奠。

庄园、别墅是魏晋南北朝私家园林的特殊类型，是当时经济制度和社会时代的产物。私家园林通常拥有较大的面积，且囊山括水，将自然界的真山真水纳为己有。从某种角度上分析，私家园林是当时士族对国家土地资源一种变相的巧取豪夺。虽然封建朝廷屡有禁令，但"自顷以来，颓弛日甚"，庄园经济的发达促使具有园林风格的庄园别墅如雨后春笋般遍布各地。

当时类似谢灵运始宁墅的庄园有很多，在谢灵运的《山居赋》中有多处记载，如始宁墅北面有东晋名士王穆之的大巫湖，山墅东面山区腹地中建有昙济道人、蔡氏、郗氏、谢氏和陈氏的庄园，这些士族名绅的别业经营得各具特色，且规模都与始宁墅不相上下。就其性质而言，这些庄园不仅是建在自然山水之中只作为游山玩水的娱乐消遣之地，它们大多数还是园主自给自足的庄园，庄园里瓜果菜蔬、谷物杂粮，应有尽有，园中物产非常丰富，可提供给园主充足的物质生活资源，中国园林中可居的特点也得以体现。而一个"隐"字，又把东晋初南下文人士族的田居生活与汉代逸士享受诗书酒琴和园林之趣的意境之间划分了明确的界限。魏晋文士隐的目的不是单纯的享受，而是在逃避,是对现实社会的逃避。

在魏晋南北朝时期文人们的心目中,大自然的山水是最真实、最美、最值得留恋和崇尚的,因为大自然没有受到世俗的污染,自然中一切都是非人为的,不带社会色彩,没有浸染功名、利禄等世俗人追求的。大自然的万物仍然处于一种原始状态,且能包容一切。只有在这种最纯真、最广阔的环境中自我的人格才能被尊重,自我的价值才能被发掘,这也许正是魏晋文人崇尚自然的理由。

由以上园林可以看出,魏晋南北朝时期的园林在地貌创作上有山有水,植草栽木要像自然植被一般,园林建筑要列于上下,点缀成景,即地貌、植物、园林建筑的题材相互结合起来组成自然山水园。

东晋陶渊明(约365—427)是隐士中的名人,他蔑视功名利禄,不为五斗米折腰,他辞官隐退庐山脚下,以"归园田居"的生活来逃避世事,享受理想田园生活。他开荒

山水图册之山居村舍　古朴的草屋房舍与自然界的山水环境极为相融,使此种类型的建筑在谢灵运的私家庄园始宁墅中得到了充分的利用

左|**茂林村居图轴**　从这幅名为《茂林村居图轴》的绘画作品中可以看出,置身于山水之间的建筑,无论是华丽的庄园还是简朴的民居,都能够呈现出一种清雅出尘之意,这也是魏晋南北朝时期的人们热衷于将自己的别业建在郊外的原因之一

左｜**桃花源图** 陶渊明创作的《桃花源记》是他最具代表性的作品，描述了陶渊明心中理想社会的缩影，为画家们提供了丰富的创作灵感。明代画家周臣创作的《桃花源图》所描绘的即是《桃花源记》中的情景

右｜**魏园雅集图** 由明代画家沈周创作的《魏园雅集图》描绘了几位文人雅士在景色宜人的山林间集会的情景，且具有很强的写实性，可见对自然山水的热爱在每个朝代都有所体现，只是在魏晋南北朝时期表现得最为突出

下｜**桃源仙境图（局部）** 《桃源仙境图》为明代画家王彪根据陶渊明的《桃花源记》创作的一幅描绘山村住宅景观的画作，其中融入了许多画家理想中的元素

拓野,自筑小园"方宅十余亩,草屋八九间。"虽然简朴,但环境清雅"榆柳荫后檐,桃李罗堂前。暧暧远人村,依依墟里烟。狗吠深巷中,鸡鸣桑树颠。"他把精神寄托在农村生活的饮酒、读书、作诗上,以在田园劳动中找到归宿,正是因为他的超脱,表现在他笔下的自然景色不再是哲学思辨或徒供观赏的外化或表现,即使是寻常景色,都充满了生命和情意,即使一般草木,也是情深意真,既平淡无华,又盎然生意。陶渊明诗作中的这种思想境界虽然没有直接影响当时的园林创作,但却成为后来唐宋写意山水园的灵魂,对后世自然山水园的发展有巨大的影响。

寺观园林和游览胜地的兴起

一方面,"玄佛"合流促使着士族文人开始走向自然;另一方面,也使得士族与山林中的僧、道开始有了交往,并在思想上相互影响。《世说新语》中记载,康僧渊营构的精舍,不仅是研求佛法之地,也是康僧渊与众多名士聚会交友、高谈玄理、欣赏山水美景的地方。此外,佛教传入中国后开始向世俗化、生活化的方向发展。某些教义被具体化和形象化,如在寺庙中出现了放生池、莲池等游赏性极强的附属建筑,由此,寺观园林开始形成。《洛阳伽蓝记》中提到,仅洛阳就有多处这样的寺庙,如宝光寺、景明寺、景林寺、河涧寺、冲觉寺等,都是当时附带有游憩性质的寺庙。

魏晋南北朝时期,随着佛教勃兴,寺庙建造活动大为开展。塔是魏晋南北朝时期由印度传入中原的新的建筑形式,根据佛塔的概念,用我国固有楼阁建筑的方式来创建的,早期大部分为木结构,后逐渐由砖石代替了木材。因为宗教宣传和信仰的关系,寺庙建筑可用宫殿形式,装饰华丽,金碧辉煌,并附有庭院,有其独特的种植。以北魏胡太后所建永宁寺为例,《洛阳伽蓝记》记载:"中有九层浮图一所,架木为之,举高九十丈。有刹复高十丈……

山西云冈石窟第十一窟 石窟属佛教建筑的一种，云冈石窟凿建于北魏，石窟内保存有许多雕刻和壁画，从中可以体现出佛教在魏晋南北朝时期发展的情况及特征

刹上有金宝瓶，容二十五石……浮图北有佛殿一所……僧房千余间……桅柏松椿，扶疏拂檐……四面各开一门……四门外普树青槐，亘以绿水，京邑行人多庇其下。"有关寺庙绿化的文字虽不多，但可看出在殿堂之庭，以松柏竹等常青树木为主，尤其是外围绿化，"普树青槐，亘以绿水"使寺庙隐映在丛林绿水之中。寺观的营建不限于城内郊外，宏伟的有重大宗教影响的寺观往往选在山水胜处营建。这样一来，寺观园林不仅是信徒们朝佛进香的圣地，而且逐步成为平民借以游览山水和玩乐的胜地。

由于魏晋以来崇尚自然的思想和南朝文化上特色引起的美术上变化，尤其是山水画的发展，出现了探幽寻胜、游历山水的风韵。如宗炳好游山水，游辄忘归，"凡所游历，皆图于壁"，可见他是从真山真水出发来创作山水画的。

南朝时，一些风景优美的胜地不仅有寺观，还有聚徒讲学而设的书院、学馆、精舍，以及山居、别业或陵墓。这样，胜地的自然风光中渗入了人文景观，并与历史文物、神话传说、风土民情等融合，经过长期发展，成为具有丰富建筑景观和深厚历史文化传统的风景名胜。南朝正是具有自然、人文、社会景观为内容和特质的风景名胜的奠基时代。

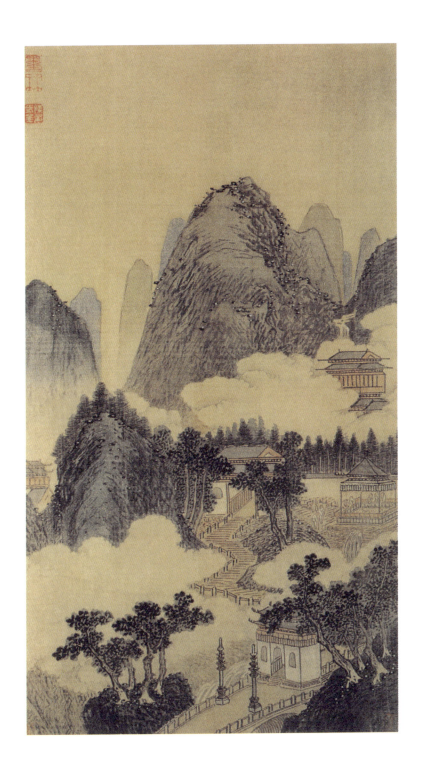

两江名胜图册之杭州下天竺寺图 画中的下天竺寺位于杭州天竺山,始建于东晋咸和五年(330),该寺后与其附近的上天竺寺和中天竺寺一起构成了杭州西湖的一处风景名胜,合称"三天竺"

04

全盛时期的造园语言

隋唐时期的历史背景与文化特征

隋唐时期的皇家园林

隋唐时期的私家园林

隋唐时期的其他园林

隋唐时期的历史背景与文化特征

581年，北周贵族杨坚通过禅让方式代北周，建立隋（581—618），为隋文帝（541—604）。589年，隋灭陈，结束了魏晋南北朝三百余年的分裂局面，重新统一中国。隋代初期，隋文帝借助统一安定的政治局面，立新除旧，制定隋律，废郡立州，完善了地方行政组织结构。改革赋税、勤俭持国，大力发展经济、文化，隋文帝在位二十多年间，社会经济得以顺利发展，人口数量大幅增长，人们生活安定。隋炀帝（569—618）杨广即位后，滥用民力，大肆营建宫苑，不惜财力物力多次游幸江南，对社会造成负担，引起世人不满，最终导致了隋末的农民大起义。盛极一时的隋王朝政权在农民起义的讨伐声中逐渐瓦解，形成了各地官僚豪强乘机叛乱、割据一方的局势。

618年，太原留守李渊削平各地割据势力，镇压了农民起义军，统一了全国，建立了唐（618—907）。在唐王朝近三百年的封建统治中，大体可分为初唐、盛唐、中唐、晚唐四个时期，初唐（自建朝至玄宗先天元年618—712年）是唐朝恢复和发展的时期。初唐时期，统治者吸取隋亡教训，大力发展生产，减轻徭赋，政治上比较清明，经济复苏，发展稳定，文化成就卓越辉煌，开创了中国历史上空前繁荣昌盛的局面，使唐成为一个强盛的国家，历史上著名的"贞观之治"就是出现在这一时期。

中唐时期（766—835），边塞各地节

关山行旅图 隋唐五代时期是中国历史上的一个极其兴盛的阶段，在此期间，随着局势的稳定和社会的繁荣，人们也开始更加注重对生活的享受，从而使许多方面都得到了蓬勃的发展，其中也包括中国园林建筑

度使拥兵自重,发起叛乱,大大削弱国势。平叛后,其残余势力长期割据,逐渐形成藩镇割据。开平元年(907),朱全忠篡夺了唐政权,改名朱晃,建立后梁,是为梁太祖(852—912)。唐历时289年而亡。

隋唐时期是中国封建经济向上发展和国家统一的重建时期。经济上,庄园经济逐渐消除,地主小农经济发达;政治上,削弱了士族势力,中央集权更加巩固;在文学成就方面,文化艺术能够海纳百川,在一定范围内积极融汇外来文化而促成唐文化的进步和繁荣,尤其是唐代诗歌取得了很高的艺术成就,在中国古代文学史上一枝独秀,拥有迷人的光彩;思想意识方面,儒家、道家、释家共尊,以儒家为主,形成开放性的宗教信仰。

与隋唐文化同样受关注的是隋唐两代都城的建设。隋代在短短的三十七年内建设了三个都城:大兴、东都和江都。

古代都城的建设遵循"筑城以卫君,造郭以守民"的原则设置城和郭,两者的职能非常明确,城是保护国君的,郭是守卫人民的。因此城在内,郭在外,郭包围着城。各代的都城都有城郭之制,但名称各不相同,城有"子城""内城""阙城"之称,与之相对应,郭又分为"罗城""外城""国城"。京城一般设三道城墙:宫城(大内、紫禁城)、皇城(内城)、外城,每道城都有相应的城墙。但也有例外,明代都城南京和北京均有四道城墙。唐宋时期府城也有两道城墙。筑城的材料方面,夏商时期出现了版筑夯土墙,唐以后渐有砖包夯土墙的建筑。城门门洞早期多用木过梁,宋以后砖拱门洞逐步推广。水乡城市依靠河道运输,均设水城门。为了加强城门的防御能力,许多城市设有两道以上城门,形成瓮城。

隋代营建的大兴城在汉长安城的东南部。隋文帝杨坚建立隋,因旧朝长安城不能为其所用,就在长安城东南营建新都。北周时隋文帝被封为大兴公,故把新建的都城命名为大兴城,其宫城称大兴宫,主殿称大兴殿。大兴城的范围南至钟南山子午谷,北到渭水,东临灞

壁画台基 图为一幅唐代晚期石窟壁画的临摹品,原作由唐代画家吴道子创作,表现出了晚唐时期在壁画艺术和建筑艺术上的诸多特征

水，西枕龙首山，依山傍水，地理位置优越。大兴城的具体规划、设计、实施建设由高颎、宇文恺两人具体负责，考察并吸取了洛阳、邺城的城市规划的优点，利用当地地理优势规划建造了大兴城。

大兴城的营建以先造宫城为主，宫城位居城市北部高地上，占据了京城的有利地形，高坡上修建了巍峨的宫殿和庙宇，更增添了城市雄伟的气势。宫城之外是皇城，"皇城之内，惟列府寺，不使杂人居止"，最后筑外郭作罗城。开皇二年（582）六月开始动工，次年三月宫城部分基本完成，隋文帝正式迁都。

大兴城的规划布局大体仿照前朝洛阳故城，其规模尺度、布局形式、城市轮廓都和洛阳城很相似，但新建的都城比起洛阳城更为规整和理想化。城分宫城、皇城和郭城三部分。宫城也称大兴宫，是帝王居住和处理朝政之地。宫城内建有正殿大兴殿，其后为中华殿，另有临光殿、观德殿、射殿、文思殿、嘉则殿等建筑。宫城前，左庙右社，同《考工记》中所描述的周王城形制相同，至明清故宫仍依这一形制建造。

皇城是官府衙署之地，两汉、魏晋时，皇城内散居人家，官府、宫阙和民居混在一起，而大兴城对民居和官家建筑作了区域划分，官府集中于皇城中，与民居市场分开，两者的功能划分明确，这是大兴城规划上的一个新特点。

郭城内分列布置了一百零六个"坊"。城市居住以阶级差别分为两个区，城东为贵族和统治阶级居住，城西是以里坊为单位的平民居住区。城内有东、西两市，各占据两坊的面

唐代长安城平面图 唐代的长安城规划整齐、建筑设施完善，且防御性强，是在隋大兴城基础上发展而来，也是古代都城的典范

积，是专设的商业区。有的里坊内也设店铺，坊内大街小巷，条理清晰，布局规划合理。为解决城市和宫苑供水问题，在建城之初就开始开凿河道，引水入城。开皇三年（583）在城西侧挖永安渠、清明渠，分别引交水、沈水直通宫城和大兴苑，蓄水为御苑水池——南海、西海和北海，又开龙首渠引浐水至苑内，积汇成御苑水池，称东海。水渠的开凿，不仅解决了城市建设用水和宫苑供水，也为营建城市风

景园林提供了丰富的水源，为营造皇家园林提供了条件。

隋文帝时，为了装点和丰富城市风景，因此大力提倡佛教，鼓励寺庙建造。大兴城内寺庙众多，中轴线上左右对称地建造了大兴善寺和元都观，城东南有规模巨大的庄严寺，隋炀帝大业元年（605），又为其父建总持寺。

隋文帝建都长安，其初衷是为了笼络关陇集团势力，但隋统一全国后，作为整个国家的政治经济中心，长安便显得偏处一隅。隋仁寿四年（604）八月，并州总管汉王杨谅发动叛乱，使隋炀帝深感广大的中原地区八百里平川沃野之阔大，千万的臣民百姓，如果没有军政重镇，实在难以控制，因此，便有了营建洛阳之意。加之洛阳水陆交通便利，又是军事上的"四战之地"，是守卫长安的重要屏障，在大业元年（605），隋炀帝任命大将宇文恺(555—612)主持兴建东都洛阳。唐代以长安为西京，洛阳为东都，正式建立"两京制"。两京同样设置两套宫廷和政府机构，贵戚、官僚也分别在两地设置府邸和园林。

洛阳北依邙山，洛水自西向东穿城而过，分全城为南、北两部分。宫城、皇城位于西北高地上，占据最有利的位置，其余地区布置市坊，于是就形成了宫城、皇城在西北角，市坊集中于东部和南部的城市格局。全城以宫城、皇城以及其南的龙门（伊阙）为轴线，突出了整体轴线偏西的特点。洛阳作为陪都，规模比长安略小，布局却十分整齐。宫城继承了大兴宫的传统，只做了很小的改变。宫城前方为皇城，皇城南面开三门，中门也是正门，称端门，北对宫城的正门应天门，左右两侧设掖门。除了皇城、宫城，便是市坊，洛阳的坊比长安的坊要小，坊内都是十字街，每坊都四面开门。洛阳的市场主要集中在三处：北市、南市和西市，都是水运交通方便的地方，其中北市最热闹。唐代的重要粮仓——含嘉仓，便位于北市附近。来自四面八方的商船、粮船结集在仓前的新潭和附近的漕渠，周边茶馆、酒肆多有设置。城东南角，引入伊水，官僚贵族的别墅多也设在这里。

唐长安城

唐代以隋代大兴城为都城，改名长安，也称京师城或西京，对隋大兴城进行了大规模的修建和扩充，但在建制、规模、街道坊市规划上却仍是依隋代建制布局。

唐长安城在隋大兴城一百零六个坊的基础上增加至一百一十个坊。唐长安城东西宽9.72公里，南北长8.65公里，宫城位于城内中轴线的最北端，宫城面积约为4.2平方公里。由中部的太极宫、西部的掖庭宫和东部供太子居住的东宫构成主要建筑。宫城的主体部分仍然是太极宫及两侧宫殿。宫城南面为皇城，是衙署集中地。皇城和宫城是城市的核心。

依宫城、皇城、郭城划分城市布局内容。全城以宫城的承天门、皇城的朱雀门和外郭城的明德门之间的（连线即承天门大街和朱雀大街为南北向中轴线）为中心向左右展开。为突出北部中央宫城的地位，以承天门、太极殿、两仪殿、甘露殿、延嘉殿和玄武门等一组组高大雄伟的建筑压在中轴线的北端，雄伟的气势展现了皇权的威严。

城市里坊依纵横街道划分为长方形区域，大多为东西长、南北窄，少数为南北长的长方形坊。其中皇城和宫城东西两侧的坊的面积较大，皇城以南诸坊面积较小，东、西两市分列于皇城外的东西两侧。城市主干道宽敞开阔，笔直端正，城市布局严格讲求均衡对称。长安城城市布局规划体现了帝王统一天下、长治久安的愿望。城池建设规模超前迈古，面积达84平方公里，是汉长安城的2.4倍，明清北京城的1.4倍，是中国历史上规模最为宏伟壮阔的都城，也是当时世界上最大的城市之一。

长安是唐代的经济、政治、文化中心，商业贸易活动集中于东西两市。西市有许多外国商人，是进行国际贸易的中心；东市更是店肆林立，茶楼、酒肆、商店临街而建，景象十分繁荣。唐中叶时，已经出现夜市。如此大的城市，却只有两处买卖的市场，对居民生活很不方便，因此在居住的坊里也兴起了手工业作坊和商店，城市格局逐渐突破了严格的市、坊的

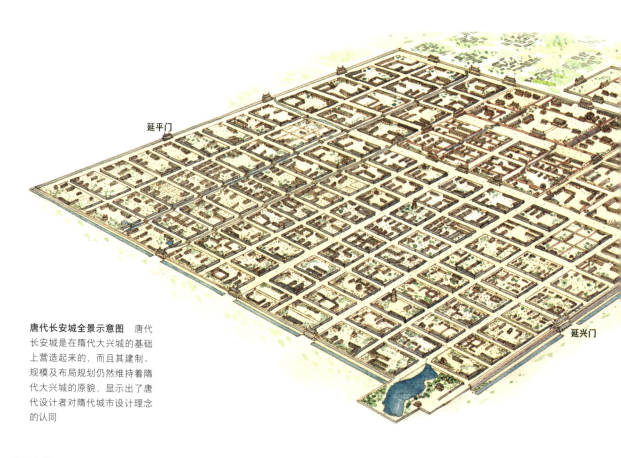

唐代长安城全景示意图 唐代长安城是在隋代大兴城的基础上营造起来的，而且其建制、规模及布局规划仍然维持着隋代大兴城的原貌，显示出了唐代设计者对隋代城市设计理念的认同

捣练图（局部） 由隋唐时期的画家张萱创作的《捣练图》描绘了仕女捣练的场面，是当时宫廷生活的真实写照

分离。

唐贞观八年（634），唐太宗李世民为其父李渊在长安城东北龙首原高地上建造永安宫。从风水上看，把宫城建在高地上，俯瞰全城，有君临天下之势，不过当时的永安宫仅作避暑消夏之用。到唐高宗李治龙朔二年（662），才又在此大兴土木，营造大明宫，于次年移居。大明宫成为唐代宫城的主要宫殿，原来的太极宫改名为西内，

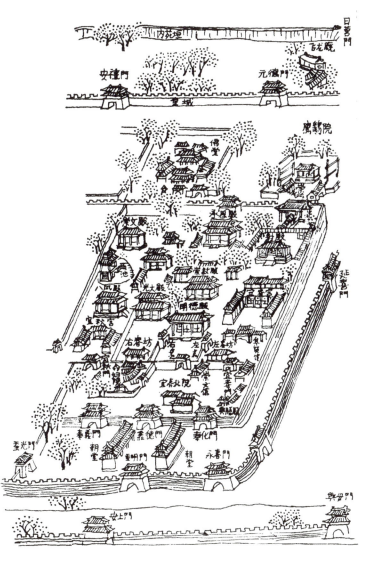

《陕西通志》载长安宫城西内图东宫部分摹本（引自《杨鸿勋建筑考古学论文集》） 大力在都城内修建佛寺建筑是隋代大兴城的特征之一，这一特征在唐代长安城内也得到了体现

唐代大明宫含元殿复原图 含元殿是唐代大明宫内的一座重要殿宇，位于今陕西省西安市，其规模宏大、造型特别，与大明宫整体的气势相一致

东山别墅 本图所展示的是一座建在山水之间的别墅，此类别墅在隋唐时期也十分常见，且大部分属皇室成员、贵戚和官僚所有

为备用的消闲之所。这样，唐代的政治中心向东北偏移，朝臣、权贵都集中到东城，形成了新的政治中心。

唐长安城是当时世界上规模最宏大、布局最严整的国际大都市之一，拥有人口一百多万。据宋代宋敏求《长安志》记载，长安城最外为郭，外郭四面各开三门，共十二座门。十二座城门正合十二时、十二辰、十二律、十二宫、十二支，与天位相应，具有至高无上的权威。在班固的《两都赋》中有："披三条之广路，立十二之通门。"可见汉代都城长安已经把这一理想付诸实践。汉代以后都城城门的设置，虽具体情况不同，但大体上仍旧参照"都城十二门"的制度。长安城的十二个城门中，只有南面正门明德门开五个门，其余都是开三个门。城门先用土筑门墩，外皮包砖，内为木过梁的拱形门洞，墩顶建平坐，上建城楼。城门内侧，沿城墙设上城的马道，称为"龙尾"。

城门一般开三个门，左入右出，中间的门为御道，只供皇帝出入，沿承汉代以来都城城门形式。

唐长安城东西、南北城上各门相对，有大道相连，形成三横三纵的六条主要干道，其间布置矩形的里坊，里坊间道路横平竖直，与

乾陵石狮 隋代的城市设计形式对唐代的陵墓建筑也产生了重要的影响,如建于唐代的乾陵在整体布局上就与隋代大兴城类似

六街结合形成全城的矩形街道网。全城共有南北街十四条,东西街十一条,纵横相交呈网格状,形成居住区的一百一十个坊和商业区的东、西两市,犹如棋盘格。唐代诗人白居易形容其为:"百千家似围棋局,十二街如种菜畦。"坊,均用高墙围筑,设坊门供居民出入,坊内没有店肆,商业活动集中在东市和西市。据《长安志》引隋《三礼图》的说法,在皇城和宫城东西两侧布置三排十三个坊象征一年中的十二月和闰月,此外,在中国古代,十三是一个吉祥的数字,在古汉字中的繁体与异体中,"福""禄""寿""喜"四个字都是十三笔画,显示出"十三"与中国人特殊的亲密关系。皇城南东西并列四排"坊",以象征一年中的四季,这四排均划分为九坊,象征《周礼》王城九逵之制。

唐长安的里坊制度虽沿袭汉长安和北魏洛阳的体制,但规模比以前要大得多。坊,四面为高墙封闭,民宅建在墙内,墙外是街区。每座坊都有自己的名称,其面阔大小不一,大坊比小坊可大一倍,坊上开门,大坊四面开门,小坊只在东西两面设两门。每个里坊的宅邸又各有高大的院墙围起,这样,一所家宅就至少有三重围墙保护着,城墙、坊墙、宅院墙,而院墙之内又有多道庭院门墙。这些墙院的设置,一方面是为了加强防御功能,另一方面也为整座城市增添了许多壮丽严肃的面貌,因此也更使自然式

乾陵 乾陵营建时,正值盛唐,国力充盈,陵园规模宏大,建筑雄伟富丽。唐太宗李世民开创了"因山为陵"的葬制,陵墓由建筑群与雕刻群相结合,参差布置于有"龙盘凤翥"之势的山峦之上。乾陵是唐十八陵中主墓保存最完好的一个

骊山避暑图（局部） 据记载，袁江的《骊山避暑图》中所描绘的骊山曾深受唐代帝王们的喜爱，如唐玄宗就经常与其爱妃一起来此地避暑，并在山间营造了一座唐代宫殿，称温泉宫（即现在的华清宫）

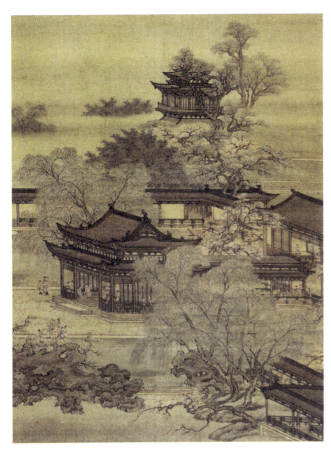

郭汾阳富贵寿考图 为了与唐代长安城的规模相一致，城内的建筑也多被营造得雍容、华贵，袁江创作的《郭汾阳富贵寿考图》中的几座楼阁，就带有几分唐代建筑的特征

的园林风景在坊内愈显光彩。坊内有宽约15米的东西横街或十字街，再用宽约2米的十字小街将全坊分成十六小块，通往各家住户。

　　长安城内庙宇众多，名家所作壁画也很多。但戏场很少。有文字记载的最著名的戏场为慈恩寺戏场。风景区也只有一处，就是曲江。唐代的两京制，始于高宗显庆二年（657）。初唐以来，洛阳逐渐成为关东、江淮漕粮的集散地，运往长安的漕粮先存于洛阳。武则天执政的二十年间，大部分时间在洛阳。唐玄宗开元年间，就曾五次来到洛阳。每当皇帝来往于两京时，政府官员除少数驻守外，其余都要随行，而且可以携带家属。因此，唐代的王公贵族和中央政府的高级官员在长安和洛阳两地都建有府邸。"安史之乱"以后，洛阳残败不堪，皇帝已不再临幸东都，其政治地位明显下降。

太白山图 在元代画家王蒙创作的《太白山图》中，绘有一座唐代的寺庙，称天童寺，展现了这一时期庙宇建筑的风格及特征

步辇图 与外族的友好关系是促进唐代强盛的重要原因之一，《步辇图》所展示的即是唐太宗李世民乘坐步辇接见外族使节的情景

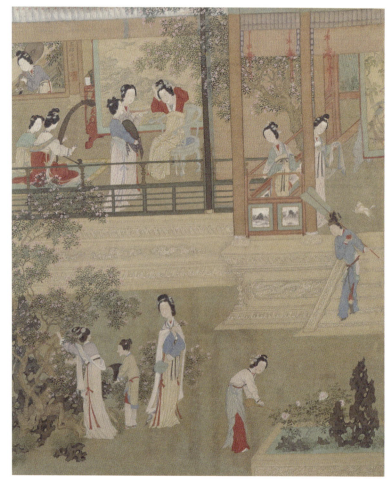

贵妃晓妆 《贵妃晓妆》表现的是唐明皇李隆基的宠妃杨玉环在清晨在宫殿中梳妆的情景，直接再现了唐代的皇室成员们奢华、清闲的生活，并从侧面展示了这一时期宫苑建筑内部的华丽与高雅

隋唐时期的皇家园林

经济和文化是园林发展的两个必要条件,一个为物质条件,一个为精神条件。经济的发展,决定着园林数量的多寡,没有雄厚的经济基础,不可能建造园林;文化的发展程度影响着园林的质量,中国园林的特点之一就是文化意蕴丰富。隋唐时期,无论是政治局面还是经济文化,都出现了前所未有的和平、安定、繁荣、昌盛,因此,这一时期的园林有了很大的发展,是中国园林发展的全盛时期,尤其是唐代。

唐代是继汉代以后一个伟大的朝代,在唐代近三百年的历史中,疆域不断扩大,对外贸易日益发达,经济繁荣。唐代文化在继承魏晋南北朝发展水平的基础上,又吸收了外来文化因素的养分,是中国封建文化中光辉灿烂的时期。经济的繁荣昌盛和长期的安定局面是产生唐代强大文化的基础。唐代在宫室建筑上有所发展,但在宫苑内容上没有多大变化。而山居、园池方面,受当时文化思想、社会风尚和艺术作品的影响,都有重大变化,表现在园林方面,以唐长安城宫苑和

九成宫图屏(局部) 由清代画家袁耀绘制的《九成宫图屏》,向人们展示了一组唐代宫殿建筑群的宏伟形象

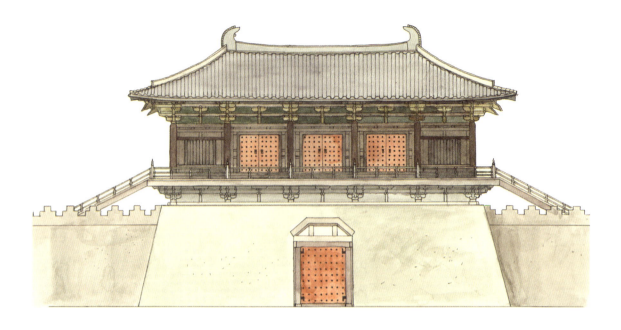

上 | **唐代长安城大明宫玄武门立面复原图** 大明宫位于唐代长安城北墙东部城外,宫墙四面设门。图为位于大明宫北墙中间处的大门,称玄武门

下 | **唐代大明宫麟德殿复原图** 麟德殿位于大明宫内,是一个供帝王和使臣们娱乐的场所,因此也被建造得十分庞大、辉煌,显示出了唐代皇室极度奢华的生活

游乐胜地的营建最为兴盛。

隋唐时期的皇家园林，已具有三种基本类型，即大内御苑、行宫御苑、离宫御苑，三者在形式和内容上没有实质性的差别，主要是根据园林与宫城的位置关系而划分的。

大内御苑

大内御苑指紧附宫城之外的苑囿。唐长安城皇城和宫城相连。《长安志》记载：宫城"东西四里，南北二里二百七十步，周一十三里一百八十步，崇三丈五尺。南即皇城，北抵苑，东即东宫，西有掖庭宫"，其中，先后修建的大明宫、兴庆宫都是唐长安城著名的宫苑。太极宫、大明宫、兴庆宫被称为"西内""东内"和"南内"，是唐代著名的三大内苑。

西内太极宫

隋代大兴宫，唐时改称太极宫，也称西内。太极宫正殿为太极殿，隋代又称大兴殿，是长安宫城内的主要宫殿，宫殿南门为承天门，北门为玄武门，玄武门外即为西内苑。

据《长安志》记载，西内有东西两门，分别名为日营门和月营门，北面两门为重玄门和鱼粮门，苑内景物以太极殿为主，是三大内中规模最宏伟的宫殿建筑。皇城承天门正对西内正殿太极殿。中轴线上的建筑包括嘉德门、太极门、太极殿、朱明门、两仪门、两仪殿、甘露门、甘露殿、玄武门。玄武门内东有观德殿、含光殿、看花殿、拾翠殿，西有广远楼、永庆楼、通过楼等，苑内殿堂建筑较多，且不同类别的建筑划分不同区域而建，或组合成院落，或与水池相间，构成楼阁亭台花园。

西内有池沼，《资治通鉴》记载："太极宫中凡有三海池，东海池在玄武门内之东。"池沼主要分布在宫殿区之后的内苑，围绕池沼布置殿宇，如景福台、望云亭、凝云阁、咸池殿等建筑，构成池水相环、亭阁相连的花园景观。

《资治通鉴》记载，武德九年（626）李世民欲杀太子李建成，在玄武门伏兵埋将，太子李建成从东宫北门经内苑入玄武门谒见唐高祖，行至临湖殿，觉得有些蹊跷，正要返回东宫，却被埋伏在此的士兵追杀。由此推知玄武门以东有临湖殿，从殿的名称上大概推测出殿房还有湖，湖边应该有茂盛的树木。

东内苑

与西内苑相对，东内苑是大明宫的附属内苑。苑内有龙首殿和龙首池，还有球场亭子、御马坊、内教坊、小儿坊等娱乐消遣的设施。球场亭子很有可能是建在球场边的小亭，用于观赏球赛或打球休息之用。唐代盛行一种玩球的游戏，玩球者骑在马上，用月形的木杖击球，唐代把这种活动称作马球戏。很显然，这时的园林建筑中增设了体育设施，园林的内容与先前帝王于苑中弋钓有了很大的不同。

东内大明宫

大明宫初建时，只作"清暑"之所，初名永安宫，第二年改称大明宫。龙朔三年（663），唐高宗由太极宫搬到大明宫居住，并在此处理朝政。自此，唐代历任皇帝都住这里，大明宫成为主要宫殿。大明宫建在长安城东北龙首原高地上，是一座相对独立的宫城。

虢国夫人游春图（局部） 由唐代画家张萱绘制的《虢国夫人游春图》是对唐代皇室贵族奢华生活的真实再现

龙首原地形高峻阔远，气候凉爽，很适合居住，站在原上"南望终南山如指掌，京城坊市街陌，俯视如在槛内"，是难得的风水宝地，居高临下，俯瞰全城的动静，且有利于军事防守。

大明宫宫城四面都有宫门，南面开五门，居中的丹凤门为正门，凡有改元、大赦等事件都在此宣布。宫墙的东、北两面有夹城，直通南内兴庆宫和城南曲江池，皇帝常从这里驾车游赏。大明宫平面呈不规则的长方形，东西宽1.5公里，南北长2.5公里，在布局上仿照西汉建章宫的传统，规划为前宫后苑式。其中，南部为宫廷区，北部为苑林区，苑林区就是大内御苑所在区域。

宫廷区中轴线上前后排列含元殿、宣政殿、紫宸殿三大主要殿堂。含元殿是大明宫的前殿，建在高出地面水平11米的高地上，上面

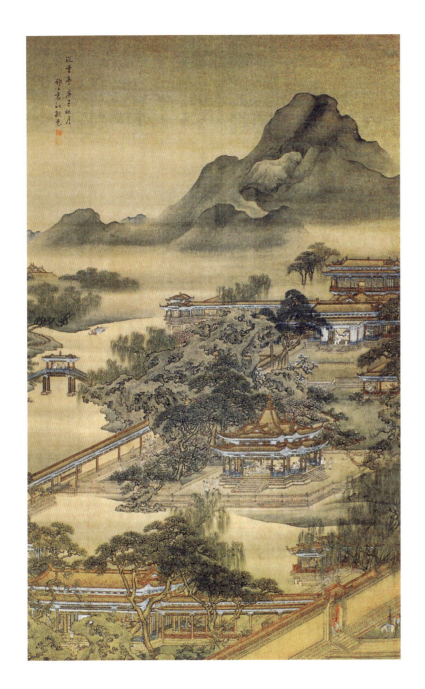

沉香亭图 唐代的宫苑集豪华、典雅、优美于一体,因此也深得当时及后代画家们的赏识,创作出了许多与唐代宫苑有关的经典名画,如清代画家袁江绘制的《沉香亭图》即是其中一例

再加建3米的殿基,巍峨壮观。殿为重檐庑殿顶,面阔十一间,进深四间,两侧接东西行廊,廊向南折通到左右对称的楼阁,东侧为翔鸾阁,西侧为栖凤阁,两阁都建在砖砌的高台上,与含元殿飞廊相接,环绕成院。李华《含元殿赋》:"左翔鸾而右栖凤,翘两阙而为翼,环阿阁以周墀,象龙行之曲直。"即是对这一殿阁生动形象的写照。殿前是三条平行的坡道,作为登殿的台阶,称龙尾道。

宫殿区雄踞高原,后部苑林区地势陡降,降为平地。以太液池为中心,池分为东、西二池,西池为主,东池为辅,池中有岛,名蓬莱岛,岛上建亭,称太液亭。这是秦汉以来的"一池三山"的园林构筑传统。唐代在太液亭上举行过诸多活动,如宴请学者讲学、召见大臣等仪式都在这里举行。池南面是龙首原后坡,原上宫殿重叠,中轴线上的含凉殿临水池,和池中亭子遥遥相对。池西面为著名的麟德殿,麟德殿之北为更大的大福殿。麟德殿是皇帝宴请群臣、接见外国使臣、观赏舞乐的地方。殿有三面，南有阁，东西为楼，故又称三殿。殿整体面阔十一间，进深十七间，面积相当于明清北京故宫太和殿的三倍，建筑宏伟而绮丽，供帝王宴会作乐使用。

太液池北面为三清殿、含凉殿、紫兰殿等，东面建有清思殿、太和殿等，太液池四周为体量宏大的殿宇所包围。这些壮美巍峨的殿阁和环池一周的回廊以及池中的岛亭相互呼应，互为对景，再衬以如茵的碧草和繁茂的花树，本身就已形成优美壮丽的景观。唐代李绅有诗："宫莺报晓瑞烟开，三岛灵禽拂水回。桥转彩虹当绮殿，舰浮花鹢近蓬莱。"《忆春日太液池亭候对（长庆三年）》。白居易(772—846)《长恨歌》中有"太液芙蓉未央柳"的句子，从中可知，池中植有菱荷，池岸栽有柳树和桃花。太液池的四周围建有众多的殿宇，琼宫波光，景色壮观，富有生气。

南内兴庆宫

兴庆宫，也称"南内"，位于长安外郭、皇城东南。据说，武则天（624—705）时，"长安城东隅民王纯家井溢"，曾在这里浸成数十顷面积的大池，名隆庆池，所以此地为隆庆坊。唐玄宗(685—762)为太子时与其他兄弟住在此坊。唐玄宗即位后，因讳玄宗李隆基的名字，隆庆坊改名为兴庆坊，隆庆池为兴庆池。

唐开元二年（714），在兴庆坊藩王府邸的基础上扩建宫殿，为兴庆宫。开元十四年（726）把邻近的永嘉坊的南部也扩入宫内；开元二十年（732）又在外郭东墙修筑夹城（夹道），可直接通往大明宫。

布局上，兴庆宫与大明宫正好相反，兴庆宫北部为宫廷区，南部为苑林区，体现了宫城与太极宫的从属关系。苑林区的面积稍大于宫廷区，四面宫墙都设宫门。苑内以龙池为中心和主体，水面约占总苑面积的一半，池面略近椭圆形。苑内东北角建有沉香亭，除此亭外，其余建筑均布置在龙池以南。以宫墙南面的通阳门和宫苑之间的瀛洲门为中轴线，建筑分列轴线两侧。西侧是著名的勤政务本楼和花萼相辉楼，东面则以长庆殿为主体建筑。中轴线上建有明光门、龙堂以及五龙坛。

史载，唐玄宗爱妃杨贵妃特别喜欢牡丹，唐玄宗就命人在龙池边东北处的土山上遍植牡丹。花开时节，红、紫、淡红、粉白的牡丹花竞相开放，唐玄宗常同贵妃于池边的沉香亭赏花，并召翰林学士李白（701—762）赋诗助兴。千古传诵的《清平调》就产生于此："云想衣裳花想容，春风拂槛露华浓。若非群玉山头见，会向瑶台月下逢……名花倾国两相欢，长得君王带笑看。解释春风无限恨，沉香亭北倚阑干。"

兴庆宫以牡丹花名扬京城，沉香亭也因是观花赏景的佳所而成为苑内最著名的建筑，亭用沉香木构筑，更增添了景韵。除此之外的勤政务本楼、花萼相辉楼和五龙坛，也是史书上常有记载的建筑。《唐会要》记载："后于西、南置楼，西面题曰花萼相辉之楼，南面题曰勤政务本之楼"，可知两楼的位置，一西、一南。勤政务本楼，建于开元八年（720）。唐玄宗每年生日、正月十五日观灯乐舞、饯送大臣等事宜都在此举行，楼前大街上常有各种技艺表演、杂耍、舞马、舞狮及百戏，皇帝既可于楼中观赏表演，又能设宴大臣，与臣同乐。"勤政务本楼"名不副实，它实际上是一座宴享用的建筑。花萼相辉楼位于勤政务本楼之北，两楼之间有开阔的广场，广场上遍植柳树，经常举行乐舞、马戏等表演。

五龙坛临池而建，是唐玄宗出于祥瑞符命而特决建置的，是一座带有祭祀性质的建筑。兴庆宫苑内建筑并不多，多为楼阁，其规模比大明宫小得多。但由于唐玄宗和杨贵妃长期居住于此，因此，在三大内廷宫苑中，兴庆宫以富丽的建筑而见胜，建筑布局上与太极宫和大明宫有很大不同。兴庆宫正殿的兴庆门朝西，而太极宫和大明宫则都是正门朝南，这样更突出兴庆宫作为游乐性宫苑的属性。南内的兴庆宫与西内和北内相比，宫殿建筑规模和布局上的特点都较弱，主要部分是苑林区，特色鲜明，以龙池为中心，池水碧波荡漾，因水布置楼阁亭台，景致优美。建筑疏落有致，与山水相互辉映。兴庆宫是三大内中园林氛围相对浓郁的大内御苑。"安史之乱"之后，唐代衰落，兴庆宫也与其他大内御苑一样遭到破坏。

行宫御苑

西苑

隋炀帝杨广继位后，每月役丁两百万营造东京洛阳，"又于阜涧营显仁宫，苑囿连接，北至新安，南及飞山，西至渑池，周围数百里。"（《隋书·食货志》）。在众多宫苑中，以西苑为最宏伟，并以其独有的特色而著称于园林史。

隋西苑位于洛阳城西侧，又称会通苑。唐代时，改名为东都苑，面积大为缩减。西苑是一座以人工水体为主景的山水园，内凿五湖：东为翠光湖、西为金明湖、南为迎阳湖、北为洁水湖、中为广明湖。湖中堆土成山，山上构筑亭榭廊庑，建筑随山就势，修饰极尽华丽。

湖北有大片的水面，为北海，海中置三山，象征蓬莱、瀛洲、方丈三仙山。山上建通真观、习灵观、总仙观等道教祭祀建筑，并成为海的构图中心。有人工开凿的水道龙鳞渠，曲折萦回流经"十六院"，供苑内嫔妃居住。十六个院落，各院自成一体，又借水面相互连通，以方便妃嫔游憩。十六座宫院各自独立，每组院落因依山临水的形势不同，其景色也各不相同，各院都是东、西、南三面各开一门，门外临渠，渠上飞桥。过桥百步，茂林修竹，将宫院掩映其中，环境清幽雅静。院内置屯，屯内穿池养鱼，种植瓜果菜蔬，物产相当丰富。每座院内住美人二十，美女佳人都是隋炀帝从宫中经千挑万选后集于此处的。隋炀帝经常临幸西苑，且"去来无时，侍御多夹道而宿，帝往往中夜即幸焉"，可见，满足隋炀帝荒淫无度的生活，也是建西苑的主要目的。唐代将西苑改东都苑后，园中景物多有改造，面积也大大缩小，但仍作为唐王的行宫御苑。

西苑作为帝王的行宫御苑，其造山为海的做法，布局上仍沿袭汉代建章宫"一池三山"的宫苑模式。但汉建章宫的太液池和三神山相对朴素，文字记载中没有提及有何建筑，只提到山的形状如壶。而隋西苑的神山周围却是台观殿阁、水道曲折，而且"风亭月观，皆以机成，或起或灭，若有神变"。

西苑布局的特点是造山为海，在海北另辟区域，以屈曲周绕的形势分列出十六院。十六组建筑群各自成景，开创了大园包小园、苑中设院的园林形式，而通过水渠导引又连成一体。具体到造园艺术，既有以聚为主的北海用水，也有以散制胜的五湖，同时设置多条人工开凿的水道龙鳞渠，园林理水有聚有散，模拟出丰富多样的天然河湖景观。海中三神山虽属旧套，但亭观可起灭，若神变，可见当时制作技巧之精。

由此可见，隋西苑受魏晋南北朝自然山水园的影响而转变到以湖山水系和洲圩为境域、内建宫室建筑的新形式，因此，也可以说隋西苑是我国宫苑演变到以山水为主题的北宋山水宫苑的一个转折点，并形成了一种具有隋代以及后来唐代特色的宫苑式园林，人们又将之称为隋山水建筑宫苑。

离宫御苑

华清宫

华清宫在今西安市临潼区城南，骊山北麓。骊山山形秀美，远看如一匹黑色的骏马，故名骊山。山间峰岭中有天然温泉，因此数代帝王都曾在骊山温泉洗沐并建设行宫。据《长安志》记载，秦始皇始建温泉宫室，名"骊山汤"，汉武帝刘彻时（约前130），在秦的基础上加以修葺。隋开皇三年（583），增建厅堂建筑，植树进行绿化工程。唐贞观十八年（644）诏左屯卫大将军姜行本、将作大匠阎立德主持营建宫殿，并将此定名为温泉宫。天宝六年（747）扩建，更名为华清宫，仍以沐泉疗疾为主。唐玄宗即位后，几乎年年都来此居住。《雍录》记载："温泉在骊山，与帝都密迩，玄宗即山建宫，百司庶府皆具，各有寓止，自十月往，岁尽乃还。"

华清宫的规划以唐长安为蓝本，在宫外建会昌城，相当于长安的郭城，布局方整。其内有宫廷区相当于皇城，北部为苑林区，相当于内苑，形成了南宫北苑的格局。华清宫城四面各开一门：津阳门、开阳门、昭阳门和望京门，津阳门为宫城的正门，向北开。在宫城和皇城之间设置官员的官署和宅邸。宫内建筑分三条轴线布置，中轴线上建前、后二殿，东路的瑶光楼和飞霜殿等殿宇是皇上的寝宫。西路以奉祀性质的殿堂为主，从北向南依次有果老堂、十圣殿等建筑。宫廷区的南部为汤池区，莲花汤、海棠汤、少阳汤、太子汤、尚食汤、宜春汤等多处汤池供皇帝、嫔妃和皇室人员沐浴使用。其中莲花汤是皇帝的御用汤池。海棠汤又称贵妃汤，为杨贵妃的专用汤池，其造型似盛开的海棠花。此外，太子及朝廷重臣都有专用的汤池。汤池池底用青石板铺成，池壁用青石块砌筑，池底和四壁都有防渗水的土层，汤池上建殿宇。

此外，宫城外东北角建有观风楼，供元旦大朝会时使用，由观风楼入夹城（夹道）可以达宫城内。据《雍录》："楼在宫外东北隅，属夹城而达于内，前临驰道，周视山川。"又记："殿南有按歌台，南临东缭墙。"《长安志》云："殿北有舞马台、球场。"宫城东面开阳门外建有宜春亭，亭东建重明阁。《长安志》记："倚栏北瞰，县境如在诸掌。阁下有方池，中植莲花，池东凿井，每盛夏极甘冷，人争汲之"，即是对宜春亭及周围场景的描写。

宫城南门昭阳门以南即为骊山北麓，有登山的御道通往山上。山上建筑因地制宜，结合山形地貌规划出各具特色的景区和景点，这里实际上是宫后的苑林区。苑林区植被丰富，分布着许多以花卉、果木为主题的生产性小园林，如芙蓉园、西瓜园、冬瓜园、石榴园等。朝元阁是苑林区的主体建筑，从这里修筑御道，循山而下可直达宫城南门昭阳门。华清宫与北坡的苑林区相结合，形成了北宫南苑格局的规模宏大的离宫御苑。"安史之乱"以后，华清宫逐渐荒废，五代时改为道观。

天王送子图（局部） 《天王送子图》的原作由唐代著名画家吴道子创作，其深得唐玄宗的赏识

西安华清池

隋唐时期的私家园林

无论是城市园林还是山林别业，受社会风尚的影响是显而易见的。贞观前期，唐太宗力行节俭，反对奢侈，因此城市园林府邸的建设也受到限制。到贞观后期，由于经济发展以及权贵们聚敛财富，已经难以克制他们在生活上的追求和欲望，而此时唐太宗也放弃了即位之初节俭的治世主张，开始放宽了一些严格的限制。一方面，政策和各种权限的放松促使了城市府邸园林的发展；另一方面，随着盛世经济的繁荣，城市府邸园林的建设也日益兴盛起来。商业的发展使新兴起来的富商巨贾逐渐积聚了大量的物质财富，他们或购买土地，转化为大地主，或行贿买官，跻身于封建官僚行列，而官府更是与商贾勾结，聚集财富。一时间，都城长安"邸店园宅，遍满海内"，渐渐成为"公卿近郭，皆有园池，以至樊杜数十里间，泉石占胜，布满川陆"之地。

然而，隋唐时期城市园林虽然也盛行奢靡之风，但自魏晋以来山水审美情趣普遍深化之后，已经不再有两汉那种"柱壁雕镂，加以铜漆，窗牖皆有绮疏青琐，图以云气仙灵"以及"多柘林苑，禁同王家""奇禽驯兽，飞走其间"的景象。

隋唐时期，宗教影响了中国的建筑和雕塑及绘画艺术的发展，宗教思想及其行为和文化影响了唐代广大人民尤其是文人士族的思想行为、生活方式和艺术创造。

唐代的文人园林充满了文人士大夫的生活情调。士人阶层对于隐逸最浅显的信条为"邦有道，则仕，邦无道，则可卷而怀之。"唐初，由于整个社会风气都呈现出一

邗江胜览图 唐代的山水画虽然到后期才逐渐盛行起来，但也取得了十分显著的成就，创造出了青绿山水和泼墨山水画风，对后代的画家们产生了极大的影响。图为清代袁耀绘制的山水画《邗江胜览图》

长江积雪图（作者临摹）　泼墨山水画风诞生于唐代，并由此涌现出了多位借助此类绘画而闻名的画家，如王维即是其中之一，他所创作的泼墨山水画在气势和笔迹上都颇具代表性，深得人心。图为王维的代表作《长江积雪图》

种积极向上的趋向，所以山居或山林的建设并不太多，社会安定、政治清明，人们安居乐业，因此没有必要跑到山郊野外抒发情怀，至多就是游山玩水，以作消遣。而到了盛唐，虽然社会仍呈现空前的繁荣，但内在的危机已逐日显露，于是人们对于隐逸山水的兴趣被再度提起。在文学领域出现了所谓的山水田园诗人，在绘画方面诞生了青绿山水和泼墨山水画风，而在表现手法上，在反映自然景色和艺术技巧上，都带有怀才不遇和逃避现实的因素。文人们有闲情逸致，衷情艺术创作，并热衷于叠山理水、组织景观，为自己营建寄托避世、出世之遐思的居所，因此，便有了像王维的辋川别业、白居易的庐山草堂那样的隐逸山居。

隋唐时期的私家园林文化，虽然还有一些炫耀权势、功名利禄之嫌，却仍然具有崇尚自然、向往道家文化，内含"逍遥游"的文化特质。

唐代后期，社会经过"安史之乱"后又逐渐归于平静。但是导致唐代灭亡的藩镇割据已经形成，并且统治集团内部的倾轧也在不断加剧。

庄园别墅园林

"安史之乱"后，唐王朝为了解决财政匮乏和尖锐的阶级矛盾，先后实行了"榷盐制"和"两税法"，以增加财政收入并缓和阶级矛盾。榷盐制的实施，使唐王朝获得了大利，并成为其一项重要的财政收入。两税法以财产的多少为征税标准，扩大了赋税承担面，多少缓解了课役集中在贫苦农民头上的惨重情况。但是，两税法却导致了土地买卖成为封建地主取得土地的重要手段，使土地兼并不受任何限制,出现了"富者兼地数万亩,贫者无容足之居"的现象。一方面,官员们通过收买等各种手段兼并大量土地,然后将土地租给佃农,坐收渔利;另一方面,大官僚大地主拥有面积很大的庄园,而且还在庄园中建造庄宅居所,置亭台楼阁,移山石,植花木点缀其中,作为暇时消闲的地方,也作为颐养天年之所,这便是唐代可称作自然式园林的庄园别墅园林。

唐代贵族显官多建有庄园。庄园又可称为山庄、别墅、别业和山居等。庄园的面积一般都比宅园大,有较多的自然景观为依托,庄园内可进行农林养殖,兼以人为加工创造,构筑出以自然景观为主的,景致开阔、布局疏朗、风格朴素、自然风情浓郁的庄园别墅园林。

辋川别业

盛唐时期诗人王维的辋川别业是唐代自然式别业的典型代表,也是中国园林史上一座著名的私家园林。

王维(701—761),字摩诘,精通音乐,擅长书画,被推崇为"南宗文人画"的始祖,也是盛唐山水田园诗的代表人物。据《旧唐书·王维传》记载:"(王维)晚年长斋,不衣文彩。得宋之问蓝田别墅,在辋口。辋水周于舍下,别涨竹洲花坞,与道友裴迪,泛舟往来,弹琴赋诗,啸咏终日。"辋川别业位于唐长安城附近蓝田县的辋川谷(今陕西省蓝田县南),因此而得名。唐初,宋之问(656—712)曾在此构筑蓝田别墅。王维晚年出资购得,开始经营自己的庄园。关于此园当时的情况,有诸多诗文及《辋川图》可作参考。

画王维诗意图 唐代画家王维不仅擅长书画,而且还留下了许多优秀的诗词作品,例如明代画家陈裸的代表作品《画王维诗意图》就是根据王维的诗句创作而成的

辋川别业共有景点二十处，多以自然景观为主，如华子冈、斤竹岭、鹿柴、木兰柴、辛夷坞、漆园、椒园、柳浪、白石滩、宫柏陌等是其中著名的林园，孟城坳、文杏馆、竹里馆、临湖亭等都是较有特色的建筑。

"孟城坳"是王维隐居辋川的住处，从《辋川图》中看，该建筑位于山坳中，四周有围墙，形似城堡，据说原来这里就有一座古城。裴迪有"结庐古城下，时登古城上"的诗句。孟城坳背依"华子冈"，山冈高峻，冈上遍植松木，成片成林，建有几栋悬山房屋。这里是辋川的最高点，王维经常与好友裴迪夜登华子冈，欣赏辋川朦胧、清寂的夜景。"日落松风起……山翠拂人衣"说的就是这里。山冈下的平谷地是"辋口庄"，就是王维的家宅。

"文杏馆"建在华子冈附近的另一个山冈处，王维有诗云："文杏裁为梁，香茅结为宇。不知栋里云，去作人间雨"，描写的就是文杏馆。文杏馆是用文杏木作梁栋，用香茅草铺屋顶，故名。馆南面环抱的山岭名叫"斤竹岭"，北面临湖，如诗云："南岭与北湖，前看复回顾。"岭前山涧小路通往一景，名叫"木兰柴"。据说是因这里种植有许多木兰花而得名。

"鹿柴"，"柴"即障篱，鹿柴是用木栅栏围护起来的森林地段，用来放养野鹿。裴迪诗云："日夕见寒山，便为独往客。不知深林事，但有麏麚迹。"鹿柴一边是"门前宫槐陌，是向欹湖道"的"宫槐陌"，一边是"南山北垞下，结宇临欹湖"的"北垞"。"宫槐陌"建在谷地，谷的另一边是"茱萸"，这里"结实红且绿，复如花更开"因盛开山茱萸而得名。北垞建在山冈上，前临湖，湖水相隔是"南垞"和"竹里馆"。

辋川图（局部） 王维在辋川别业内的住所称孟城坳，其被建在山坳之中，四周圈有围墙，整体上带有几分古代城堡的特色

南垞和竹里馆位于北垞相对的湖对岸的山下谷地。南垞周围有积石、浅滩可入湖,"清浅白石滩,绿蒲向堪把",得名"白石滩",湖边白石遍布成滩,裴迪诗:"跂石复临水,弄波情未极。日下川上寒,浮云澹无色。"

由南垞向上是"竹里馆",也就是王维诗中"独坐幽篁里,弹琴复长啸。深林人不知,明月来相照"的地方。竹里馆是大片竹林环绕的一座建筑,旁边有"漆园""椒园"。椒园是种植花椒的生产性园地。

南垞和北垞之间的区域,有"临湖亭""柳浪""栾家濑"和"金屑泉",是一片夹山面湖、临湖建亭、泉水自开的山湖水景。正如王维"轻舸迎上客,悠悠湖上来。当轩对尊酒,四面芙蓉开""分行接绮树,倒影入清漪""飒飒秋雨中,浅浅石溜泻。跳波自相溅,白鹭惊复下"等诗句,将这里的湖光水面、青山绿影、湖中眺景、水石相间等自然美景描写得十分生动。

此外,辋川别业中还有"辛夷坞",辛夷为木兰的别称。木兰科,春季开花,花大,外紫内白,有微香,干燥的花蕾可入药,主治风寒头痛。辛夷坞,顾名思义就是种植辛夷的山坞。

仿王维江山雪霁图 王维在诗画上的造诣很高,因此其画风也受到了后代画家们的争相效仿,《仿王维江山雪霁图》就是清代画家王时敏仿照王维的《江山雪霁图》而创作的一幅作品

雪溪图（作者临摹） 由王维绘制的《雪溪图》展现了作者在山水画创作上的诸多风格。整幅画依照俯视的角度创作而成，且透视掌握得十分精准，显示出了王维在观察大自然时的细致与用心

辋川别业是一座天然山地园，园中有宅居、亭馆，有峻岭山冈作背景，纵横交错相间，宅明村秀，林木茂盛，自然环境优美，又经过诗人的文字美化，将自己对自然景物美的感受和体验融入山林水园之间进行创作，使之成为融自然美与艺术美为一体的山水庄园。正如王维在《辋川图》中所描绘的一样，俨然是一副淡雅清丽的山水画卷。王维意在经营别业，处处显示出他的用心，造园犹如作画，处处体现和谐、对比，山与水，馆与园，没有重复，都是相间而成，且相得益彰，既突出自然景美，又使山貌、水态、林姿、馆形、屋体的美更加自然地表现出来。王维在《辋川图》中所描绘的景象可谓"山谷郁郁盘盘，云水飞动""意出尘外，怪生笔端"。

王维是著名的诗人，也是著名的画家，其诗画上的造诣很高。《宣和画谱》卷十对王维的推崇达到最高地位，"至其卜筑辋川，亦在图画中，是其胸次所存，无适而不潇洒，移志之于画，过人宜矣。"苏东坡在《书摩诘蓝田烟雨图》中说："诗中有画，画中有诗"，诗画融为一体。王维爱理佛，因此王维的诗和画也都受到了禅宗思想的影响，且影响极重，正如其名其字，清静无为、不染尘老。总之，王维的诗画意趣与镂金错彩、金碧辉煌的审美情趣是不同的，倒是和清淡朴素、纯正单一的审美意趣相通。晚年仕途失意的王维把全部心智用于对大自然细致入微的观察，因此能勾勒出自然山水丰富多彩的面貌，展示出清丽动人的画面。王维对自然山水深刻的感悟同样反映在其经营的辋川别业上，庄园的一草、一木、一池、一滩，每一处景致都如同诗画一般。辋川别业、《辋川集》和《辋川图》出于一人手中，三者的同时出现，也从一个侧面反映了山水画、山水诗和山水园林之间密切的关系。

浣花溪草堂

浣花溪草堂是唐代诗人杜甫流寓之所。为避"安史之乱"，杜

杜甫草堂正门 杜甫草堂位于四川省成都市浣花溪畔,是在唐代诗人杜甫曾居住过的浣花溪草堂的基础上营建而成的

杜甫草堂一览亭 杜甫草堂内部环境清幽,建筑风格朴素,体现了隋唐时期落魄文人的生活环境以及审美情趣。图为杜甫草堂内的一览亭

甫于上元元年（760）在成都城西浣花溪畔建置草堂，两年后草堂全部建完。草堂初建时占地面积仅一亩，后又加以扩建。园内主体建筑为茅草覆顶的草堂，杜甫在此堂内居住了三年零九个月，写下了二百四十首诗作，其中的《茅屋为秋风所破歌》写道："八月秋高风怒号，卷我屋上三重茅。茅飞渡江洒江郊，高者挂胃长林梢，下者飘转沉塘坳……安得广厦千万间，大庇天下寒士俱欢颜，风雨不动安如山！呜呼！何时眼前突兀见此屋，吾庐独破受冻死亦足！"诗中真实地描写了草堂的简陋，同时也表现出作者忧国忧民的情感。杜甫去世后，草堂荒草蔓延，已无建筑。五代诗人韦庄游浣花溪时，发现草堂遗址，惊喜万分，便在遗址上盖一草屋，其后宋、元、明、清历代对草堂时有修葺。清代嘉庆十六年（1811），对草堂进行全面维修和扩建，奠定了今天的格局。

杜甫草堂即由唐代的浣花溪草堂发展而来，位于四川省成都市西郊的浣花溪畔，占地面积近300亩（1亩=666.6平方米）。草堂内有草堂影壁、诗史堂、万佛楼、红墙花径、柴门、工部祠、草堂书院、少陵草堂碑亭、一览亭等多处景点，建筑多为草顶，形式简单，装饰朴素，突出一个"草"字，与园主人的简朴形象相一致，主题鲜明。今日的杜甫草堂是以理水取胜，园林建筑古朴，人文景观丰富，极富文化意义。

庐山草堂

庐山草堂是唐代诗人白居易任江州司马时的山居。白居易在《与元微之书》中写道："仆去年秋，始游庐山，到东西二林间（即东林寺、西林寺之间）香炉峰下，见云水泉石，胜绝第一，爱不能舍，因置草堂。"元和十一年(816)，白居易登临庐山，为奇秀的山景所吸引，于是在山林之中修建草堂，于次年二月建成。如《庐山草堂记》里说："明年春，草堂成。三间两柱，二室四牖……木斫而已，不加丹；墙圬而已，不加白……幂窗用纸、竹帘纻帏，率称是焉。"三月乔迁于此。草堂素朴致极，而且人工构筑极为精练，只有草堂、平地、平台、方池呈一条直线布置，厅堂建筑就地取材，一切从简，不加装饰，与自然环境相和谐，选址适宜，有着应接不暇的美景。"是

草堂十志（作者临摹） 画家卢鸿创作的《草堂十志》展现了唐代草堂建筑的样式及特征。此类建筑多以茅草覆顶，尽享淳朴的自然之风

居也,前有平地,轮广十丈,中有平台,半平地。台南有方池,倍平台。环池多山竹野卉,池中生白莲、白鱼。"园林的选址极佳,自然景观极为丰富,号称"云水泉石,胜绝第一"。

园中建筑力求简朴小巧,室内布置也以简洁实用为主。《庐山草堂记》中说:"堂中设木榻四,素屏二,漆琴一张,儒道佛书各三两卷。"只觉浓浓的书卷气息。

除建筑外,山林中有天然瀑布,"堂东有瀑布,水悬三尺,泻阶隅,落石渠,昏晓如练色,夜中如环佩琴筑声。"水声如琴,为草堂园景增添律动。

白居易的庐山草堂是以自然环境为背景,相地而筑,依山构筑园景,但并不圈入园中,使大自然景观成为草堂园林的外景,草堂犹如镶嵌在自然风景中,山竹野卉,苍松古柏、悬瀑山峰都为其所用,大范围的借景、用景是构成其自然式山居的主要因素。

园林巧妙地运用了借景等造园手法,扩大了园景范围。草堂建于香炉峰开阔的山谷间,为了收摄香炉峰的景色,草堂充分利用自然环境,亭榭建筑建得较高,以便"好看落日斜衔处,一片春岚映半环。"草堂的借景不同于谢灵运的始宁墅将园外秀峰媚水尽收于户牖之内,而是更深入细致地注视空间意象在时间中的变化,用空间艺术的建筑形式表现时间变化中的自然之美。"春有锦绣谷花,夏有石门涧云,秋有虎溪月,冬有炉峰雪。"四时之景,尽在亭榭中一一展现。

此外,草堂主人还十分注重植物配置,除周围自然植被外,园内还另植有树木和花卉,不计其数,梧桐、柏树、樱桃、紫藤、柳树、桂树、丹桂、荔枝、杏、桃、梨、槐、石榴、枇杷、牡丹、荷花、菊花、杜鹃、紫薇、木兰、芍药、蔷薇等,花的时节配置、种类搭配都很有讲究。

以白居易为代表的中唐时期隐士主张"中隐"。白居易可算得上是一位造诣很深的造园家,他的园林观是经过长期对自然的领悟和在

范湖草堂图卷(局部) 由清代画家任熊创作的《范湖草堂图卷》将中国古典私家园林的特色尽展无遗

杜甫诗意图册 唐代是诗歌发展的黄金时期,无论是李白豪放激昂的浪漫诗作,还是杜甫忧国忧民的叙事诗,亦或是王维清新脱俗的山水田园诗,都代表着中国诗歌艺术的最高成就,并极大地影响了当时及后期绘画艺术的发展

造园实践过程中的积累,不仅融入儒、道哲理,还注重佛家的禅理。白居易的园林观与他平易近人、质朴的诗歌创作风格相一致。以白居易为代表的一批崇尚自然主义的文人承担了造园家的部分职能,"文人造园家"的雏形在唐代便已出现。

唐代社会安定、经济繁荣,安逸的生活使广大的士大夫可以从容地欣赏自然之美,以达观、平静的心态出发,对自然美的理解便又升华到一种更高的境界,正如这一时期的山水画、山水田园诗,与魏晋南北朝时期相比,两者虽然同为描摹自然、再现自然,但从本质上却又有很大的不同。从社会背景来看,魏晋动荡的社会现实使得人们开始对现存的一切持怀疑态度,是对人生和社会的一种否定,甚至怀有一种绝望的心情;而隋唐文人在政治上的失意并没有带给他们太多悲观的情绪,社会相对安定,人们安居乐业,有的只是个人的不得志。因此,从整体上看,即便是隐居山林的文人士族,其思想还是积极向上的。这一点从唐代最突出的文学成就——诗歌中也能得到印证。唐代诗歌繁荣,大量的诗人都是以积极向上的精神状态进行创作,打破旧的贵族形式文学的藩篱,使唐代诗歌具有了豪迈雄浑、丰富多彩的特点。

唐代文人所经营的园林和诗文融为一体,在造园思想上反映了文人士大夫的价值观念和审美情趣,造园技巧和

草庵图（局部） 唐代的私家园林多选择在山明水秀的城郊村外，因此十分便于借自然之景分景区和借景的手法，也是当时不可多得的园林气息浓郁的园宅之一。

手法上表现了园林与诗画的融合。这一时期的官僚贵族除在住宅旁建造园林外，还在风景优美的郊外营造别墅。这些私家园林的布局，营造方式、内容、风格等，整体贯穿了唐代文人、画家"诗情画意"的思想感情。白居易晚年在洛阳杨氏旧宅营造的宅园，占地面积十七亩，房屋约占三分之一，水面占五分之一，竹林占九分之一。园中岛、树、桥、道相间，环池开路，池中有三岛，中间的小岛上建亭子，以桥相通。又设置西溪、小滩、石泉以及东楼、池西楼、书楼、台、琴亭、涧亭等，并引水至小院卧室阶下，在西墙上构筑小楼，墙外街渠内种植荷花。整个宅院的布局以水、竹为主，并使用划

隋唐时期的其他园林

曲江芙蓉园

曲江芙蓉园位于隋唐长安城东南，是一处以自然风景为主的公共游览胜地。早在秦汉时期，曲江便已是帝王游憩的场所，秦时曾在此设离宫宜春苑，汉时重修宜春苑为乐游苑，王莽时期拆除宫殿建庙宇称之为乐游庙。隋代，营建大兴城于南部修筑此地，并改名为芙蓉园。

唐代仍保留芙蓉园，并恢复了芙蓉园外曲江池的名称。唐玄宗为了方便游园而不被外人所知，把原来通向兴庆宫的夹城（双层城墙，之中为道路）延伸至芙蓉园，于是就形成了一条从大明宫到兴庆宫再至芙蓉园的秘密通道。唐玄宗南下游园，大队人马在夹城中穿行来往，外人只能闻其声而不见其人。

据《雍录》记载，曲江池在汉武帝时周长六里，唐时周长七里，占地面积十二顷。唐玄宗开元年间，开凿黄渠引浐水注入曲江，使得曲江池的面积增大了很多，其水面

南北长，东西狭窄屈曲，呈不规则形状，故得名曲江池。曲江池附近，增建了许多殿宇。池西面是杏园，池东北面是盛唐时期建造的拥有大量亭台楼阁的芙蓉园。沿池有紫云楼、彩霞亭、报恩寺、乐游原、乐游庙等胜迹。这时的曲江芙蓉园达到了鼎盛，园内池水曲折优美，池两岸楼阁起伏，景色绮丽动人，颇有大唐盛世风范。因此，当时还出现了许多赞美曲江芙蓉园内优美景致的诗歌。

宋之问《春日芙蓉园侍宴应制》："芙蓉秦地沼，卢橘汉家园。谷转斜盘径，川回曲抱原。"韩愈诗曰："漠漠轻阴晚自开，青天白日映楼台。曲江水满花千树，有底忙时不肯来。"李峤诗云："年光竹里遍，春色杏间遥。烟气笼青阁，流文荡画桥。"还有唐人描写皇帝游幸芙蓉园的场面"彩扇似月，从骑如龙。奏清笳于杨柳，下天盖于芙蓉"，场景更加壮观。

从这些诗歌及文献中可知，曲江池优美秀丽的自然风景不仅只有皇帝多次临幸，也吸引着无数文人墨客、官僚商贾前往，一时间，这里成了著名的休闲游乐胜地。园池周围花卉丛环，曲水萦回，池岸柳树柔曲多姿，水边芙蓉千娇百媚，亭台楼阁倒影水中，好似琼楼玉宇，如诗如画的自然风景，吸引着长安的市民常到这里嬉戏游乐。尤其是中和（二月初一）、上巳（三月三日）、重阳（九月初九）等节日，几乎全城男女倾城而出，"彩幄翠

春夜宴桃李园图（局部）　　作为中国园林史上的第一个见于文字的公共游憩园林，曲江芙蓉园不仅表现了唐朝统治的开明与自由，同时也进一步推动了中国古典园林建筑的发展

幰，匼于堤岸，鲜车健马，比肩击毂"，情景热闹非凡。而烟花三月，则是曲江最热闹的季节，新科及第的进士在此举行的"曲江宴"是唐长安的盛景之一。曲江宴场面豪华，游观的百姓集结成群驻足观看，有时皇帝也登上紫云楼垂帘观看。诗人刘沧考中进士后写的《及第后宴曲江》描绘了当时的场景："及第新春选胜游，杏园初宴曲江头。紫毫粉壁题仙籍，柳色箫声拂御楼……归时不省花间醉，绮陌香车似水流"，可见当时情景之盛况。

曲江宴之后，人们还要到池西的杏园举行"杏园宴"，其中"探花宴"最为出名。探花宴是在新及第的进士中挑选二三名年轻俊美者为"探花使者"，也称"探花郎"，探花郎高骑骏马，遍游全园，折取名花。按照唐代习俗，杏园探花以后，游览大慈恩寺，把自己的名字写在慈恩寺大雁塔的壁上，称之为"雁塔题名"。至此，及第进士庆祝活动便全部完成，如此隆重盛大的庆祝活动，也算是对"十年寒窗苦"的一种回报了。

唐代自"安史之乱"以后，就由盛而衰，曲江也日渐荒芜，殿宇楼阁大多被毁。诗人杜甫叹曰："少陵野老吞声哭，春日潜行曲江曲。江头宫殿锁千门，细柳新蒲为谁绿。"唐文宗读罢此诗，感慨万千，决意要恢复曲江盛景。于是于大和九年（835）发动神策军三千余人，疏浚曲江，重修紫云楼、彩霞亭，但随着唐代国势的衰败，根本无法恢复开元时的盛况。唐末，曲江已是池干水涸，昔日繁华盛景一去不复返。池东的芙蓉园也因唐王朝的结束而灰飞烟灭。曲江芙蓉园是中国园林史上第一

岁华纪胜图册（局部） 这幅绘画所描绘的是一组依山而建的寺庙建筑群，整体上构成了一座气势雄伟、景色优美的寺观园林

座见于文字的公共游憩园林，这也足以体现唐代思想文化的开明和自由。

寺观园林

寺观园林在魏晋南北朝产生后，到隋唐时期随着宗教的兴盛而得到长足的发展。唐代的皇帝，大多提倡佛教，而道教也因其创始人李耳与唐代皇帝同宗而得到皇室的扶持。各地道观、寺庙拥有大量田产，成为类似于地主庄园的经济实体。

寺观园林既包括建在城市里的城市寺观的附属园林，也包括建在山郊野外的寺观园林。唐代儒、释、道并长，分别得到统治者不同程度的扶持和利用，长安都城因此成了寺、观集中的大城市。这些寺观内多有园林或庭院等园林化的建置，促使寺观园林获得发展。如开化坊的荐福寺、长乐坊的光明寺、进昌坊的大慈

恩寺、崇义坊的招福寺等，都是附带园林景观的寺庙。城市寺观具有城市公共交往中心的作用，吸引着大量的游客和香客，人们信步于寺中的山池庭院，鸟语花香，别有一番风味。寺观园林相应地发挥了城市公共园林的职能。

在魏晋南北朝多元文化的长期激荡之后，基于历史深层的酝酿和累积，隋唐以气势磅礴的文化新风尚，在建筑文化、园林文化方面凸显生机。受规整恢宏的帝都气象的影响，都城在规模与建筑尺度上，体现了处于巅峰期的封建文化的精魂以及这一特定历史时期的神韵。

隋唐园林文化不仅以宏大的规模象征王权煊赫、民族昌盛，且以丰富的水景、水法取胜。如隋炀帝的西苑，湖面周长十多里，碧波荡漾，烟波之中有象征蓬莱诸神山的土台山景，山上台观楼阁依稀可见。唐代长安城东南一隅有曲池园，是以水景闻名的公共园林，园林风格不拘一格。唐大明宫苑以水景为主，在其东西两内苑之间，突出了龙首池与太液池的景观。太液

明皇避暑宫图 由五代末期至宋代初期的画家郭忠恕创作的《明皇避暑宫图》向人们展现了唐明皇时期一座宫殿园林的景象。画中的建筑气势宏大、错落有致，与其周围的自然景观相互交融，显示出了唐代离宫别院的独特风貌

池位于宫城建筑群中央,尺度较大,配以草树,颇显生气,具有壮伟的平面与立面空间感。唐代文人园林以王维的辋川别业为例,充满了文人士大夫的生活情调。文人崇尚大自然的情怀源于魏晋,唐代文人们又发挥自己的闲情雅致,热衷于叠山理水、组织景观,营造出"檀栾映空曲,青翠漾涟漪"的园林空间,情趣盎然。

在园林逐渐发展的过程中,唐代在造园内容上的转变尤为明显。唐代的园林已经成为一个寄托情怀的环境,于是由早期的实用为主让位给游赏为主,而造园的建筑元素也日益增加并随之丰富起来。园景设计的理论也得到发展。以仿照自然景色创造人工的山水树石风景的园林创作手法约于汉代营造上林苑时开始,至唐代更加突出,园中普遍地将建筑与园景组合,并创造出亭、台、阁、榭等建筑元素。以"宫"与"苑"的组合为传统布局模式的中国古代皇宫规划方式在唐代表现得更为明显。

唐代皇家园林文化具有宫与苑相互结合、渗透的特征,其形式是宫、苑各自分离而又并合,苑进入了宫城空间成为禁苑,且对宫城具有烘托的作用,两者分离而存却又互不干扰地发展。长安的宫苑及后来文人贵族的宅园,都是同时组织在一个建筑单位内的两种不同元素的结合。自秦"阿房"、汉"未央"至隋"大兴"、唐"大明",宫与苑多半都是组合而不相混合。这在一定程度上反映出人们多样的生活要求。这种宫与苑一开始就形成的一种互相从属的关系是中国园林的一大特色。在唐代宫苑建筑组合中,就鲜明地表现出了这一特色,这也是唐代园林显著的美学特色。

杏园雅集图（局部） 中国古代的文人们十分热衷于在园林中饮酒作诗，《杏园雅集图》即是以此为题材来进行创作的

岳阳楼 唐代的文人们不仅设计出了许多全新的园林形式，而且还对早期的一些与园林相关的建筑进行赞颂和描绘。如图中的岳阳楼凭借着唐代诗人杜甫所作《登岳阳楼记》而名声大震

滕王阁 滕王阁始建于唐代，是由滕王李元婴创建的，并由此得名。滕王阁被建造得气势非凡，且位于水边的一处优美的环境之中，显示出了唐代楼阁建筑的诸多特色

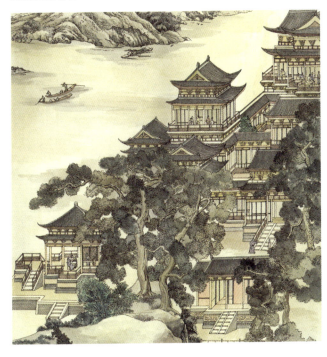

发展时期的造园语言

宋代的其他园林

北宋的私家园林

宋代的皇家园林

宋、辽、金园林发展综述

宋、辽、金园林发展综述

经过晚唐和五代的混乱，960年宋太祖赵匡胤定都开封，改名东京，建立北宋王朝。宋代在政治、经济、文化各方面都采取了一系列的措施，使社会经济得到迅速发展，整个社会呈现出繁荣祥和的景象。《东京梦华录》记有："垂髫之童，但习鼓舞。斑白之老，不识干戈。"都城汴京也是一片繁华。"举目则青楼画阁，绣户珠帘。雕车竞驻于天街，宝马争驰于御路。金翠耀目，罗绮飘香。"政治的安定和经济的繁荣为文化的发展提供了社会条件。文化艺术的成就斐然可观，独树一帜的宋词是继唐诗之后中国文学史上的又一朵奇葩。《营造法式》的出现，标志中国古代建筑已经发展到较高水平。受绘画与建筑的影响，园林的营造和园林风格的塑造有了很大的发展。

支持两宋三百多年的哲学思想是理学。宋代理学是佛教哲学和道家思想渗透到宋代儒家哲学以后出现的一个新儒家学派。两宋时期的理学家很多，大体来说可分为两派：以周敦颐（1017—1073）、朱熹、程氏兄弟（程颢、程颐）等人为代表的客观唯心主义和以陆九渊为代表的主观唯心主义。朱熹（1130—1200）是宋代理学的集大成者，他认为："理在先，气在后"，以为"虽未有物，而已有物之理"，突出了"正心、诚意"的修身理念，将外在的规范模式转化为内在的主观欲求，强调了旧秩序体现的是"天理"，是永恒不变的，而讲求经济发展以及人本身的种种欲望都是"邪恶"的，把"天理"和"人欲"相对立，进而以天理遏制人欲，约束了带有个人色彩的感情欲求。这种重义轻利的社会思潮与宋代重文轻武政策在一定范围内完全合拍，使文人的地位不断上升，他们生活条件优越，很多人过着纸醉金迷、狎妓酣歌的享乐生活。另一方面，儒雅、雅淡神逸和作山水之遐想高雅品质，仍是文人阶层的追求目标。

宋代的绘画成就斐然，以荆浩、关仝、董源、巨然为代表的山水画家，已经达到了"千岩竞秀，万壑争流，草木蒙笼其上，若云兴霞蔚"的境界。

夏山图 北宋画家屈鼎所作，以全景式横幅画卷的形式表现了夏季山野景观，有远山和江水，有山林和宫殿，也有活动的人物形象。各种形象虚实掩映，真实生动

宋画以写实和写意相结合的方法表现出"可望、可行、可游、可居"的士大夫心目中的理想境界，说明了"对景造意，造意而后自然写意，写意自然不取琢饰"的道理。而与之息息相关的山水园林也开始呈现出理想画论中"可望、可行、可游、可居"的特点。两宋的山水画讲究以各种建筑来点缀自然风景，画面构图在一定程度上突出人文景观的分量，表现了自然风景与人文相结合的倾向。直接以园林作为描绘对象的也不在少数。两宋时期，园林景色和园林生活逐渐成为画家们所倾心的题材。园林创作不仅着眼于园林的整体布局，甚至某些细部或局部，如叠山、置石、建筑、小品、植物配置等，都刻画得细致入微。由此可见，山水诗、山水画、山水园林互相渗透的密切关系到宋代已完全确立。

山水卷（局部） 宋代的园林与当时文化艺术的发展联系紧密，首先是宋画以写实和写意相结合的创作方法对园林的设计产生了影响，而园林风景又成为宋代文人诗画的常见主题

清明上河图（局部） 宋代的绘画以《清明上河图》最具代表性，由北宋画家张择端绘制，被誉为"中国十大传世名画"之一，所描绘的是北宋时期城市生活的场景

另一方面，宋代园林随市民商品经济生活的进一步发展而呈现出盛大的局面，除皇家造园外，大量私家园林的涌现也是这一时期园林发展的特色。据李格非(约1045—约1105)《洛阳名园记》中记载，当时洛阳建有园林几十座。大规模的造园活动是统治者对奢靡生活和理想审美的追求的表现。据《吴兴园林记》记载的名园有三十多座。南宋临安建有皇家园苑玉津园、聚景园、集芳园等，南京有御园、养种园、隐秀园、择胜园等，此外，南宋园林中还开始了对湖石自然美的审美与研究，使自然山石成为一种具有极强表现力的建筑文化的"语汇"，这在一定程度上也是封建社会的文人孤芳自赏、清高淡泊的精神气质的象征。

辽金园林

辽会同元年（938），契丹族占据幽州地区建立政权，以南京作为陪都。辽南京的具体位置在今北京外城之西，又称燕京。辽南京从这时开始发展成中国北方的政治中心，并逐步过渡为全国的政治中心。从辽代开始，现在北京的北海、中南海就已经成为历代帝王宫苑的中心。

辽南京的宫城位于现在北京广安门的南面。在城内建邻水殿、内果园、凤凰园、柳园等宫苑外，还选择了城东北郊外，距城仅数里的小岛建立离宫，也就是现在的北海琼华岛和北海池面。辽代佛教盛行，燕京是辽代佛教中心之一，辽南京城内及城郊有许多寺庙，著名的有昊天寺、竹林寺、仙露寺、天王寺、妙应寺等，其中不少附寺庙而建的园林。契丹族是北方的游牧民族，其生产形式主要是捕鱼和打猎，遵循"秋冬违寒，春夏避暑，随水草就畋渔，岁以为常"的生活规律。辽代中期皇帝游猎畋渔的地点固定下来，当地的行营被称作捺钵。辽帝统治的方式是在春、夏、秋、冬四时捺钵巡视各地，因此就有必要在南京城外建避暑、狩猎的苑囿离宫。这和秦汉时期用于狩猎和放养禽兽的苑囿有着相同的含义。

辽末，政治腐败，后于辽保大五年（1125）被金灭。金灭辽后，正式迁都燕京，改燕京为中都。金代于1153年建都中都后，开始大规模扩建都城，营造宫殿，同时兴建苑囿。除当时在宫城内建造的南苑、北苑、西苑、东苑四大宫廷内苑之外，皇城外郊还建有兴德宫。此外，还选定了"燕山八景"，并在京畿依山傍水的地方建造了玉泉山、香山等八处行宫，称为"西山八院"。中都城内及郊外分布着许多人工开凿和天然形成的河流、湖泊，经过绿化和一定程度的园林建设开发后，成为供市民游览的公共园林。辽金两代的园林建设，在北京地区掀起一次园林建设高潮，对后来北京地区的园林发展具有重要的奠基意义，其中西苑、玉泉山行宫和长宁宫等行宫御苑对北京后来的皇家园林建设都有较大的影响。

山西岩山寺壁画（临摹品） 金代宫殿整体布局形式呈"工"字形，宫殿顶部全部采用黄绿色的琉璃瓦覆盖，呈现出一种整齐划一的风貌。由于金代宫殿无存，因此岩山寺壁画中的建筑被认为是最接近金代宫殿的视觉图像

蓟门烟树图 蓟门烟树是一处源于金代的自然景观,其位于元大都西城墙北部(今北京市学院路西侧土城),被誉为"燕京八景"之一

《燕山八景图》 清代张若澄绘制,左上《琼岛春荫》,左下《玉泉趵突》,右上《太液秋风》,右下《西山晴雪》

《燕山八景图》 清代张若澄绘制，左上《卢沟晓月》，左下《金台夕照》，右上《居庸叠翠》，右下《蓟门烟树》

金陵八景图咏之石城瑞雪 明代画家郭存仁所描绘的金陵八景早在宋元时期的历史文献中就已经有所提及，但直到明代才开始出现关于这些景观的绘画，并初步明确了景观的数目

宋代的皇家园林

　　宋代的皇家园林集中在北宋的东京和南宋的临安两座城市，与隋唐相比，宋代的皇家园林以精致的规划设计取胜，在其规模和气魄上与前代相比都逊色不少。宋代园林内容受文人园林影响很大，少了一些皇家气派，多了一些文人之风，与唐、汉的雄伟之美不同，呈现出清丽典雅的柔丽风味。某些御苑还定期开放，供人游观。皇帝经常把御苑赏赐给臣下，也常把臣下的园林收为御用。这些情况在历史上并不多见，从一个侧面反映了两宋时期封建政治统治在一定程度上的开

下左 | 四景山水图其一 由宋代画家刘松年创作的《四景山水图》向人们展现了四幅处于不同季节的山水景观。图为《四景山水图》中的春景，所描绘的是一座宋代庄园在桃花映衬下的优美景色

下右 | 四景山水图其二 四景山水图其二是刘松年表现的一幅秋景。建筑在堡坎之上的庭院围墙环绕，古树沧桑。庭院与入口之间有小桥相连，湖山远景，秋意浓郁。建筑开敞，老者独坐，侍童汲水煮茶，一派闲情逸趣

岳阳楼 岳阳楼位于湖南省岳阳市，始建于东汉末年，后又于宋代和清代先后经历过多次重建，如在宋代文人范仲淹创作的《岳阳楼记》中就有表现重建岳阳楼的语句

明和文化政策的宽容。

北宋自建国后的一百多年间，曾多次诏试画工修建宫殿。《宋史·地理志》记载：建隆三年（962），"命有司画洛阳宫殿，按图修之，皇居始壮丽矣。"宋徽宗赵佶时，建宫事宜日益兴盛。先后于政和三年（1113）至政和六年（1116）分别修建了宏伟的玉清和阳宫、上清宝箓宫等宫苑。这些宫殿中不仅有雕梁画栋的楼阁，且各带有"异花怪石，奇兽珍禽，充满其间"的花园。

宋代东京（今河南省开封市）的皇家园林均为大内御苑和行宫御苑。后苑、延福宫和艮岳属于大内御苑；行宫御苑分布在城内的有撷芳苑和景华苑两处；城外有琼林苑、宜春园、玉律园、金明池、瑞圣园、牧园等。比较著名的是北宋初年建成的东京四苑，琼林苑、宜春园、玉律园、金明池以及宋徽宗时建成的延福宫和艮岳，而尤以艮岳最为著名，艮岳是中国园林成熟时期的代表，是具有划时代意义的中国园林作品。

艮岳

艮岳营建于宋徽宗政和七年（1117），于宣和四年（1122）基本完成建设。宋徽宗赵佶笃信道教，于政和五年（1115）在宫城东北建道观"上清宝箓宫"。后于政和七年"命户部侍郎孟揆于上清宝箓宫之东筑山，象余杭之凤凰山，号曰万岁山，既成更名曰艮岳。"因山在宫城的东北，按照八卦的方位，故称艮岳。"艮"因方位而

艮岳平面设想图 作为宋代最有名的皇家园林，艮岳在叠山、理水、建筑及花木配置等方面，都体现出了当时的人们在造园方面所具有的高超技艺

北海楞伽窟入口处巨石 北京市北海公园内的景点楞伽窟，其入口处的巨石据说最早是宋代皇家园林艮岳内的一处景观装饰

得，"岳"有山或园子的意思。因此，艮岳即是一座以山为主的园林。《宋史·地理志》记载："岳之正门名阳华，故亦号阳华宫"，故又称"华阳宫"，属于皇家大内御苑。

艮岳的建造以万岁山为主体，山水形势奇雄。山体从北、东、南三面包围着水体，北面的"万岁山"为主山，山的大体轮廓造型模仿杭州的凤凰山。先用土筑成，再从泗滨、林虑、灵璧、芙蓉等山上开采上好石料运到东京，加石料堆叠成大型的土石山，其主峰高九十步，是全园的最高点。上建介亭，登亭远眺，南可见"列嶂如屏"的寿山，北俯瞰则有"长波远岸，弥十余里"的景龙江。

园林的整体规划为东半部以山为主，西半部以水为主，形成"左山右水"的格局。其中东半部万岁山又分出东西二岭，与南面的南山相接，两峰南北对峙，两山之间南北向的岗阜前后相续，形成峡谷，构成艮岳的主要山系。

与万岁山构成南北对峙之势的山，名为南山，又称寿山。寿山的体量和高度不及万岁山，实际上它又是万岁山东西二岭的端头。寿山有人工瀑布。《华阳宫记》记载："山阴置木柜，绝顶开深池，车驾临幸，则驱水工登其顶，开闸注水而为瀑布。"为了取悦皇帝，工匠不惜劳力、物力制作出巨大的木柜用以储水，皇帝经过时，打开柜门，形成瀑布，水从山顶倾泻而下，其景之壮观，堪与真瀑相比。水从山上流下注入山前的水池，称雁池。这里的人工瀑布被称作紫石屏，又称瀑布屏。赵佶《艮岳记》有"其南则寿山嵯峨，两峰并峙，列嶂如屏。瀑布下入雁池，池水清泚涟漪，凫雁浮泳水面，栖息石间，不可胜计。"艮岳在造园叠山时，同时考虑了理水。以人工创造的动态水景与山相结合，构成有山有水、生动活泼的园林景观。由此可以看出，这一时期在以"摹写"山水为主题的园林创作技艺方面，已经达到了较高的水平。

　　万岁山和南山之间山岭绵亘，峰峦崛起，宋徽宗《艮岳记》有："自山溪石罅塞条下平陆，中立而四顾，则岩峡洞穴，亭阁楼观，乔木茂草，或高或下，或远或近，一出一入，一荣一凋，四面周匝，徘徊而仰顾，若在重山大壑深谷幽崖之底，不知京邑空旷，坦荡而平夷也，又不知郛郭寰会，纷萃而填委也。"

　　艮岳的假山规模空前，而且姿态万千，沟壑洞穴变幻莫测，筑山的石料都是从全国各地搜取的"瑰奇特异瑶琨之石"，以太湖石、灵璧石为主的假山营造使园中充满空、灵、奇、秀的特色，独立特置之石犹如一件雕塑，以资欣赏。

　　建造艮岳时，宋徽宗下令在苏州、杭州两地专设应奉局，负责收集奇花异石，凡是士庶之家的花木被看中的，便用黄布盖上，表示已被皇家征用，任何人不得私自挪用。并建立专门运送奇花异石的组织，称"花石纲"。明代计成《园冶》中"选石"专列"花石纲"一项中提到花石纲，在河南与山东接壤处，到处可以看到经当时运输途中遗留下的奇石，石形空灵奇妙。由于陆路运输不便，有好石者，也只是略取数块置于园中，景象立刻就空灵生动了许多。

　　除搜取太湖石筑假山作园景外，艮岳叠山掇石，还用太湖石、灵璧石等来增进土山上雄拔峻峭之势。山上设磴道，依山势周环曲折，山险路陡，有蜀道之难。《华阳宫记》中讲："筑冈阜，高十余仞。增以太湖灵璧之石，雄拔峭峙，功夺天造。"山中洞穴山石间埋有雄黄和庐林石，雄黄可以驱赶蛇虺，庐林石能在阴天时散发云雾，从而产生虚无缥缈的景象。

　　艮岳西半部以水为主，称为"右水"。理水使园内形成一套完整的水系，包括了河、湖、沼、溪、涧、瀑、潭等各种水态。从园的西北角引来景龙江水，入园后扩为一个小型的水池，名为"曲江"，大概是模拟唐代的曲江池而建。池中有岛，岛上建蓬莱堂，然后折向西南，名回溪，沿河道两岸建置漱玉轩、清渐阁、高阳酒肆、萧闲阁、飞岑亭等建筑。河道至万岁山东北分为两股，一股绕过万松岭，注入凤池，另一股沿万岁山与万松岭之间的峡谷向南流成山涧，"水出石口，喷薄飞注如兽面"，名曰"濯龙峡"。涧水从峡谷向南流入方形的水池"大方沼"。大方沼水又分两支，西入凤池，东出雁池。雁池之水，于东南角流出园外。

除叠山理水外，艮岳的建筑也是园景中一大特色。如分布在不同景区里的轩、馆、楼、阁等，不以建筑形象、构造取胜，而是随着形势、功能上的要求，形成不同的景点。

艮岳的建筑均为游赏性的，没有用于朝会、仪典或居住的建筑，以充分发挥园林建筑点景和观景的作用，如亭多建在高处。万岁山主峰上有介亭，寿山顶上有噰噰亭，"噰噰"是鸟和鸣的声音，得名于《尔雅·释诂》："关关噰噰，音声和也。"山坡上建楼阁，有绛霄楼、萧闲阁、倚翠楼、清漸阁。楼阁凌空而建，其形象精致，具有飞动之美。山顶亭阁，据峰峦之势可以眺望远景，依山岩建阁则增其高峻之势。亭阁或置于峰顶，或建在半山间，有山托其势，有青松蔽密，与山一体，融入自然，犹如天然生成一般。

水畔、山涧多置台、榭，池中岛上筑厅堂。除游赏性的建筑，还有八仙馆、太素庵、书馆等道观、庵庙、公共图书馆以及模仿民间城镇集市的"高阳酒肆"等，各具特色。

宋代建筑是中国古代建筑发展成熟的标志，艮岳的建筑可以说是集宋代建筑艺术之大成，而以建筑作为构成园林的要素之一的准则，也由此开始日趋明显。

以山水创作自然之趣为主题的官苑中，建筑随形因势而筑，已不再是单纯的建筑，而是景的产物，是将诗情画意的内容写入园林。因此，与山水相结合的花草、树木、果木等更是园林的主要造景物。《艮岳记》中记录园内植物品种达七十多种，其中包括乔木、灌木、果树、藤本植物、药用植物、木本花卉及农作物等。品种有：枇杷、橙、柚、桔、柑、榔、栝、荔枝、金蛾、玉羞、虎耳、凤尾、素馨、渠那、茉莉、含笑草等，植物的配置方式有孤植、对植、丛植、混植，大量的则是成片栽植，形成以植物为主的园景区。

艮岳中有西庄，位于主山万岁山以西，是以种植粟、麻、菽、麦、黍、豆、粳、秫等农作物为主的乡村景区。西庄附近的药寮是以种植药用植物为主的园圃，园内植物品种繁多。寿山西侧的竹林有"斑竹麓"，大方沼池中的梅岛有"梅渚"，山冈上植丹杏，称"杏岫"，山岭石罅中遍栽黄杨，称"黄杨山巘"，另外还有松林遍冈的"万松岭"。有诗描写万松岭的壮观景色："苍苍森列万株松，终日无风亦自风。白鹤来时清露下，月明天籁满秋空。"山水、树木、花草相结合，更加突出了植物造景的主题，是当时造园者对自然美的认识和情感的表现，由此构成的山水、植物、建筑于一体的综合性园林，是一处集欣赏、游玩为一体的生活境域，园林内容丰富、景致多样。

园林具有皇室物质生活资料生产基地的性质，一方面，是受当时私家园林追求田园风格影响的表现；另一方面，也是继承秦汉苑囿之风。传统功能造园与时俱进，成为宋代自然山水园的模本内容之一，在园林营造追求意蕴、注重意象景观塑造的时代背景下，早期园林发挥了新的功能作用，园林创作不再只是单纯模山范水，而是追求园林本身的艺术性，这种创作思想影响到后世的造园。

艮岳的营建具有一种独特的风格，这也得益于宋徽宗的亲自参与。宋徽宗是一位书画兼长的艺术家，又任命宦官梁师成负责具体的营建事宜。从《御制艮岳记》中得知，营建艮岳，既有具体的规划，还专门绘有图纸，而且还有可估算工料的详细施工图。艮岳的营建工程前后历经六年的时间。艮岳开创了皇家园林移山填海的先例，皇家园林自此开始不再只停留在单纯摹写山水的程度，更加注重意象景观的创造，简单地说，就是由对自然山水的欣赏逐渐转变为模仿、创造，由再现自然山水风貌转变为表现园林主题、建园思想的层面上来。而皇家园林从畋猎、游乐向艺术创造的转变也于此时最终完成。艮岳还把"移天缩地在君怀"的造园思想首次引入皇家园林的营造中。山水宫苑的园林风格代表了这一时期人们的审美理想和艺术追求。同时，艮岳也是宋代皇家园林最高成就的代表。

艮岳完工不久，便遭金人围城，宋徽宗则成为金人的俘虏死于异域。金兵将苑中珍禽异兽投进汴河，并拆屋为薪，凿石为炮，伐竹为篦，园林遭到毁坏。都城被攻陷后，苑全毁。后世有明代李梦阳写诗叹曰："城北三土丘，揭嶪对堤口。黄芦莽瑟瑟，疾风鸣衰柳。云是宋家岳，豪盛今颓朽……呜呼花石费，铁锱尽官取。北风卷黄屋，此地竟谁守。"

金明池

东京城外别苑金明池，位于都城新郑门外干道之北，隔街相对建有琼林苑，由于定期向游人开放而著称。金明池开凿于北宋太平兴国七年（982），原为宋太宗检阅"神卫虎翼

水军"水操演习的地方，并非为游憩而置，因此，其规划布局异于一般园林。

金明池平面略近正方形，全园以水池为主体。正门临街向南，进门即为水池南岸，南岸正中高台上建宝津楼，从楼上可俯瞰全园景色。楼南有宴殿，宴殿东面为皇帝亲临射箭的地方，名为射殿。与射殿相对，临水而建的临水殿是皇帝观看争标、水嬉的地方。宝津楼下为开阔的广场，过广场向北行穿过棂星门，有一架拱桥可通往池中心的水心殿，桥"南北约数百步，桥面三虹，朱漆阑楯，下排雁柱，中央隆起"，桥状如飞虹，人称"骆驼虹"，又名仙桥。园中建筑主要集中在南岸，北岸建筑很少，除奥屋外，主要为停泊龙舟的船坞。池东西两岸遍植垂柳，是园中的绿化地带。金明池布局规整、有序，类似宫廷格局。

金明池每年都要举行龙舟竞赛的斗标表演，宋人称之为"水嬉"。《东京梦华录》中记载水嬉的场面"水戏呈毕，百戏乐船并各鸣

清明上河图清院本（局部） 清院本的《清明上河图》是五位清宫画院的画家共同合作的作品，以一座宋代的皇家园林作为收尾，该园林即是著名的金明池

金明池龙舟竞渡图（局部） 金明池是北宋汴梁西郊琼林苑的核心部分，为北宋四园之一，建于宋太宗太平兴国元年至太平兴国三年（976—978）。金明池为皇家园林，用于训练水军。盛夏时节，皇帝邀请文武百官与庶民观赏龙舟竞渡

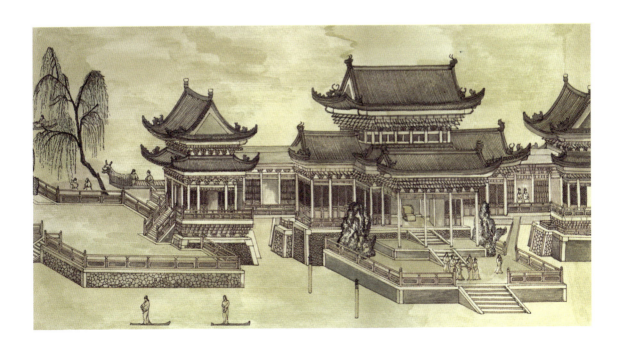

山楼来凤图　《山楼来凤图》出自宋代一位佚名画家之手，描绘了两位宋代文人相偕在山间行走的画面。金明池的独特风貌深得这些文人们的赏识，时常出现在当时及后期的文学和绘画作品中

锣鼓，动乐舞旗，与水傀儡船分两壁退去。有小龙船二十只，上有绯衣军士各五十余人，各设旗鼓铜锣。"宋代画家张择端的《金明池争标图》也生动地描绘了这一热闹场面。

宋徽宗时期，每年的三月初一至四月初八金明池都对外开放。届时，游人商贾摩肩接踵，百姓可任意参观游览，并且园内还允许商人设摊做买卖。游人主要集中在园中池南北两岸，东西两岸游人相对稀少，尤其是东岸地段广阔，树木繁茂，环境安静，因此辟为垂钓区。《东京梦华录》记载，凡有钓鱼者"必于池苑所买牌子，方许捕鱼。游人得鱼，倍其价买之，临水斫脍，以荐芳樽，乃一时佳味也。"

琼林苑

琼林苑位于东京外城西墙新郑门外干道之南，与金明池相对，是北宋四大名苑之一。琼林苑是一座以植物为主的园林，人称"西青城"。入苑门，牙道种植古松古柏，浓荫蔽日。两旁有石榴园、樱桃园等园圃，圃中置亭榭，以便赏花观景。苑东南筑山，华觜岗，高约十丈，上建富丽堂皇的多层楼阁，气势非凡。山下有锦石铺砌的小径通向池塘，池上架拱桥，形状优美，如雨后彩虹。堤岸垂柳，柔美多姿，拂水而动。苑内名花众多，芳香浓郁，素馨、茉莉、山丹、瑞春、含笑、射香千姿百媚，娇艳动人，这些花卉多为闽、广、二浙所进贡的名花，因此，园林又以南方花草著称。

除树木花草外，在苑内射殿南侧还设有球场。每逢有新科进士中榜，皇帝都要亲自赐宴，称为"琼林宴"。

南宋临安的皇家园林

靖康二年（1127），康王赵构继位，建立南宋政权，为宋高宗。南宋以杭州为都城，时称临安。临安得湖山之胜，虽国力、财力不及北宋，但造园艺术却是有过之而无不及。临安同北宋都城东京一样，皇家园林主要是大内御苑和行宫御苑,大内御苑只有后苑,为宫城的苑林区。行宫御苑相对较多,多分布在西湖及周围山区风景优美的地带,其中见于文字记载的有集芳园、玉壶园、聚景园、屏山园、南园、琼华园、桐木园等,这些园林大多依山面湖,收西湖碧涛万顷,借青山叠嶂,以水、柳、荷、竹见长,颇具有江南水乡特色。

后苑

宫城北部的苑林区,为大内御苑。位置大约在今杭州凤凰山的西北部,这里地势高爽,视野开阔,有"山据江湖之胜,立而环眺,则凌虚骛远,镶异绝胜之观举在眉睫"的优势,因而能迎受钱塘江的江风,气候凉爽怡人,成为宫中避暑之地。

山下开有人工开凿的水池"小西湖",池岸建一条约一百八十余开间的爬山游廊(锦胭廊)直达山上的宫殿,建筑与长廊相连接。另外从《马可波罗游记》《武林旧事》和《南渡行宫记》等文献记载可知,苑中布置多个以花木为主题的小园林和景区,并分别以不同的植物景观命名,如小桃园、杏坞、梅岗、瑶圃等,都是效仿艮岳的做法。苑内建筑布置疏朗,掩映在青山碧水之间,由此,可以想象后苑的山地景观之美以及花木之胜。

早春图 由北宋画家郭熙绘制的《早春图》生动地再现了一组自然景观的优美。这种环境清幽、景色宜人的地方,通常都是古代社会上层人士及文人们理想的居住地,这一点在宋代也不例外

北宋的私家园林

从中、晚唐到宋代,世俗地主取代了门阀地主,社会上层风尚日趋奢华、安闲和享乐。整个社会中的地主、士大夫阶层的地位优越,他们一方面仍沉溺于繁华都市的声色中,同时又日益陶醉于自然、田园的景色中。正如郭熙、郭思《林泉高致》中所说:"……然则林泉之志,烟霞之侣,梦寐在焉……不下堂筵,坐穷泉壑……山光水色……此世之所以贵夫画山水之本意也。"地主、士大夫的心理和审美趣味有了变化,追求日常生活和心境能与自然更贴近。希望即使身居市井,也能闹处寻幽,于是在宅旁葺园池,近郊置别业。

尤其在重文轻武、文化氛围极其浓厚的宋代。文人的社会地位比以往任何时代都高。饱读诗书的文人学士不仅倾心学术、精心文章，而且多为诗书画理样样皆通的人才，具有"多面手"的文化素养。宋代士大夫生活情趣和审美情趣普遍高雅，文人广泛地参与园林的规划与设计，园林熔铸诗画意趣比唐代更为自觉，同时也更加重视园林意境的创造。此时文人园林成为私家造园活动中的主流，同时还影响了皇家园林和寺观园林。北宋城市经济繁荣，人口大量增加，土地减少，因此私园占地面积往往很小，从而形成了浓缩自然山水的园林景观。包括一些富豪、官宦的宅第或连接宅邸的作日常游息生活使用的园子，也都开辟有园林。

宋代园林以私家园林的发展成就最为突出。两宋的私家园林主要集中在东京、洛阳、临安、平江，这几处又可分为南、北方园林两种类型，北方园林以洛阳为代表，南方园林以平江（今江苏省苏州市）为代表。

洛阳私家园林

洛阳私家园林中较著名的园林在宋人李格非所撰《洛阳名园记》中有记载，如富郑公园、独乐园、董氏西园和东园、刘氏园、赵韩王园、丛春园、张氏园等，包括园主、园址、园名。且每座园的布局规划和具体建筑分布、山水花木景观配置，都有翔实的描绘。下文以富郑公园和独乐园为例来介绍。

富郑公园

富郑公园是富郑公的花园。富郑公指富弼，是宋仁宗、神宗两朝的宰相。治平四年（1067）被封为郑国公，后又于熙宁五年（1072）受封韩国公，故人称富郑公或富韩公。《洛阳名园记》中载："洛阳园池，多因隋唐之旧，独富郑公园最为近辟，而景物最胜"，可知当时洛阳的园林大多是隋唐时期的旧园，唯独富郑公园是新开辟的园林，

友松图　虽然艮岳为一座皇家园林，但在创作上所具有的独特风格，对后代的私家园林也产生了一定的影响

因此，富郑公园在当时很受推崇。

据《洛阳名园记》记载，可得知富郑公园的概况。园内邻近宅第的东侧建有探春亭，点出了建园的目的，即为探春，也是全园的一个引子。园内主体建筑为四景堂，堂南有大水池，是园中的水景，池水从园外的小渠引入活水。池南岸与四景堂相对建卧云堂，两堂相对构成全园的中轴线。而园内的主要建筑和景观主要分布在中轴线的西侧，水池以南有荫樾亭、方流亭，由四景堂向南过通津桥可达亭前，向东为重波轩，赏幽台，相距百余步，有花木掩映。

顺流水向北，在池北面是大片的竹林，以竹景取胜，并以大竹构成竹林洞天，分别为"水筠""石筠""谢筠"和"土筠"，各有特色，犹如园中之园，是园中一大特色。竹景附近有土山，山上建有梅台、天光台，天光台又接卧云堂。纵观全园，景致曲折变幻，规划颇有章法。进园有"探春亭"作引子，引出主体建筑，由主体建筑构成的轴线为起处，亭、轩、台、桥依次铺开。园中山水的处理也独具特色，或山中构筑洞穴，或溪水引径通幽，景区起结开合，一景复一景，既曲折变化，而又自然而然形成统一的整体。整座园林布局完整，景致紧密，可谓匠心独具。

山水画册之一 由清代画家刘度创作的《山水画册之一》所描绘的是一座私家庄园的景观。宋代对私家园林的翔实记载不仅为人们了解古典园林的发展提供了资料，同时也为当时及后代画家的创作提供了灵感

竹西草堂图 《竹西草堂图》中的竹西草堂依山傍水，以景为主，且只有一座简易的建筑置于景观之中，整体上与宋代私家园林的风格颇为相似，由元代画家张渥所绘

独乐园

独乐园是北宋历史学家司马光(1019—1086)，住在洛阳时为自己建造的园林。宋神宗熙宁六年（1073），王安石为宰相，推行新法。而司马光作为新法反对者的主要代表，为躲避朝廷风波，便主动请求出任洛阳西京御史台。独乐园就是在这一时期建造的。在司马光自撰《独乐园记》中对这座园有详细的记述。

园林占地面积20亩，以水池为中心，池中有岛，环岛种植翠竹一圈，竹梢扎结起来，形成圆状的庐舍，名钓鱼庵，为名副其实的竹舍。池北的建筑——种竹斋，面阔六开间，茅草覆顶，夯土为墙，东向辟门，南北山墙上开窗，屋前屋后竹林环绕，前临水，后有林，环境清幽，是专供园主人消暑的地方。读书堂是池南岸的主体建筑，是座"数十椽屋"，堂内有许多藏书，因此得名读书堂。堂南为一组院落，以弄水轩为主体，轩内有池，院中有渠，水自轩内小池流出，绕庭院一周，在西北角汇合流出，为园内水景的源头。池西土山上建高台，再于台上构筑房屋，作登高远眺之用。

池东为采药圃，杂种各种草药。药圃之北，又是成片的美竹，只是这里的竹子是按游廊的形式进行栽植的，把竹梢相交扎结以后，便是一座拱形的绿色竹廊。独乐园面积不大，朴素有加。园内无论是建筑或是景物，都"卑小简素"，富有自然之趣，尤其是钓鱼庵和采药圃，不加构造，自成建筑，利用既有的资源，就地取材，创造出独特的园林景观，是园主人乘凉消暑之地。

宋神宗熙宁六年（1073）独乐园建成。园林以"独乐"为园名，也是园主有意而为之。在他看来，孟子所主张的"独乐乐，不如与众乐乐"是王公大人所追求的乐趣，而孔子的"一箪食，一瓢饮，不改其乐"为圣贤之乐，而自己既非王公大人，又非圣贤志士，因此只能"各尽其分而安之"，独自享乐，即得"独乐"园名。

总的来看宋代私家园林，以单独建置的游赏园占多数，并且园林多以花木著称，园内叠山掇石的作品极少，且多为土山，独乐园即是如此。此外，园林建筑形象丰富，但建筑数量不多，以园景为主，因此园林整体布局比较疏朗，风格清新。

平江府私家园林

宋代的平江府即今天的苏州，今天苏州的古典园林冠绝全国，而早在宋代，这里就已建置有多座园林。其中私家园林最著名的当属沧浪亭，它不仅历史悠久，且经历曲折，至今仍是中国古典名园之一。另外还有湖园、环溪，都是这一时期平江府著名的私家园林。

沧浪亭

沧浪亭位于今苏州市城南三元坊。五代时，曾是吴越国中吴军节度使孙承佑的池馆，后废池，只留其址。庆历年间，苏舜钦获罪罢官，流寓吴中，见孙氏园址地貌高爽，环境清幽，于是在旧园北面的小山上，构筑小亭，名"沧浪亭"，取自《楚辞·渔父》："沧浪之水清兮，可以濯吾缨；沧浪之水浊兮，可以濯吾足"，并以亭名作园名，园主人自号"沧浪翁"，并作有《沧浪亭记》。

沧浪亭牌坊 沧浪亭牌坊位于沧浪亭园门外的水池西首，主要采用花岗石建成，为三间四柱式，柱端由花鸟纹样的雕刻图案装饰，称"沧浪胜迹"牌坊

沧浪亭翠玲珑 由三个贯通的单间构成，因毗邻竹林而以竹为主题命名，室内四面通透，家具也采用竹节纹饰

沧浪亭初建时，规模甚小，内容简单，野趣丛生。苏舜钦死后，沧浪亭屡易其主，章惇、龚明之各得其半，章惇加以扩充、增建，园林的内容较前丰富得多。据《吴县志》记载，章惇扩建此园，建阁起堂，发现地下有嵌空大石，传为广陵王所藏。扩建后因亭之胜，两山相对，名甲东南，为一时之雄观。南宋绍兴初年，园为抗金名将韩世忠所得，加筑修建。先在两山之间建飞虹桥，又筑寒光堂、冷风亭、翊运堂、濯缨亭、瑶华境界、翠玲珑、清香馆等

沧浪亭观鱼处 沧浪亭园林内的许多建筑都与水相连，如位于观鱼处的四角攒尖顶方亭就跨于水上，其一侧与园内的复廊相连，另一侧则采用水中石柱支撑，层次丰富，造型独特

沧浪亭藕花水榭 藕花水榭为一座带有庭院的小景区,位于沧浪亭的西部,现被作为茶室使用。景区的庭院中以卵石铺地,并保存着一颗树龄近两百年的朴树

建筑。元明时期,园废为僧居,先后更名为大云庵、妙隐庵等;明嘉靖年间,知府胡缵宗又于此建祠;后至释文瑛复建沧浪亭;清代时又屡建屡废,且遭兵火毁坏。至同治十二年(1873),巡抚张树声再度重修,建亭原址,并在亭南增建明道堂,堂后建东菑、西爽,西有五百名贤祠。祠南北有翠玲珑、面水轩、静吟、藕花水榭、清香馆、闻妙香室、瑶华境界、见心书屋、步石奇、印心石屋、看山楼等,其轩馆亭榭,有旧名,有新题。此次重修的沧浪亭园林建筑,大部分得

沧浪亭面水轩 面水轩位于沧浪亭复廊的东侧,与位于复廊西侧的观鱼处相呼应,其四面均设有落地的长窗,且临水而建,因此成为人们休息和赏景的佳所

以保存，从而形成今天的园林风貌。

沧浪亭几经兴废，早已不是宋代的面貌。沧浪亭以"崇阜广水"为特色，布局以山为主，主要水面在园外，成为外景。园门在西南角，临水而置，门前一桥沟通两岸。苏州园林多用围墙构筑出一定的庭院空间，中心设水池，建筑环池而置，形成以建筑环水的布局。沧浪亭借助优越的天然地势，利用园外的水面。按照人的视觉具有离心、扩散的特点而取外向的布局形式，具体地讲，就是使建筑背向山而面朝外，这样不仅可以使建筑具有生动活泼的外观和参差错落的外轮廓线，而且更为重要的是，可以充分利用山地的特点使人的视野开阔，从而创造优越的观景条件。

沧浪亭园外东北部临水，为求得呼应，也使部分建筑、回廊取外向形式，从而兼有内、外向两种布局形式的特点。造园者一改高墙围园而拒溪于外的做法，沿河修筑一条长长的贴水复廊，将水直接与园林融为一体。沿廊还设置了藕花水榭、面水轩、观鱼处等临水亭台，作为游廊衔接的转折和收头，给人以溪流曲折、水面开阔之感。园内景致隔水而露，园门涉水而开，巧借园外之水，为园内风景添色，未入园，先见水。历史上沧浪亭曾几次由寺庙变成祠宇，具有公共性质，因此园林布局呈现半封闭半开放的形式。

除园入口临水的亭榭外，环山所有的建筑都面山而立，向心布局。山是中心，建筑的视角均为仰视，"高山仰止，景行行止"的主题思想表现得淋漓尽致。峰峦东北部森森乔木之中建石亭沧浪亭，石柱石枋，与整个园的气氛相协调；东南山脚下有闻妙香室，旧为读书处，环境清幽。由此西行，是全园的主体建筑明道堂，大厅面阔三间，宏伟庄严。在山冈之南瑶华境界与明道堂回廊组成一处幽静的四合院布局，西有印心石屋，屋上建看山楼，北行又有翠玲珑、仰止亭，一直延伸到五百名贤祠、清香馆等，所有建筑不施藻饰，古朴大方，富有山林野趣。

沧浪亭的土石山，几乎占据了园林的前半部，但不显庞大迫塞。营造者巧妙运用土石相间的叠山手法，将叠山的重点放在山脚和上山磴道，以石抱山，既起到固土的作用，又表现出山的自然形态。

湖园

据《洛阳名园记》记载："在唐为裴晋公宅园。""裴"即裴度，是唐代的宰相，湖园原来是裴度的宅园。但宋时园主却不详。据《旧唐书》本传："东都立第于集贤里，筑山穿池，竹木丛萃，有风亭水榭，梯桥架阁，岛屿回环，极都城之胜概。"在唐代，裴度的宅园闻名都城。《洛阳名园记》对北宋时的湖园有评价："虽四时不同，而景物皆好。"

湖园因园中大湖而得名，大湖为园林布局的主体，湖中有大洲，名百花洲，洲上建堂，花木葱茏之间厅堂掩映其中。湖北岸有四并堂，"四并"之名出自谢灵运《拟魏太子邺中集诗》序"天下良辰美景、赏心乐事，四者难并"之句。百花洲堂与四并堂为园中主要建筑，两堂隔水相望，互为对景。湖东有桂堂，与西岸迎晖亭隔湖相对，又是对景。大湖的尽头，桂堂附近，设亭、台、

村童闹学图 《村童闹学图》为明代画家仇英模仿宋代名家而创作的一幅绘画作品，收录在他的《临宋人画册》中。画面上的学堂内设置有丰富的自然景观，与造型简朴的建筑相互对应，呈现出了几分宋代园林的风范。

轩、庵，或临水而建，或隐于林木之中，或耸于竹林之上，因势而建，与周围环境相得益彰，环境闭合幽曲，与洲堂相对的湖区形成对比。

宋人认为，一座完美的园林无外乎具备"务宏大者少幽邃；人力胜者少苍古；多水泉者艰眺望"的特点，湖园面积不大，却能具备这些要素，因此在当时也是一座颇有名气的园林。

环溪

环溪是北宋宣徽南院使王拱辰的宅园。该园的总体布局别致，理水手法巧妙。园中以南、北两个水池为两个中心，两池东西两端又以各小溪相连接，形成池水、溪水环绕着中心的大洲的布局，因此得名环溪。

园中建筑集中在两池中间的洲岛上。大洲正中建楼阁，南水池北岸建洁华亭，北池南岸是凉榭，建筑临水，隔景相望，中间为多景楼，建于大洲之上。登楼南望，有嵩高、少室、龙门、大谷，多种景致尽显于眼前，故名"多景楼"。北池南岸的凉榭之北又建风月台，登台北望，可见洛阳城内宫阙楼宇，高耸参天，千门万户，延绵数里，壮观景象收揽园中。此处的风月台同大洲中的多景楼，是园中借景的建筑，向南借入自然山川之景，向北则又把洛阳城内景观纳入园中，扩大了视野范围。园中布局别致意趣，又巧于因借，扩大视野，正是湖园取胜之处。

私家园林所营造出的园林意境充满浓郁的文人气质，这种特质自魏晋南北朝出现，于唐代兴盛，到宋代已成为私家造园主流的风格。

北宋是文人园林发展的关键时期，秉承唐代文人园林精雅、开阔的特点，又增添了柔丽的风格，使文人园林诗情画意的特征凸显。

宋代文人园林造园风格上追求"精而造疏，简而意足"的特点，园内造景不刻意追求多而丰富，而更注重整体性和自然性，更注重对大自然的概括与提炼。园中建筑密度低，个体多于群体；布局上注重留出大片的空白，以创造出开敞阔大的园林水体或陆地，营造舒朗、开阔的空间，让人在有限的空间里体味到辽阔无垠的空间感。或是在丛植的林间留出大片空地或小道，实中寓虚，虚实相间；简约造景，以少胜多，整体布局清晰明致，意境深远，着重写意的表现。这种庭院布局显然是受当时以马远、夏圭为代表的边角构图画风的影响。

宋代文人园林造景上追求雅致情韵。雅致是文人园林的突出特色，甚至可以说是文人园林发展的重要印迹。文人的精神追求即为清高、淡雅、情致绝尘，不流于俗世。表现在园林中，一为叠置山石，二为植物配置，尤其是植物配置。园内假山形态丰富，丘壑冈阜、峰峦涧谷的塑造技巧已经相当成熟，并出现了单石置景的"孤置石"，而以"透、漏、瘦、皱"作为太湖石的选择和品评标准也始于这一时期。

文人园林，尤其是两宋文人园林中普遍种植各类植物，尤其以竹类种植最为常见。竹被喻为君子，高尚有节操，深受文人敬爱，苏东坡有"宁可食无肉，不可居无竹"的名言。《洛阳名园记》中关于对园林种植也提到"三分水，二分竹，一分屋"，可见竹对于园林造景的重要性。除竹之外，梅、兰、松、菊等也都是文人园林内的常见植物，它们与竹一样，也都各代表了不同的人格精神，或高雅，或清俊，或绝俗，或坚忍，是文人完善自我品格的象征物。

山水图册之竹深留宾处 宋代的私家园林以景取胜，而园内的建筑则通常被营造得小巧、简约，且数量较少

踏歌图 《踏歌图》由宋代画家马远所绘,马远的这些画作对当时私家园林的布局设计产生了一定的影响

园林栽植的方法有多种,常见的是栽植成片而构成不同的景观,竹、梅、桃、李各成小园,松柏、梧桐也多成林,借助"园""林"形成独特、幽深的景观。如司马光的独乐园,把成片的竹梢扎结起来,做成庐、廊,用于垂钓、观景,自然野趣浓郁。

宋代私家园林最突出的特色就是文化气息浓厚,与唐代山水园林相比,更多了几分天然、雅致、疏朗、简约,拥有悠远、宁静的氛围。因具有浓郁的文化气息,人们便将这类私家园林称为文人园林。文人园林中的景物富有自然之形态、意韵,多植花木且依山傍水,同时园内景观与园外自然之景又相谐和,营造出浑然一体、将自然与艺术相融合的境界。文人园林是由园林的形象、内容、气质而发展形成的园林类别,不同于其归属和形式上的命名。这在中国园林类别中是一个特殊的存在。

文人园林大多由文人设计建造,有的是园主本人,也有专业从事园林设计者为他人设计园林的。文人造园的传统起于魏晋,盛于唐代,宋代时则更为成熟,并成为私家园林的主导。文人园林不但在私家园林中占主导地位,而且其风格还或多或少地影响了皇家园林的设计,以及一些公共游憩性园林和寺观园林的营建。

宋代的其他园林

西湖

南宋都城临安不仅有大内御苑、行宫御苑等皇家园林,更有以西湖为代表的大型郊邑风景游览胜地。西湖一带山明水秀,风光迤逦多姿。苏轼有诗赞曰:"水光潋滟晴方好,山色空蒙雨亦奇。欲把西湖比西子,淡妆浓抹总相宜。"他把西湖比作西子(中国古代四大美女之首的西施),无论是水光潋滟的晴日还是山色空蒙的雨天,景色都是那么美丽,就像美人一样。

西湖在远古时代,连同杭州都是一片浅海湾。古籍上有"杭之为州,本江海故地"的记载。西湖三面环山:西南有天竺山;南有南高峰、凤凰山、吴山等依次相连,称南山;天竺山以北是北高峰、宝石山等,统称北山。三面环山,东北面与杭州市区相连,为一片平原地带。在漫长的岁月中,由于河流的变化和泥沙的积压,逐渐形成了地质学上所谓的潟湖,这便是西湖的前身。

作为潟湖的西湖得以长久保存,主要靠历代人工的疏浚和整治。据统计,"自唐至清,历代对西湖都做了疏浚。"其中最著名的,有唐穆宗长庆二年(822),白居易(772—846)出任杭州刺史,主持筑堤,并蓄水灌溉农田。即今日西湖"白公堤"便是史迹见证。白居易筑堤理湖,并在湖中保留了一两个沙洲,以后增加土石,即成小岛,这可能就是今日三潭印月与湖心亭的雏形。白居易离开杭州后,对西湖仍有眷恋,曾写诗《钱塘湖春行》:"孤山寺北贾亭西,水面初平云脚低。几处早莺争暖树,谁家新燕啄春泥。乱花渐欲迷人眼,浅草才能没马蹄。最爱湖东行不足,绿杨阴里白沙堤。"另外最为人称道的是北宋元祐四年(1089),苏轼(1037—1101)出任杭州知府,"花二十万工"清理湖面,对西湖作了疏浚,并自南向北将淤泥筑成一道长堤,即今日的苏堤。堤长三里,沟

杭州西湖自然园林示意图 杭州西湖最初是一个浅水湾,后因天然原因演变成湖,再加上历代人工的疏浚和整治,因此在宋代就已经成为一座公共园林,并以景色优美而著称

通了南北交通。堤上遍植桃柳，保护了堤岸，并在湖中立石塔石座。但今日的西湖三潭石塔为明代重建。

除这两次因名人而闻名的对西湖的治理和修筑外，后又有南宋绍兴元年（1131）、淳祐七年（1247）、咸淳六年（1270）等对西湖及附近河道较大规模的疏浚与治理，使西湖得用于农田灌溉、百姓饮用，并成为南宋帝王的游览之地。

西湖在隋唐时期因湖在钱塘县而称作钱塘湖，后又因其位于南宋临安城的西面，而得名西湖。在经过各朝代的一次又一次疏浚治理、装点规划之后，"湖中开始出现了'小瀛洲、湖心亭、阮公墩'三座绿岛；有了'塔影亭

杭州西湖先贤祠敞轩 先贤祠敞轩位于杭州西湖的九曲桥上,为一座飞檐翘角的歇山式亭阁。轩外由匾额、对联点缀,诗意盎然,加之造型的独特,使这座敞轩成为小瀛洲岛上的一处优美的建筑景观

亭引碧流'的三潭印月景观;有了翡翠般的苏堤;有了桃柳相映的白堤。"昔日由泥沙泄流形成的泻湖,经逐次治理,逐渐成为一处著名的风景游览胜地。尤其是南宋皇室南渡,以临安为都,朝廷上下为这里的湖山风景所动,于是朝臣、权贵纷纷沿湖建宅营园,建成的个个小园林相当于大园林中的许多个景点——形成园中园的格局。

这些园林中既有私家园林,也包括皇家园林和少数寺观园林。如柳浪闻莺,原为南宋的聚景园,是外御园之一,与西湖相通,可乘船由园内入湖游赏,园内的主要景点有会芳殿、瀛春堂、揽远堂、芳华亭、花光亭、柳浪

桥、学士桥、瑶津、翠光、桂景、滟碧、凉观、琼芳、彩霞、寒碧等亭台轩殿楼阁，亭宇匾额全为宋孝宗亲笔题写。这些园林遍布南山路、方家峪、小麦岭、大麦岭、西湖三堤路、孤山路、北山路、西溪路等地带，分成三段，南段的园林集中在湖南岸及南屏山、方家峪，接近宫城，以行宫御苑居多。中段以耸峙湖中的孤山为重点，环湖建置玉壶、环碧、聚景等园点缀湖景，并借远山及苏堤作为对景，以显湖光山色之胜。山地小园多集中在北山路一带，与中段的湖园以孤山衔接凝为一体，形成贯通之势。宋室南渡后，将金明池、琼林苑的惯例带到临安，每年的二月初八至四月初八为开湖之日。

开湖时节，游船如织，首尾相接，宛若一条跃舞腾飞的巨龙，阵势宏大。岸上游人如蚁，接踵摩肩。皇帝乘大龙舟巡游，文武百官尾随其后，可谓"承平日久，乐与民同"。沿湖装饰陈列着各种水果、食物、珠宝，琳琅满目应有尽有。船中歌声飘远，萦绕回荡，舞女翩翩，优雅媚动，姿态轻盈空澈，一派盛世昌荣、歌舞升平的景象。南宋诗人林升观后感慨万千，题壁为诗曰："山外青山楼外楼，西湖歌舞几时休。暖风熏得游人醉，直把杭州作汴州。"虽然诗中蕴含着深刻的历史意义和时代背景，但却

西湖十景图　"西湖十景"形成于南宋时期，是指位于浙江省杭州市西湖景区内的十个特色景观

将西湖当时之盛景展现无遗。流传至今的西湖十景：苏堤春晓、柳浪闻莺、花港观鱼、曲院风荷、平湖秋月、断桥残雪、雷峰夕照、南屏晚钟、双峰插云、三潭印月，到南宋时已基本形成。

三潭印月

三潭印月是西湖十景之一，又名小瀛洲，位于西湖中部偏南的小瀛洲岛。小瀛洲岛始建于明万历三十五年（1607），后于万历三十九年（1611）重筑成格局，是西湖最大的岛，与湖心亭、阮公墩被人们誉为"湖中三岛"。北宋元祐四年（1089），苏东坡任杭州知府，在疏浚西湖时，不仅筑苏堤，而且在堤外湖水深处立三座石塔，名三潭，令三潭内不准种植，以利于测量水位和淤积程度。南宋时，马远等人因其有波光潭影而名之为三潭印月，并列为西湖十景之一。在三潭的水面上，立有三座石塔，三塔呈等边三角形布局。现在的三塔为明代天启元年（1621）所建。塔状如宝瓶，中空，塔高2米，映入水中，犹如漂浮水上。开五孔圆窗，塔中燃灯，窗孔远看如五轮圆月。相传，在中秋之夜，石塔的五个小圆孔用薄纸封上，塔内点蜡烛。烛光透过圆孔投映水中，如月影浮动，故而得名三潭印月，即成为西湖著名景观。

平湖秋月

平湖秋月是西湖十景之一，背倚孤山，面临外西湖。唐代，这里已建望湖亭，南宋在前朝旧基上建楼叠山，成为一处颇具规模的小园林。宋代王洧描写平湖秋月之景："万顷寒光一席铺，冰轮行处片云无。鹫峰遥度西风冷，桂子纷纷点玉壶。"

雷峰夕照

雷峰夕照位于西湖南面，净慈寺前的夕照山上。山上的雷峰塔始建于五代，吴越国王钱俶为庆祝黄妃得子而建，初名黄妃塔。南宋年间，塔顶遭雷击焚毁，改建为五层。南宋画家刘松年曾画有西湖十景之一的"雷峰夕照"图，描绘了夕阳西照中雷峰塔"金刹高耸、层檐叠出"的迷人风景，使之成为西湖有名的景观。而民间传说"白蛇传"也让雷峰塔成为人人皆知的西湖名景。

杭州西湖三潭印月石塔 杭州西湖三潭印月石塔状如宝瓶，内部中空，整体玲珑多姿，宛如漂浮在水上。该塔与另外两座相同造型的石塔一起呈等边三角形的布局，构成了一组独特的景观

寺观园林

北宋东京除了大量的皇家园林和私家园林,还有不少的寺观园林分布在城郊内外。寺观园林大多数定期或节日向游人开放,供人游览。园林开放时期,游人满园,这种大型的游园活动逐渐与宗教法会和庙会一样成为寺观的主要活动内容,使其具有城市公共园林的性质。

南宋临安在西湖山水之间也建设有很多寺庙,成为东南的佛教圣地,其中最有名的是灵隐寺和净慈寺。这些寺庙多依山就水,建在优美的环境中,因此寺庙本身就带上了园林风貌。宋代是一个崇尚礼制的时代,形形色色的礼制建筑相应而生,而这时期的文人园林不仅影响了皇家园林和私家园林,用于祭祀的礼制建筑也十分注重山水情趣。

如北宋太平兴国四年(979)重修的晋祠,位于唐明镇(今山西省太原市)。其西南有悬瓮山,晋水迂回曲折贯穿园内。全园老树葱郁,清泉明澈,殿堂池榭因势而置,其主体建筑圣母殿为全园的中心建筑,宏伟优雅的外观在绿树碧水的映衬下更为突出。

综观宋代的寺观园林,除了具有祭祀奉神的功能之外,与大多数供人游赏的公共园林已没有多大的区别。

雷峰夕照 "西湖十景"之一的雷峰夕照位于西湖南部的夕照山上,景区内以一座极富传说色彩的雷峰塔而著称,并由此得名。雷峰塔曾于后期多次重建,现在的雷峰塔是2002年重建的

06

凛熟时期的造园语言

元明时期的都城与园林建设

清初的都城与园林建设

清中叶的皇家园林

清代的私家园林

元明时期的都城与园林建设

宋金对峙之时,中国北方的蒙古族已经开始崛起。1206年,铁木真(1162—1227),完成了蒙古族的统一,在漠北建立了蒙古国,尊号成吉思汗。至元八年(1271),忽必烈控制了北方大部分土地,汉国号为大元。次年,改中都为大都,并定为都城,元代从此定都在大都(北京)。大都成为元代多民族国家的政治中心。元大都并没有依金中都之旧,而是在其东北以金代琼华岛离宫为中心,重新规划新城。历时八年,新城竣工。元大都规模宏大,规划整齐,是当时世界著名的大城市,也是中国历史上继隋唐长安城之后又一座气度雄伟的大都城。此后,明代利用元大都的南大半部加以增筑,并逐渐发展成为明清两代的北京城。

昔日的金中都历经战火已残破不堪,原来的宫殿也已荡然无存,新建的都城避开废墟,在中都东北郊,风景优美,且又有大片湖水(北海),依原金离宫——大宁宫附近开始营建新的宫殿。先修建了琼华岛,依太液池东建宫城,池西为太后宫、西宫、琼华岛御苑和宫城作为皇宫,周围有萧墙环绕。由此开始,以皇城为中心,在外廓建土城,称大都城,至元十三年(1276)建成。至元二十年(1283),完成城内基本建设。

大都建设继承历代都城"筑城以卫君,造郭以守民"的城市格局,为外城、宫城、皇城三重环套配置形制。这种三套方城、中轴对称的布局是我国古代城市规划的传统做法,是由魏晋南北朝时的邺城到唐长安,再由宋汴京、金中都至元大都逐步发展形成的。大都外城东西宽6.64公里,南北长7.4公里,共有十一个城门。《元史·地理志》记载:"十一门,正南曰丽正(今正阳门北)、南之右曰顺承(今宣武门北)、南之左曰文明(今崇文门北),北之东曰安贞(今安定门小关)、北之西曰健德(今德胜门小关),正东曰崇仁(今东直门)、东之右曰齐化(今朝阳门)、东之左曰光熙(今东城和平里光熙门),正西曰和义(今西直门)、西之右曰肃清(今海淀区学院路小西门)、西

紫禁城角楼 紫禁城角楼是明代北京城内的特色建筑之一,共有四座,分别位于宫城城墙的四角。这几座角楼都采用十字脊重檐屋顶,且内部结构复杂,内外形象均极富艺术性

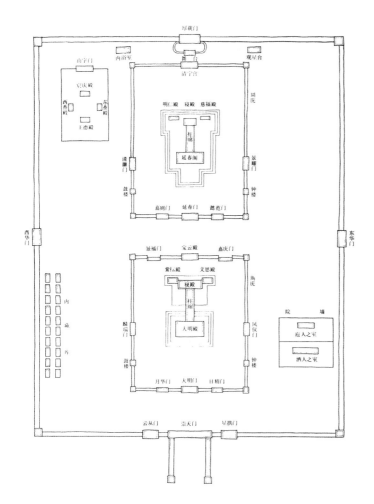

元大都宫城平面示意图 元大都遵循了中国古代城市规划的传统做法，由外向内依次为外城、宫城和皇城，且均采用对称式的平面布局

福宫、兴圣宫和御苑（关于太液池和御苑将在下节叙述）。此外，为了解决城中的用水和漕运，由郭守敬（1231—1316）主持对城市水系做了大规模的疏浚和改造，不仅解决了实际功能要求，同时也使城市景观增色不少。

朱元璋（1328—1398）统一全国，定都应天，改称南京。明代的南京城包括外城、应天府城、皇城三重城。皇城南为承天门、北为玄武门、东为东华门、西为西华门。皇城内为宫城，宫城东、西、北面设门，分别为东安门、西安门、北安门，南正门为午门，与皇城承天门在一条轴线上，门外左有太庙，右有社稷坛。宫城（紫禁城）居皇城之中偏东。宫内布局为前朝后寝制。午门北有奉天门、奉天殿、华盖殿、谨身殿，为前朝部分；后有乾清宫、省躬殿、坤宁宫，为后寝部分。主要宫殿集中在主轴线上，其规划布局为迁都后的北京城的营建标准。

之左曰平则（今阜成门）。"大都的中轴线布局尤其突出。南起丽正门，穿过皇城的棂星门，宫城的崇天门和厚载门，经万宁桥（今地安门桥），直达城市中心。城四角建有角楼，城墙外有护城河。此外，按照《周礼·考工记》"前朝后市，左祖右社"的古制，在城东齐化门内建太庙，城西平则门内建社稷坛。城第二重为皇城，周围约20公里，东墙在今南、北河沿的西侧，西墙在今西皇城根，北墙在今地安门南，南墙在今东、西华门街以南。皇城城门都用红色，称红门。皇城南墙正中的门叫棂星门，位于今午门附近。

宫城在皇城的东部，皇城中部为太液池、琼华岛。利用太液池、万岁山的湖山风光，以琼华岛为中心修建了隆

元大都大明殿建筑复原图 大明殿是元大都内部最重要的建筑群,其整体采用"工"字形平面布局,由一座位于前端的主殿和一座位于后端的寝殿组成,其间通过穿廊相连

在元末近二十年的战争中,社会经济遭到严重破坏。明朱元璋时期,一方面要大力恢复发展社会经济,巩固统治政权,另一方面还要防范元朝皇室后裔势力的侵袭。因此,明代的南京,没有大型的宫苑建筑。

明成祖迁都北平,改建北京城,在元大都的基址上营建北京城。永乐十八年(1420),宫城宫殿建造竣工。明代北京城将元都城向南移,舍去元大都的北部分,向南扩建。内城紫禁城位于都城的北部,与元皇城宫城位置吻合。宫城的主要建筑为三大殿,整个宫城仿南京城规制,采用"前朝后寝"的形制。外朝以皇极殿、中极殿、建极殿为理政中心,作为皇帝处理朝政的场所。内廷以乾清宫、交泰殿、坤宁宫为中心,辅以西六宫、东六宫、养心殿以及多处小花园,内廷是皇帝起居和处理日常政务以及后妃们居住、读书、游玩的地方。坤宁宫后为御花园,是紫禁城的后花园,也是宫廷建设的收尾部分。

元代皇家园林

元代统治不到一百年,园林建树不多,但也有特殊的贡献。元代皇家园林主要集中在元大都皇城内,主要有宫城西面的太液池,宫城北面的御苑、雄伟壮丽的隆福宫、兴圣宫及西面的西御苑。此外,大都近郊水源丰富的地带分布着权贵和士大夫的私园。元代的私家园林主要是继承和发展前代文人园林的形式,在河北省保定市有张柔的莲花池,南方则有江苏省无锡市倪瓒的清閟阁、云林堂,苏州的狮子林,浙江省湖州市赵孟頫的莲花庄以及元大都西南廉希宪的万柳堂、张九思的遂初堂、宋本的垂纶亭等，都是当时比较有名的私家园林。由于元代统治者的等级划分，把汉人划分为居于蒙古人、色目人之下的第三等人，政治地位低下。因此，许多汉族文人常常在自己营造的园林中以诗酒为伴，弄风吟月，这时的园林已经成为汉族文人雅士抒写性情的重要艺术手段，对以后的明清园林产生很大影响。

御苑与隆福宫西御苑

元代的大内御苑位于宫城的北面和西面，其中北面的御苑也是大内的后苑，因此也称后苑。元代陶宗仪所著《南村辍耕录》中记载："厚载门北为御苑，外周垣红门十有五，内苑红门五，御苑红门四，此两垣之内也。"而《元大都宫殿图考》中，又清晰地记述了后苑内的建筑与花木景观："又后苑，中为金殿，四外尽植牡丹百余本，高可五尺""苑西有翠殿，又有花亭、球阁、金殿。前有野果，名红姑娘，外垂绛囊，中空如桃，子如丹珠。苑外重绕长庑，庑后出内墙，外连海子，以接厚载门。门上建高阁，东百步有观台，台旁有雪柳万株。"御苑内以花木为主，间以殿阁，种植果木花蔬，相对质朴。

隆福宫西御苑位于隆福宫西面，是一处附属于隆福宫的花园，供后妃居住游玩。《元大都宫殿图考》中记载："香殿在石假山上，三间，两夹二间，柱廊三间，龟头屋三间。"又记"殿后有石台，山后辟红门，门外有侍女之室二所，皆南向并列。又后直红门，并立红门三。三门之外有太子斡耳朵荷叶殿二，在香殿左右，各三间。圆殿在山前，圆顶上置涂金宝珠，重檐。后有流杯池，池东西流水圆亭二……"。

西御苑面积不大，以假山和池为主体营建。山上建殿，后有石台。山前有圆殿，两侧相对建圆亭，殿后有流杯池。圆殿前有歇山殿，池两侧建亭，殿前东西两侧建水心亭。因是大内御苑，建筑依宫殿格局，呈对称布局。

后苑与西苑随着元大都的消亡，如今已不复存在，只有位于宫城西面的太液池因山水壮观，景色优美，在辽金两代经营的基础上，元代又对其增建，并使其成为元代皇家园林的代表。明清两代帝王也都留存继续使用，并修整建设，成为一处历史悠久、景观优美的皇家御园。

太液池

《元故宫遗录》记载："由浴室西出内城，临海子。""海广可五六里，驾飞桥于海中，西渡半起瀛洲圆殿（仪天殿），绕为石城圈门，散作洲岛拱门，以便龙舟往来。由瀛洲殿后，北引长桥上万岁山（即琼华岛），高可数十丈，皆崇奇石，因形势为岩岳。"

元代营建太液池，沿袭历代皇家园林"一池三山"的传统模式，在太液池内，有万岁山、圆坻（坻，即水中的陆地）、犀山台三个岛屿呈南北一线排列，构筑神山海岛的景象。万岁山是三岛中最大的岛，即金代的琼华岛。至元八年（1271）改称万寿山，后又改称万岁山。山顶建有广寒殿，据元代陶宗仪《南村辍耕录》中记载，殿面阔七间，重阿藻井，文石铺地，四面开有带棂格的小窗，并有"遍缀金红云，而蟠龙矫骞于丹楹之上"，其华丽程度非同一般。殿以广寒命名，表明统治者追求琼楼玉宇的境界，因而琼华岛追求神仙山的意境的意图更为突出。殿两侧对称置有瀛洲亭、方壶亭、金露亭和玉虹亭等辅助性建筑作为点缀。山南坡正中为仁智殿，其左右为延和殿、介福殿，再向外两侧又分别是温石浴室和荷叶殿，沿山腰又有胭粉亭、牧人室、马湩室、东浴室更衣殿、厕堂等，为特意设置的各种专用建筑。

万岁山仿宋代艮岳，在山下凿井，汲水至山顶，由龙首喷出，形成喷泉注入方池。山南面、东面都有石桥通往池岸，其中南面石桥直通南面圆形小岛——圆坻（即今天的团城）。

早在辽代时，团城就已经是瑶屿行宫的重要组成部分，和琼华岛一样，都是四面临水。辽时，在岛上建有亭台以成瀛洲景观，作为"一池三山"之一山。金代建太宁宫时，对这里的池水进行了挖掘疏浚，将挖出的泥土堆筑成小岛，周围作城墙，由此便成为一座城池式的岛屿。因岛为圆形，后来便有"团城"之名。元代，在圆坻上建圆形的仪天殿，面阔十一间，重檐圆顶。岛东有木桥可通大内夹垣，西有木吊桥可通太液池西岸兴圣宫前的夹垣。犀山位于圆坻之南，山上遍植芍药。

太液池是禁苑，苑中种植荷花，元代统治者经常泛舟池上，欣赏水波荷景。太液池西面为圈养动物的灵囿，内有狮子、老虎、豹子等猛兽以及邻近各国使节、各地诸王、少数民族部落首领们进贡的珍禽，名目繁多，成了名副其实的"皇家动物园"。

太液池西兴圣宫（今北海公园西岸以西一带）为元代中期元武宗当政时建造，原为东宫皇太子的居所，主要建筑为兴圣殿，殿后有延

北海 北京北海公园在辽代是燕京城东北的一片湖泊，名金海。中间有一个小岛叫作瑶屿，辽廷在这里建"瑶屿行宫"，成为园林。金大定三年至十九年（1163—1179），金世宗建琼华岛，并从汴梁将艮岳的大量太湖石运来，在岛上砌成假山岩洞，修建大宁离宫（亦称太宁宫）。从那时起，北海就基本形成皇家宫苑格局。当时把挖"金海"的泥土扩充到"琼华岛"上，并重修"广寒殿"等建筑。元至元元年到至元八年（1264—1271），三次扩建琼华岛，重建广寒殿作为帝王朝会之处，殿中放置"渎山大玉海"，也就是现在北海团城内的大玉瓮。元至元八年（1271），琼华岛改称"万寿山"，又在湖的东西两岸营建宫殿，北海成为颇有气派的皇家御园

华阁,还有东、西盝顶殿及其他建筑。

太液池实际上在辽金时期已是皇家重要的苑囿。辽、金两代都是少数民族统治,他们原本居于北方较寒冷的地域,进入中原后不耐暑热,因此,建筑琼华岛以供消暑之用,也是营建太液池的目的。由辽、金至元,太液池的营建模式是仿中国汉统治者历代营建皇家苑囿"一池三山"的传统模式,这表明了少数民族统治者在统治中对中原文化积极继承的态度。这种继承自魏晋南北朝时期的北朝至辽、金、元之后一直延续至清代。

元朝入主中原,社会经济、制度都遭到了严重的破坏,因此,失去了大规模营造园苑的现实基础,皇家园林也仅限于小范围的营造和

北海西天梵境 始建于明代的西天梵境又称天王殿，是一座寺庙建筑群，其内的建筑景观均可体现出明代建筑所追求的风格大气、气势圆满的特征。图为西天梵境入口的牌楼

在金代园林原有基础上的营建。相对于元统治者，这一时期，政治地位偏低的汉人对自然美有一种萧疏冷寂的情感，缺乏造园的热情。因此，元代园林可以看作是中国园林史上的一个低潮时期。

明代皇家园林

明代园林是我国园林发展史上的成熟期，风格大气，气势恢宏。明代园林是在对前代园林继承的基础上继续发展。明代社会发展、经济进步，建筑及园林的营建在前朝各代的基础上有了更大的提升。

明初定都南京，因立国之初，经济、政治制度都在恢复与重整阶段。明太祖就有立言"至于台榭苑囿之作，劳民费财，以事游观之乐，朕决不为之。"所以，明初都城南京除了修筑必要的宫城宫殿外，没有其他苑囿建筑。明代苑囿的营造主要在明成祖迁都北京之后，即明代皇家苑囿主要集中在都城北京，且在明代中后期有大范围的营造。

明代北京城的御苑多建在皇城之内，称大内御园，是为防御外敌、加强安全，这也是明代皇家园林的重要特点之一。明代皇家园林注重气势宏大，突显皇家气派，与北宋写意式的皇家园林形成对照。明代苑囿在园的基础上有所扩展，除承袭元代太液池、琼华岛营建的西苑外，在皇城的东南隅另辟东苑，宫城的北面增筑万岁山。园林主要包括宫城内的宫后苑、建福宫花园，宫城外皇城内建东苑、西苑、兔园、万岁山、北果园、南花园、玉熙宫。另外，于北京城南郊在元代的基础上改建成了南苑，也称南海子。但其中最重要的营建还是西苑。

西苑

明代西苑是大内御苑中规模最大的一处，它是在元代太液池的基础上改建而成的，范围包括现在的北海和中南海，因地处皇城内西部而得名"西苑"。西苑自然条件好，风景优美，经几代帝王修建（特别是在明代中后期的大规模修建），使其成为一处人工与天然完美结合的大型皇家苑囿。

明成祖朱棣（1360—1424）时，西苑基本保持元代旧貌。《日下旧闻考》中记载："宋之不振以是（艮岳），金不戒而徒于兹，元又不戒而加侈焉。""吾时游焉，未尝不有儆于中。"这是明成祖曾偕其孙游西苑时所说的话。明成祖对建苑的态度与其父如出一辙，仍旧反对建园，因此，这一时期少有苑囿建设。

明代对西苑的修建始于宣德年间，修建内容主要包括增建和部分修缮，如增建仪天殿、修缮了琼华岛、广寒殿、清暑殿等。至此后，明代又对西苑进行过三次大规模的扩建。第一次是天顺年间对西苑的规模布局做了较大的整改，把圆坻与东岸之间的水面填平，使圆坻由水中的岛屿变成向半岛，位于岛上的土台改为砖砌的城墙，成"团城"；横跨团城与西岸的木桥改为石质的拱桥，并命名为"玉河桥"。另外，将太液池的水面扩大，往南开凿出南海，玉河桥以北为北海，南海和北海之间为中海，奠定了北、中、南三海的布局。此外，在太液池东岸建凝和殿，西岸建迎翠殿，北岸建太素殿，三殿均面向太液池，南岸建昭和殿和南台，又各附建有临水亭榭，形成三组临水建筑群，且与琼华岛之间互为对景，使这一带的景观及西苑整体布局有了较大的变化。天顺年间对西苑的修建不仅改变了西苑原有的景观，而且也成为其后明代帝王对西苑进行大规模营建的起点。

天顺之后，嘉靖和万历两朝又在西苑修建了大量的建筑，新辟的建筑与景观主要有射苑、乐成殿、涵碧亭等，且与豹房、虎城、百鸟房等一起，具有商周苑囿的特色。明代的西苑已经形成团城、琼华岛、东岸、北岸的大致布局，景物主要集中在琼华岛和团城，既有仙山楼阁的境界，又富江南水乡的野趣。明清时期所存《赐游西苑记》《明宫史》《金鳌退食笔记》《日下旧闻考》等资料，都是曾经游览过西苑或有确凿考证的人对西苑的景观所做的记述。另外，根据相关资料和现存北海等三海的景观，可得知明代时期所建西苑的布局、规模和建筑与景观等情况。

明代时期的西苑主要以水面为主，水面大约占园林总面积的二分之一。东面沿三海岸筑宫墙，设三门，分别称西苑门、干明门、陟山门。其中西苑门为宫苑正门，正对紫禁城的西华门。可由紫禁城出西华门直接进入西苑，"烟霏苍莽，蒲荻丛茂，水禽飞鸣，游戏于其间。隔岸林树阴森，苍翠可爱。"这是韩雍在《赐游西苑记》中对西苑的描写。

明代时期，三海中以北海景观为最盛，建筑丰富是其主体性特征。北海上有团城和琼华岛。在明代以前，团城一直是北海中独立的岛

北海小西天 除了增设建筑以外，明代统治者在营建西苑时，还扩大了太液池的水面，使苑内的许多建筑都与水相连。这一特征在清代的皇家园林的设置上也有所体现。图为清代建于北海公园内的小西天

屿。明永乐十五年（1417）时，将昭景门前的木桥拆除，填平湖渠使之成为陆地，团城由此变为一座半岛。

明代时期，琼华岛仍旧保留着元代的叠山与树木景观，建筑布局仍以元代的疏朗为特点。山顶建筑仍以广寒殿为主体，广寒殿是于天顺年间在元代广寒殿旧址上重建的，是一座面阔七间的大殿。由广寒殿可以俯瞰太液池，远望西山，视野开阔。在景观布置上巧妙借用外部景域，其借景手法也已相当成熟。另外，在广寒殿前方的南坡上，建筑呈相对对称布局建造。仁智殿居中，与广寒殿相连构成琼华岛南坡的中轴线，左右配置延和殿和介福殿。主体建筑布局在小范围内讲究一定的对称性，既可以突出局部主体建筑的地位，又兼顾园林自由布局的特征。

明代在北海沿岸建有各类殿堂，并且以东岸和北岸为多，其中又以西北岸和西岸颇具特色。西北岸建有饲养水禽的天鹅房，往南有迎翠殿，坐西朝东，与东岸的凝和殿隔水成对景。迎翠殿向西建有清馥殿、腾禧殿。两殿向北有校场、豹房等，是以继承商周畋猎苑囿意境建造的苑囿场。

除北海外，中海和南海两水面以南海水面主体——南台为主景

北海铁影壁 北京北海公园为一座历史悠久的皇家园林,是由辽金时期的苑囿逐渐发展和扩建而成的,因此园内保存有一些形成于不同时期的遗物,铁影壁就是一座元代文物

和特色景观。南海中筑大岛,称"南台",又名"瀛洲",象征"海上三仙山"之一。南台上主要建有昭和殿、澄渊亭、涌翠亭等数十间廊庑,其中涌翠亭是皇帝登舟的码头。南台上林木深茂,景观幽静,被皇帝选为"御田"之地。

总体看来,明代修建西苑,既重新规划了布局,又增建了多处建筑,与之前相比,对其景观有新的增补,尤其对琼华岛上的建筑景观的改扩建最为突出。明代的西苑,已是建筑疏朗,树木葱郁。苑内既有神仙意境,又有田野风光,也是一座自然生态气息极其浓郁的皇家御苑。

北海五龙亭 位于今北海公园内的五龙亭始建于明代,后又在清代被改建,形成了如今的样子。在明清两代的皇家园林中,此类临水而设的建筑十分常见

兔园

兔园在西苑之西，与西苑之间不用墙垣相隔，从南海岸绕过射苑即可达到兔园，因此兔园也可看作是西苑的附园。兔园是在元代"西御园"的基础上改建而成的。兔园内有著名的"兔儿山"，是元代时用石堆叠成的大型假山。假山下有山洞，两面设磴道盘旋而上，山顶建清虚殿，山北有鉴戒亭、山南为大明殿。山上有用大铜瓮灌水形成的瀑布景观。各类亭阁掩映在翠林绿树之中。兔园面积不大，布局较规整，园中山、池、建筑为明显的轴线关系，景观别致，风貌独特。每年九月重阳节，皇帝都来兔园登高赏景。

宫后苑

宫后苑即御花园，因位于宫城之后，即称"宫后苑"，又称御花园。明代的御花园、东苑、慈宁宫花园和景山，都不再是承继的元代苑囿，而是由明代起创建的。其中御花园和景山都是明初时辟建的。御花园的营建初衷是作为帝后平日游赏的内廷花园，而景山最初是依风水意义而成的，即用堆山来镇压元代的"王气"。

宫后苑是明代最重要的内廷花园，在内廷坤宁宫之后。始建于明永乐十五年（1417）。《明宫

古木幽居图（作者临摹） 中国园林中的建筑多被营造得十分通透，或被置于较高的位置，以便人们在建筑内部进行观景。这一特征在《古木幽居图》中的一座古朴的幽居上也有所体现。该画原作出自明代画家盛茂烨之手

御花园堆秀山 堆秀山采用人工堆叠而成，造型奇特，不仅是御花园内的一处颇具吸引力的观赏景观，同时还可供人们登高远眺

史》记载："坤宁宫之后，则宫后苑也，钦安殿在焉，供安玄天上帝之所也。"

御花园紧连在紫禁城之后，属于紫禁城后苑，南始坤宁门，北至顺贞门，平面为长方形，面积约为12015平方米，是古代距帝王宫殿最近的一处园林。清代延用，因此御花园内的建筑景观至今没有太大的变化。从坤宁门进入御花园，首先映入眼帘的是天一门，砖筑门洞，歇山顶，琉璃瓦。"天一"为星宿名，星经有"天一星，在紫宫门右星南，天帝之神

也，主战斗，知人吉凶者也。"

天一门后高大的殿宇为钦安殿，建于明嘉靖十四年（1535），明代夏言有诗赞曰"钦安殿前修竹园，百尺琅玕护紫垣"，可知明代钦安殿前修竹成荫，白石栏杆围绕。钦安殿是专门供神的地方，里面布置着道家神像和执掌卤簿之神。

钦安殿东北侧是一座人工堆叠的假山，名堆秀山。这座山是在明代观花殿的基址上堆叠而成。明万历十一年（1583），宋神宗下令将观花殿拆去，同年兴建堆秀山，山顶筑御景亭。御景、堆秀之名均为明代皇帝所赐，保留至今。山上设有人工造泉喷水处，原来使用木桶引水上山，靠水的压力形成喷泉，现在以铜缸代替木桶引水。每年阴历的九月九日重阳节，皇帝和后妃们便于此登高远眺，欣赏紫禁城内外秋景。

位于花园东北角的凝香亭、鱼池岸边的浮碧亭以及与浮碧亭相对应的万春亭，均为明代所建，三亭形式各异，皆用琉璃瓦盖顶。明代琉璃技术在继承前代的基础上有大幅度的提高，琉璃构件的使用已经相当普遍，尤其是皇家建筑，大到殿堂楼宇小到亭榭廊轩，琉璃构件的使用使建筑呈现绚丽的色彩，为皇家建筑增添华丽富贵的气质。

养性斋坐西朝东，面阔七间，上下分为两层，平面呈"凹"字形，斋前树木葱茏、怪石纷呈，环境秀美，明代时称乐性斋。清顺治九年（1652）改为养性斋。斋上有楼，是皇帝的小书斋，也是皇帝休息游玩的地方。

御花园规模不大，但精巧雅致，楼阁亭台点缀园中，加上奇石异卉，是典型的皇

御花园千秋亭 御花园内的许多建筑都以对称的形式出现,如千秋亭和万春亭就采用了相同的形制,两者左右对称,且均被营造得色彩华丽、造型典雅、气势浑厚。图为御花园内的千秋亭

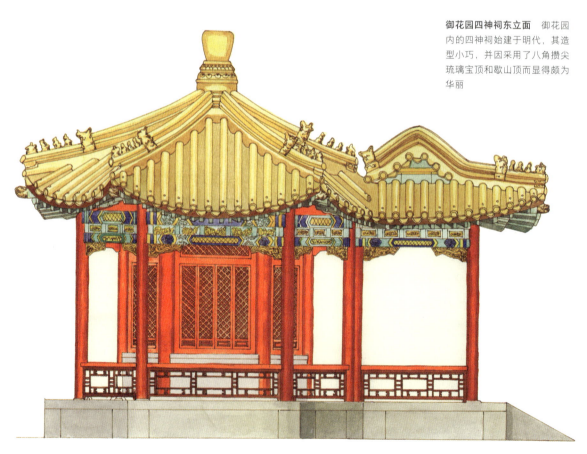

御花园四神祠东立面 御花园内的四神祠始建于明代,其造型小巧,并因采用了八角攒尖琉璃宝顶和歇山顶而显得颇为华丽

以轴线为中心左右对称，讲究规整、严谨，因此作为皇宫中轴线收尾处的御花园自然也要相应地延伸这一规制。御花园内的建筑依均衡对称的模式布置，园中部为御花园南北轴线与宫殿轴线的重合点，而主殿钦安殿便位于中轴线上略偏北处，以突出其中心与主体地位。此外，御花园在建筑密度上比一般皇家园林要大，这明显是对前部宫殿气势的延续，更加突出皇家园林布局规整的特点。

景山

明成祖定都北京，于永乐四年（1406）开始营建皇宫，古人认为紫禁城北面是玄武的位置，必须有山，于是把拆除旧城的渣土和挖紫禁城筒子河的泥土压在元代宫城延春阁的旧基上，形成了一座具有相当规模的土山，名万岁山，又名镇山（即今景山），意为镇元代王气。据说山下曾经堆过煤，故又有"煤山"之称。明代沿坡遍植松柏，坡下种有许多珍贵的果树，因此，这里又被称作百果园。同时园中还饲养了成群的鹤、鹿，寓意"六合同春"。山后建造雄伟的观德殿、寿皇殿、观花殿等建筑。

慈宁宫花园

慈宁宫花园建造于嘉靖年间，是为皇太后营造的居所花园。花园毗邻于慈宁宫的南面，园内主要建筑有临溪亭、延寿堂、含清斋、咸若馆、吉云楼、宝相楼和慈荫楼。花园建筑布局规整，呈左右对称格局，表现出显著的内廷宫苑特色。

御花园内的奇石 除了建筑以外，明代皇家园林内部的景观装饰也是千变万化，承托着奇石的巨大盆景就是御花园内的一种颇具特色的景观

家苑囿。御花园居于深宫之内，在总体布局上受宫廷建筑格局影响，为前面宫廷部分的延伸，因此御花园内建筑密度较高，环境幽深。御花园的布局与一般的皇家苑囿有很大的不同，这主要与它所处的位置有关。御花园的建筑布局和规划体现了明清皇家内廷宫苑规整、对称的布局特点。紫禁城宫殿布局

慈宁宫花园鸟瞰图 慈宁宫花园内的建筑较少,且多位于花园的北部,而花园南部则主要被各种自然景观及人工池沼所占据,使园内的园林气氛更加浓郁

东苑

东苑相对于西苑而言,位于皇城的东南,故又名"南内"。

东苑在明代初年是一处以水景取胜、极富天然野趣的园林,是帝王偕臣子观看击球骑射之地,重在演武而非赏景。

东苑的大规模营建始于明英宗复位后的天顺年间(1457—1464)。正统十四年(1449),明英宗因不懂兵法而出兵以致被蒙古瓦剌军俘房,被救回朝后居于东苑。后又因夺门之变而再登为帝,并对东苑进行大规模的修建,增建了洪庆宫、重华宫、皇史宬、御作坊等多处建筑,建筑群布局仿紫禁城内廷形制,形成一座殿宇错落、格局完整、前宫后苑、形式规整的宫苑区。

明代苑囿呈现出两个突出的特点:其一,苑囿都设在皇城之内,这与当时蒙古族经常南下入侵的政治形势有着很大的关系。其二,园林规模宏大,布局趋于端庄严整,建筑富丽堂皇,更加凸显皇家气派。明代统治者为了巩固自己的统治,不惜大杀功臣,大兴文字狱、党狱等高压手段,绝对集中的君主专制使皇帝拥有至高无上的权力,并制定了一系列体现等级差别的制度。建筑方面,明初规定,各等级的官吏庶民只能按照规定的建筑规模来营建,不得僭越。宫殿、苑囿等皇家建筑要体现皇家的气派与威严,规模与气势都是其表现的手段。

在明代的苑囿中,有不少是承继元代的旧苑,还有是在明代前期作狩猎使用之地,大多数都不是纯粹的赏景之地,这在一定程度上表明了明代前期帝王重政务、轻游艺的态度,也是明代苑囿疏朗、淡雅风格突出的重要原因。

明代私家园林

受元代建园低潮的影响,同时,由于明代初定之时,明高祖与明成祖都极力促进生产而抑制建园享乐,因此从元代初期至明代中期为中国园林史上的一个建园低潮期。直至明代中叶,农业经济恢复,手工业、商业发展,帝王有了享乐、建苑的雅兴,皇家园林的建设呈现蓬勃之势,私家园林也快速发展起来。这一时期,一些达官显贵、文人学士造园热情再次高涨,私家园林造势如雨后春笋。

明代私家园林经过明代中后期的大力发展,其营造数量大大超过前代,并且总体看来,南方更胜于北方,而就具体地区来说,全国私家园林的营建以苏州、北京和南京三处最为突出。这其中又以苏州最具代表性。其中有苏州拙政园、留园、网师园等名园闻名于世。

明宪宗元宵行乐图(局部)
从这幅明代画家绘制的《明宪宗元宵行乐图》中,人们可以看到明代宫殿在初建时的辉煌形象

苏州拙政园松风亭 始建于明代的拙政园是苏州园林的代表之一，同时也是明代著名的私家园林之一。图为拙政园内的松风亭

明代园林文化是在过去以水景为主、池中堆山的传统基础上发展而成的。此外，明代园林文化呈现出蕴含丰富而且深厚的特征，由文人为园主或由文人设计建造的园林，园中充满文人题名、书文、作记等文化标记。在此基础上又有强烈的自然山林意境，虽由人工设计，但却又能与自然景观相得益彰，园内多危峰深洞、山石峥嵘，突出道家思想。

从明代私家园林的发展来看，这一时期的私家造园已不再只是上层人物的专属，一般士人、庶人也可以营造自己的园林。如在宋代

《洛阳名园记》中所记私园园主大多是社会中上层官僚，而明代计成所著《园冶》中所记述的私园则有很大一部分是民间小园，这显然是园林普及后才能有的现象，这在一定程度上说明了私家园林在明代的发展与成熟。

瞻园图（局部） 清代画家笔下的瞻园是一座始建于明初洪武年间的私家园林，坐落在南京城内，因后期经过了多次修葺和扩建，至今保存完好

溪山渔隐图（全卷绢本局部） 从造园角度看，图中水榭设置得十分巧妙，靠山依水、半掩树下，近观林木片矶，远望垂钓烟水。泉石池山"若大若小，更有妙境""小仿云林，大宗子久"，说明了园林和山水画之间的紧密关系。这幅作品的建筑、泉石、植物造景、人物活动都刻画细致。建筑选址讲究借景原则，且风格简淡，植物高低错落，松树丹枫搭配种植讲究色相变化。人物活动表现多样，屋内闲谈以及收拾家务，贴近世俗的生活表现

辋川十景图（绢本局部） 《辋川十景图》是明代画家仇英的绢本长卷，十景各自独立成章，但又连贯为统一的画面。《辋川十景图》名义上是呈现唐代诗人王维隐居蓝田别墅的诗意，实际上表现的是明代园林生活。屋舍工整，花木精微，青绿设色，穷工极巧

清初的都城与园林建设

清初，包括顺治、康熙、雍正三朝（1644—1735）将近一百年的时间，虽然表面上处于大一统的局面，但各地的反清情绪极为强烈，统治者为了缓和矛盾，采取了部分明代的律令制度。对明末皇帝崇祯的厚葬，也是清统治者的手段之一。同时清代统治者并没有像前朝一样拆除旧朝宫室，而是沿用了明代北京紫禁城以及宫城的苑囿。

清代入主中原以后，基本没有破坏和改变明代原有都城与宫殿等建筑，只是在原有基础上进行了恢复、调整与充实，因此清代的北京城基本保持了明代时的格局。

清代对都城的改造、调整首先是撤销了明代的皇城，撤销了明代的二十四衙门，将其大部分改为民居，少部分改建成庙宇。对原皇城东南角处明代东苑的重花宫、皇史宬等建筑做了较大的改变，主要保留了皇史宬和寺庙，其他均改为民居。此外，清初用八旗驻城，将原有内城改为满城安置八旗军兵，原有居民被移居外城，促进了外城的发展。清代采取的按旗划分、八旗驻城的方法，彻底消除了原本在明代即已衰弱的里坊制。

由于清初的火灾及地震，宫殿颇多毁坏，在清康熙时对紫禁城进行重修。现存紫禁城的宫殿建筑大都是当时重建以及康熙朝以后重建的。

顺治朝以后，特别是乾隆朝，对紫禁城宫殿的改造规模最大。一是将顺治时所建的部分宫殿重建，使之更有气势；二是增

建新的宫殿或宫苑区，如太和殿、乾清宫、坤宁宫等在康熙时都进行了重建，使宫殿更具皇家盛世时期的风貌与气势。而增建的建筑主要在乾隆时期进行，如在宁寿宫区内添建宁寿宫、皇极殿、养性殿、乐寿堂等主要殿堂以及主戏台和花园等，新建文渊阁、雨华阁、寿康宫等，还在景山上添建了五亭和绮望楼，进一步加强了紫禁城的轴线布

弘历行乐图 由清代宫廷画家张廷彦绘制的《弘历行乐图》，真实地再现了清朝宫苑建筑的原貌

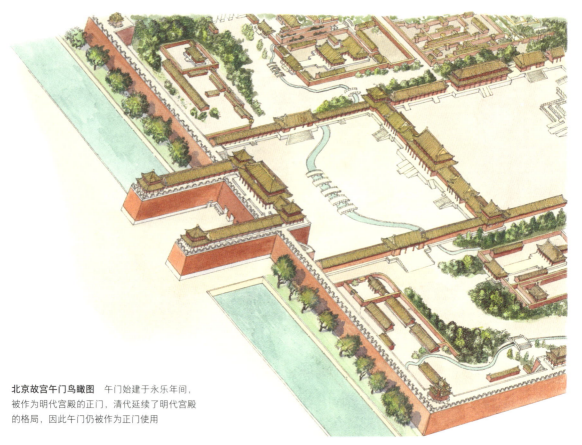

北京故宫午门鸟瞰图 午门始建于永乐年间,被作为明代宫殿的正门,清代延续了明代宫殿的格局,因此午门仍被作为正门使用

胤禛朗吟阁图 圆明园是清代营建较早的一座离宫别苑,且颇具代表性,采用了中西合璧的风格,可惜在清末遭到入侵者的严重损毁,人们只能通过一些绘画作品来领略该园部分建筑的风采。图中所绘为圆明园内的朗吟阁

万寿盛典图(局部) 康熙年间,随着大量宫殿建筑的重建和扩建,各种以宫殿为背景的绘画作品也相继出现,如在清代画家冷枚等人合作的《万寿盛典图》中,就绘有多座造型各异且金碧辉煌的皇家建筑

局与空间艺术效果,也更适应宫廷使用的需要。

　　清代紫禁城的全部建筑分为外朝和内廷两大部分。外朝以中轴线上的太和、中和、保和三殿为主,占据了宫城中最主要的空间,三大

殿都建在一个高三级的平面为"工"字形的大理石台基之上，气势非凡。宫城的正门是午门，午门后，有五座相连的金水桥，桥后是外朝的正门太和门，太和门后是太和殿。太和殿前是宽阔的庭院，平面方形，面积达2.5公顷，是宫城内最大的广场。

紫禁城内廷以乾清宫、交泰宫、坤宁宫为主。这组宫殿两侧是用于居住东西六宫，包括宁寿宫、慈宁宫等，最后是御花园。

此外，清代时期大力发展宗教建筑，而且对礼制建筑的改造也更完善，同时，对皇家苑囿的开发、营建，都促成了清代建筑的蓬勃发展，尤其到了清中期，经济繁荣发展、国力昌盛，园林建设迎来高峰。

清代北京城的城市范围、宫城及干道系统都依据明代北京城的规制。但是居住地段有改变，如将内城一般居民移至外城，内城各门驻守八旗兵并设营房，内城中建有许多王亲贵族的府邸，而且这些府邸大都占有很大的面积，府内屋宇宏丽，且大都建有优美富丽的花园。

清代自康熙，尤其是雍正、乾隆以后，在西北郊风景优美地带兴建离宫别苑，如静明园、静宜园、圆明园及长春园、清漪园。康熙时，在京城以外的承德修建了避暑山庄作为行宫。清代皇帝很少居住宫城中，多在行宫、离宫居住，并处理朝政。皇亲贵族为便于上朝，府邸也多建在西城。

兴起于白山黑水之间的满族入关后，虽然很难忍耐北京炎热的夏日，但由于战争的毁坏，全国刚刚进入统一安定的局面，事务繁忙，无暇顾及离宫御苑的营建，以休养生息为主旨，力在恢复战后的经济。这一时期清代统治者只对明代西苑做了较大规模的改造，如在琼华岛南坡修筑了永安寺，在山顶广寒宫的旧址上新建白塔，中海、南海附近以及沿岸增添了许多殿宇，增强了西苑作为皇家御苑的气质与规模。

辽太宗（902—947）建都燕京，在北海设瑶屿行宫。金灭辽以后，改称中都，挖海扩岛，兴建离宫，运石堆山，形成皇家宫苑，岛称琼华。中统五年（1264）元世祖忽必烈决定营建大都，三次扩建琼华岛，重修广寒殿作为朝会之所。据史料记载，广寒殿面阔七间，东西36米，深近20米，高15米左右，工程浩大，殿堂气势。至元八年（1271），再进行扩建，改称琼华岛为"万寿山"，又称"万岁山"。明太祖定都南京，大将徐达攻占大都，元帝北逃，大都改称北平。燕王夺位后，又迁都北平改称北京。明定都后，又对北海宫苑扩充修葺。

明宣宗（1425—1435）时北海再大加扩建，历时十年。万历七年（1579）广寒殿坍毁。顺治元年（1644），清军入京，顺治八年（1651）建白塔及永安寺。康熙时期，对北海顾及较少，乾隆时期国家安定，大兴园林建造，乾隆六年至乾隆三十六年（1741—1771）用三十年的时间对皇家宫苑进行大规模修葺，添建、改建、形成如今的规模。光绪十一年至光绪十四年（1885—1888），慈禧重修三海，又对北海进行了修葺及添建。光绪二十六年（1900）北海遭到八国联军的践踏和破坏。1911年辛亥革命以后，北海一度被军阀霸占。中华民国十四年（1925），北海正式开放为公园，但因经费短缺，无力维修，使之日益荒芜残破。1949年新中国成立后，国家投资疏浚湖泊，清除淤泥16万立方米。逐年拿出资金维修建筑，增添各种设施，翻修道路。

北海园林景观的特色是以大面积的湖面为中心，所有主要景点均环绕湖面而设，作为古时皇宫四苑的最北部，景色相对于中南海而言要开朗一些，而且充满野趣，亦是帝后及嫔妃的游乐之处。从与中海相隔的桥向北，约略可分为四大景区：团城、琼华岛、东岸和北岸景区。其中以琼华岛的风景最盛、景色最美。

康熙继位后，随着南方三藩相继被消灭，东南的台湾回归，西部西藏归附，西南缅甸入贡，清廷面临的最大的威胁就是北方蒙古部落的入侵。为此，自康熙十六年（1677）开始定期出塞北巡，康熙二十年（1681）在河北和蒙古交界处设置了木兰围场，康熙四十二年（1703）在围场与北京之间营建了大型的行宫御苑——避暑山庄。

其间又在北京西郊营造了香山行宫和澄心园（后改名为静明园）两处行宫，但两处行宫的营造均较为简单，仅仅作为短期或临时使用的离宫。康熙二十九年（1690），清代第一座大型的人工山水园——位于海淀的畅春园开始兴建，其址原是明代李伟的清华园，营建过程中画家叶洮参与规划，江南造园名匠主持施工，使园景呈现出江南山水的特色。康熙皇帝多次南巡，因此，园苑的营建深受江南园林的影响，呈现出婉约别致的风格。雍正刚继位时忙于皇室内部的纷争，只对他原先的赐园——圆明园做了改建，还扩建了香山行宫及西郊的不少赐园。

清初以适应广大地区先进的经济、政治和文化为主，政策上重用汉族官吏，提倡汉族文化，对各地文化、艺术发展持鼓励态度。因此，在明代的基础上，尤其是明末清初，在经济文化发达、民间造园活动频繁的江南地区，涌现了一大批优秀的造园家。这些造园家的知识范围介于文人与工匠之间，有的博学古书、赏识文化，有的熟悉古园营造，另有一些更广泛地参与造园，还有个别的成为专业的造园家，并有经验丰富者结集出书，为清代造园施工提供参考。另外，文人园林融合了民间的造园活动，使私家园林有了进一步的发展，江南园林作为私家园林的代表，以文人园林为主，结合各地不同的人文条件和自然条件，产生了各种地方风格的私家园林，并成为日后营造皇家园林的素材。

在明代宫城的基础上，清代皇家园林规模趋于宏大，皇家气派尤其浓郁。这种倾向在一定程度上反映了明代以后绝对君权的集权政治日益发展，国家统一稳固。清代以前的朝代，开国时大多数都要忙于宫殿都城的营造，而清代因为沿用了明代的皇宫和都城，于是就不为此事而尽心费力，因而专注于皇家园囿的建设规划。另一方面，得益于政治的稳固发展，清帝王，尤其是康熙、乾隆两帝多次下江南，在北方皇家园林的营造过程中，吸收了江南私家园林的养分，为传统的皇家苑囿注入了新鲜的血液，也为清中叶皇家园林大规模建设打下了基础。因此清代可算得上是一个园林发展的成熟时期。

圆明园日天琳宇 这幅画作绘于乾隆年间，所描绘的是清代圆明园内的一处景观，称日天琳宇

清中叶的皇家园林

明清时期是中国园林文化的成熟期，无论皇家园林还是私家园林，都处于灿烂辉煌的"收获季节"。尤其是清中叶，到了乾隆时期，清王朝的造园活动进入了一个全面高涨的时期。乾隆六次南下，因而对江南山水景观及园林有极深的印象，他在位期间几乎没有停止过对园林的营造。其中最有代表性的是北京的圆明园和颐和园。乾隆十五年（1750），开始在玉泉山前的瓮山和西湖间兴建清漪园，并将瓮山改名为万寿山，西湖称之为昆明湖，清漪园就是今天的颐和

圆明园勤政亲贤 勤政亲贤曾是圆明园内的一处建筑景区，景区内建有勤政殿，可供皇帝在殿内处理政事，使圆明园成为一座兼备"园苑"和"宫廷"双重功能的皇家园林

园。而于1860年毁于英法联军侵略的圆明园，是经清康熙、雍正、乾隆、嘉庆四朝近百余年修造完成的，成为中国造园史上的杰作，它代表清代所谓"乾嘉盛世"的皇家园林文化和中国园林文化的高峰与终结。

除这两座名园外，乾隆三年（1738）扩建南苑，乾隆十年（1745），扩建香山行宫，后更名为静宜园。乾隆十六年（1751），在圆明园东建长春园和绮春园，同时又在承德开始了避暑山庄的扩建、改建工程。乾隆十九年（1754）又在北京以东建静寄山庄。在此期间，海淀附近有圆明园三园，向西延伸，直到西山几乎全为苑囿所占，号称"三山五园"。

圆明园是一座大型皇家园林，既是皇家避暑、游憩胜地，也是皇帝用于较长时间的理政、居住之地，故于园林前部建有"外朝内寝"制的宫廷区。圆明园既不同于大内御苑，也不同于一般的行宫与赐园，是一种兼备"园苑"和"宫廷"双重功能的皇家园林，可称为"离宫型皇家园

承德避暑山庄水心榭"晴霄虹亘"牌坊 位于承德避暑山庄的水心榭原是一个出水的闸口，后逐渐成为山庄内的景点之一，并以此景点为核心形成了景区。图为水心榭景区内的"晴霄虹亘"牌坊

林"。圆明园位于北京西郊海淀附近，是环绕福海的圆明、绮春、长春三园的总称。园内堆山理水、遍植奇花异木，罗列国内外胜景四十余处，有建筑群一百四十五处，难以遍览，其艺术文化价值之高，冠绝当时。

颐和园的前身即清漪园，位于北京西郊约10公里处，全园面积约3.009平方公里。北部为山地，占全园面积的三分之一。自乾隆十五年（1750），大规模建造园林建筑于山地之上，称为万寿山，山东西长约1000米，山顶高出地面约60米。南部为湖区，称昆明湖，南北长1900多米，东西最宽处达1600米，在清代皇家诸园中属面积最大的水面。万寿山与昆明湖形成全园的山水格局。光绪时期，慈禧挪用海军建设费用2000万两白银修复此园，于光绪十四年（1888）完成，更原名清漪园为颐和园。

避暑山庄位于今河北省承德市北部，又称热河行宫、承德离宫，始建于康熙四十二年（1703），是清代皇帝用于避暑、行猎和从事政务的一座大型行宫。承德地处河北省的东北部，滦河支流武烈河的西岸，距北京市230公里,是京城的东北门户,又是清代同东北和北部地区连接的通道,地理位置十分重要。承德市坐落在狭长的河谷盆地上,四面群山环抱,武烈河从市区东面穿过。武烈河原名热河,经承德市又汇集附近的温泉,寒冬不冰,故称热河,因此承德也称热河。承德附近风景秀美,有山峰形胜,因此盛暑时这里清凉宜人,是一处避暑胜地。历代对这一地区早有开发,清代对承德也尤为重视。清初,清世祖福临常到北方巡视,顺治八年(1651)曾到北部的围场察看地形。后于康熙二十六年(1687)南方三藩平定以后,开始把注意力转向北方,在古北口外设围场,以训练满蒙八旗军队。自康熙四十一年(1702)开始,先后沿北京至承德、承德至围场途中修建了八处行宫。到乾隆中期,口外共有行宫十四处。清康熙出于联系蒙古各部、巩固北部边防和避暑、行猎的需要,便决定在承德修建热河避暑山庄。康熙四十七年(1708),山庄建成,用于避暑,兼用于行猎训武,接待远藩臣客。

避暑山庄规模宏大,周围宫墙长达二十里,有丽正、德汇、碧峰等五个门。园内山

承德避暑山庄水心榭 承德避暑山庄分为宫殿区和苑景区两部分。按照地形地貌特征进行园林规划,完全借助自然地势,因山就水,顺其自然,是中国古代造园艺术中具有创造力的杰作。苑景区的精华基本上在湖泊区,这一区域洲岛错落,湖面被长堤和洲岛分割成五个湖面,各湖面之间又有桥相通,两岸绿树成荫,山庄主要的风景建筑又都散落在湖区的周围,因此显得曲折有致,秀丽多姿

承德避暑山庄金山

承德避暑山庄沧浪屿 沧浪屿是避暑山庄内的一处小型的院落式景观，以精致、小巧而著称。该景观区域于20世纪初遭损毁，20世纪80年代重建

岭占五分之四，平坦地区仅占五分之一，并由许多水面构成，为热河泉水汇聚而成。山势自北向西，四面环抱，湖水自东北方向南流，止于万树园。北面有千林瀑，瀑源来自西峪。东南方于德汇门左边建有水闸，根据水情蓄水或排水。其间穿插建造各类敞殿、飞楼、平台、奥室，各因地形而设，以自然为重。其中整园又略分为湖沼、平原、山峦三个景区。康熙和乾隆各有三十六景题名，各景随四时变化，以山、水、林、泉等自然风景而命名，集我国南北建筑艺术的风格特点。整座山庄，不仅园内有着丰富的景观，而且还与园外的巍峨山岭以及具有浓郁民族特色的十二座寺庙构成多样统一而辽阔的风景区，避暑山庄也成为清代皇家园林离宫别苑的代表。

除建在皇城以外的几座离宫御苑以外，紫禁城中还新增建了建福宫花园，慈宁宫花园、宁寿宫花园等大内御园，还对明代御花园做了修整。

御花园位于紫禁城中轴线的最北端，以钦安殿为中心，东西大致对称地布置了近二十座建筑。建筑多倚宫墙，只有小巧的亭台独立建造，因此，全园内部空间规整，显得比较通畅。园内树木多为明代栽种，古柏参天，郁郁葱葱，庭院气质极为富丽。

道光年间，中国封建社会繁荣气势已告尾声。咸丰年间，国内爆发了太平天国运动，西方殖民主义的军队直接攻到北京郊外，内忧外

北京颐和园南湖岛上的涵虚堂　涵虚堂与万寿山隔湖遥相对应，形成了一个完整的园林布局。涵虚堂是南湖岛上最大的一座单体建筑，坐北朝南，位于青石堆造的山峰北侧坡顶处。涵虚堂北侧下面山洞名为岚翠间，洞名石额及两侧石镌对联均为乾隆御笔

颐和园镜桥 北京颐和园西堤上有六座桥,其中,在镜桥可以清晰地看出内湖与小西湖隔堤相映。桥亭倩影映入水中。乾隆巧借李白的诗:"两水夹明镜,双桥落彩虹"命名镜桥。乾隆也曾写过一首描绘镜桥冬日景致的诗:"冰镜寒光水镜清,清寒分判一堤横。落虹夹水江南路,人在青莲句里行。"

患,北京西郊的圆明园三园(清漪园、静明园、静宜园)都被抢掠一空并彻底焚毁。

咸丰之后虽然相继又有同治、光绪、宣统三帝,但朝廷的实权却一直掌握在慈禧太后的手中,同治曾欲修复已毁的圆明园,但终因国库空虚而中途停工。光绪时期对清漪园进行了修复,并将其作为供养太后的离宫,以颐养天年之意将其更名为颐和园。

中国园林发展到清代,已经离秦汉时期广袤数千里的畋猎苑囿越来越远,从风格上讲更趋于精熟,内容上已经由单纯的畋猎上升为集观赏、游乐、休憩、居住等多种功能于一体的综合性场所。总而言之,清代是中国皇家园林由大到精这一发展过程中的尽端,中国皇家园林建设达到了顶峰。

作为中国园林的辉煌时期,清代为中国园林文化集大成的时代。以圆明园与承德避暑山庄及后起的颐和园为代表,尤其被誉为"万园之园"的圆明园,是中华民族的骄傲与稀世珍宝,代表着中国古代皇家园林的最高艺术成就。

圆明园集隋唐以来北方宫苑与南地自然山水式园林文化之精粹,通过对景、引景、借景及显隐、主从、避让、虚实、连续或隔

颐和园 十七孔桥与廓如亭　廓如亭始建于乾隆十七年（1752），这座建筑不仅能四面观景，还成为园子的地标之一。光绪十四年（1888）重修廓如亭，平面为八角形，基础部分为两层的月台。廓如亭位于十七孔桥东端。建筑形态舒展稳重，气势雄浑，与十七孔桥及南湖岛在空间上互相映衬，构成了长桥、巨亭，形成颇为壮观的风景

颐和园五方阁建筑群 乾隆时期始建,以宝云阁为中心,由主配殿、角亭、游廊等围合成方形院落,1860年被焚毁,1886年重建。"五方"表示聚五方之色,寓意天下归心,四海升平

断等造园手法，将"北雄南秀"的不同地域的园林文化熔于一炉，是皇家居住、休憩、理政之地，是图书馆与博物馆的聚集地，园中书画珍玩收藏之富，令人叹绝。

综合上述园林，总结清代皇家园林的特点，主要体现在以下几个方面：

精美绝伦的园林建筑

建筑是园林中必不可少的部分，它是构成园林语言最重要的组成语符，也是中国园林景观的"主角"。建筑的数量、造型、形制直接影响着园林的布局和风格。早期园林建筑极少，只有少数用于祭祀或登高远眺的台。清代园林中建筑种类繁多、造型丰富，灵动的小亭、多姿的水榭、轻盈的石桥、俊秀的楼阁、典雅的厅堂、透迤的长廊以及造型多变的画舫、轩、馆等，使得园林中所蕴藏的不同情调与意蕴分别以个性鲜明的建筑形象进行诠释。

合理得体的园林布局

园林布局即山水建筑之间的关系。秦汉苑囿直观而便捷，在山美水秀的地方圈出大片的土地，圈养灵禽异兽以供畋猎之用。至于山水的比例、建筑的密度以及园林各要素之间的协

北京地坛 北京地坛又称方泽坛，与天坛遥相对应，始建于明嘉靖九年（1530），是明清两朝帝王祭祀"皇地祇神"的场所，是旧时北京城"五坛八庙"之一。地坛建有两重坛墙，将坛域分为内坛和外坛两部分。内坛墙四面开门，北门三间，东、西、南各一间。外坛墙仅西面开门。地坛的三组主要建筑集中在内坛，为中轴线上的方泽坛建筑群、皇祇室建筑群和方泽坛西北部的斋宫。此外，地坛内还有神库、宰牲亭、钟楼、神马殿等附属建筑

十宫词图 清初宫廷画家冷枚绘制了《十宫词图》，用十幅画面了描绘历代贤德后妃或贵族女子的故事，画面均以宫廷园林作为故事场景。《十宫词图》以历代宫廷生活为题，因而每幅画面均出现宫廷建筑。但冷枚只是宫廷画家，并不具备对此前古代建筑的认知，因此图中的建筑并没有文献价值。这些作为人物故事背景的历代宫廷建筑，更多地带有装饰性与程式化色彩。图中建筑的描绘均在中国传统界画的基础上，运用透视法增强画面的空间深度感，并以明暗关系区分阴阳向背，受到西洋绘画的一定影响

调关系等基本上没有触及。在以后历代园林发展过程中，建筑的密度以及园林各要素之间的关系的发展不断得到补充和完善。到了清代，园林布局方式不仅多样，而且也已相当合理自然。并有了一些指导性的原则和规律，全国各地不同地域的园林都有适合自己的布局方式和风格，类型不同的园林也因侧重点不同而有区别地置山开池、构筑亭台，形成不同的园林景观和园林风格。简而言之，清中期园林的布局已合乎天然比例，满足人居住、游乐、观赏、休息等多方面的需要。

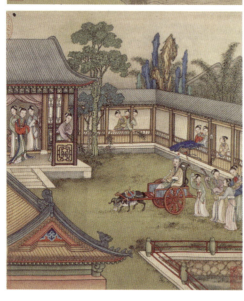

娴熟精辟的造园手法

清代园林艺术的辉煌是由多种因素造就而成，这其中既包括园林建筑的精益求精和园林布局的自然和谐，同时也包括丰富的园林内容以及增添趣味的造园手法，诸如框景、借景、对景之类。事实上中国早期的园林于有意无意中也有用到这些造景手法，只是没有刻意地作为一种园林语言的语符而被认知。清代由于大批造园家的出现、大量造园著作的产生和造景手法在园林建造中的应用，使园林这种语言形式已被正式列入建筑语言的范畴。而与之相关的"语符、语素、语境、语序"等也渐渐被人们所熟知，并作为一种专业知识而被学习和研究。

清代的私家园林

元、明至清初,私家园林发展沿袭两宋传统,各地造园盛事多见于文献。尤其是清中叶,私家园林发展已到了炉火纯青的地步,从数量上比之前各朝更多,园林分布地区也更广。其中著名的有苏州园林、扬州园林、杭州园林、南京园林及上海园林等。仅是苏州,从嘉靖至乾隆年间,大小官宦、地主、商人、文人都竞相造园。太平天国以后,一批封建官僚、文人又来苏州大造宅第园林,私园营造又出现一次高潮。这一时期,以苏州为代表的江南园林独占鳌头。如著名的拙政园、网师园、留园、狮子林、沧浪亭、怡园、耦园、环秀山庄、畅园等为苏州园林的代表之作。江南私家园林从园林的整体布局、厅堂建筑、叠山理水、花木配置等方面都表现出极高的水平,超出了以往各代。从整体上看,这一时期园林已从陶冶情操的单一功能转化为游乐、休息、居住等多种功能。

清代私家园林所存实例最多,但其中有一部分是前朝流传下来的,如苏州网师园的历史最早可追溯到南宋,但现存为清代格局,建筑也多为清代重建,无锡寄畅园是明代兴建的一座私园,后在清代康熙、乾隆时得到了大力整修,清代园林特色在园林景观中显现更为浓郁。另外,如扬州个园、何园等,都是清代私家园林的代表。

明清时期的苏州私家园林最为兴盛,但就清代来说,扬州园林似乎更富有魅力,而且清代文人雅士也更喜欢在自己的诗文中赞誉或记述扬州园林。

扬州地处交通要道,是文人商贾聚集的地方。商人、文人以营建园林为兴事,清初扬州有八大名园,后来由于乾隆六次南巡,更加刺

清代私园 除了营造皇家园林以外,清代初期的私家园林也得到了进一步的发展,产生了许多颇具地方特色的私园

青嶂凌霄图（作者临摹） 从清朝初期的画家石溪创作的山水画《青嶂凌霄图》中可以看出，这一时期人们渴望隐逸生活、追求自然之美的热情依然存在，从而为私家园林的进一步发展起到了促进作用

激了各类商富穷尽财力、物力竞相争地造园，以在皇帝面前争宠。乾隆中期是扬州园林的鼎盛时期。当时扬州城内园林星罗棋布，各具特色。故有"杭州以湖山胜，苏州以市肆胜，扬州以园亭胜"的说法。关于扬州的园林，不少作家撰有专篇园记，李斗著《扬州画舫录》对诸园布局记载最为详细，赵之壁著《平山堂图志》也对扬州造园有较具体的记述。清代扬州园林，兴既迅速，其衰亦快，至道光中叶，帝王不再南巡，盐商中落，江淮地区洪水泛滥，经济萎靡，扬州又荒凉如旧。

清代私家园林继承了魏晋以来注重文化氛围营造的传统。文人大量参与构园、造园，并产生了很多造园理论。因此，清代私家园林不但富有浓郁的文化与文人气息，而且更多地加入了人工因素与人为设计的成分，这种设计又是以追求自然美为基础的。所以，清代私家园林呈现出精巧、细腻的质感，更富有艺术美感与独特韵味，在造园的"造"字上也更趋于成熟。

从表面上来看，清代文人园林风格更广泛地被应用于私家园林的营造中，因此这一时期的园林呈现出精巧、纤丽，而缺乏创造力。尤其是清中叶后期至清末，私家园林的营造有相当一部分已趋于程式化，着重于技巧而疏忽于思想内涵，处在封建社会行将解体的末世，文人士大夫那种传统的清高、隐逸的思想已渐消远去，取代的是争逐名利，讲求形式，私家园林的营造已成为园主人夸耀财富和社会地位的手段，园林营造活动已失去了其作为艺术创作的生命力。

游园入梦
宛自天成的中国园林 | 06 成熟时期的造园语言

南京瞻园 南京瞻园是南京现存历史最久的古典园林,其历史可追溯至明太祖朱元璋称帝前的吴王府,后该园赐予了中山王徐达作为府邸花园,以假山著称。园名以欧阳修的诗句"瞻望玉堂,如在天上"而命名,明代被称为"南都第一园"。瞻园是南京地区现保存最为完好的明代古典园林建筑群,瞻园叠经数代,和江南多数园林一样,沿革复杂,园貌历经变迁但仍保留有宏伟壮观的明清古建筑、陡峭峻拔的假山、闻名遐迩的北宋太湖石、清幽素雅的楼榭亭台

网师园中心部分鸟瞰图

皇家园林的
造园语言

离宫御苑　行宫御苑　大内御苑

清代皇家园林以乾隆和嘉庆两朝为代表,是中国园林后期发展史上的一个高峰,皇家园林的营造尤其在宫廷造园艺术方面取得了辉煌的成就。清代的皇家园林根据其位置和功能可分为三个类别,即大内御苑、行宫御苑和离宫御苑三类。本章将分类别介绍清代皇家园林的实例。

大内御苑

大内御苑是指紧邻皇居或离皇居很近,便于皇帝日常临幸游憩的皇家园林,是宫殿建筑群的组成部分。现今仍然保存完好的几个花园分别位于紫禁城内的不同位置,御花园、建福宫花园、慈宁宫花园都归属于故宫,是建在紫禁城内的花园。这三个花园地形条件各不相同,但花园的规划却都是运用了中轴线以及建筑对称平衡的原则进行规划的,从而成为紫禁城建筑群中不可分割的组成部分。这些花园无论是布局还是建筑形制、规模都颇具皇家宫廷气质,因此成为大内御苑的代表。

作为内廷花园,其中每座建筑都可以独立成景,在内廷花园内随处可见供游人停留休息的处所,是以营造静态环境为主的园林。内廷花园在叠山理水方面与中国传统园林建筑中必有的山水建造理念不同。建造手法上多为叠山而少有理水,这主要是因为内廷花园居于皇宫内,占地面积较小,且又处于北方水源不足的地方,因此,造景方面受到一定的限制。内廷花园内叠山采用与房屋建造相结合的方式,不但可以充分利用空间,而且在形式上也别出心裁。叠山的面积一般不大,却都十分陡峭,颇具有悬崖峭壁之感,恰与稳固平整之势的建筑形成对比。像御花园中的堆秀山,采用的就是"台景式"的叠置手法,又因山峰起伏积秀,因此又被称作"堆秀式"。

内廷花园中建筑的外观、装饰保持与宫殿区其他建筑相同的风格,华丽、重彩。建筑房顶和外观细部均采用了

御花园延晖阁　御花园内的延晖阁与堆秀山相邻,以高耸、华丽著称。此类建筑在清代的大内御苑中十分常见,与这一时期的宫殿相互呼应,彰显出皇家建筑的辉煌、威严的气势

琉璃装饰，以显示皇家独有的色彩和气势。花园内建筑屋顶的形式呈现变化多端的风格。如宁寿宫花园中的亭子不仅采用了琉璃瓦作为装饰，亭内还做成盘龙鎏金的藻井，亭内外都彰显华丽富贵。内廷花园中多奇花异石，植物多为适合冬季观赏的、四季常青的松、柏之类。总体来说，内廷花园规模虽不大，但整体造型却玲珑精致。园内环境相对封闭，也体现了皇家建筑的气势和布局特征。

建福宫花园

建福宫花园建于乾隆七年（1742），位于紫禁城西北部，东为重华宫，南为建福宫。重华宫的前身西二所原为乾隆为皇子时的居所，乾隆继位后，该所升为重华宫。乾隆七年，在重华宫的宫门西面利用乾西五所之西四所及其以南的狭长地段修建建福宫，随建福宫而建的附园就是建福宫花园，位于建福宫的北面。当时建造建福宫和花园，据乾隆自己的话说是嫌当时处理政务常居的养心殿"烦暑"，而建福宫处"稍觉清凉"，另外，建福宫位于太后

建福宫惠风亭立面图 建福宫花园内的惠风亭是一座重檐小亭，该建筑在装饰和色彩上都颇为丰富，呈现出一种华美、高贵的气质

居住的慈宁宫后面,还可"以备慈寿万年之后"孝敬皇太后。但中华民国时期的1923年6月,建福宫花园敬胜斋起火,随后大火蔓延,整座花园残毁一片。但据《国朝宫史》《养吉斋丛录》等记载,可推断出这一区域失火前园林的大致情况。

建福宫花园平面布局有东西两条轴线,东部的建福门、抚辰殿、建福宫、惠风亭、静怡轩、慧曜楼是一组;西部中心建筑是延春阁,其西布置凝晖堂、妙莲华室、碧琳馆,北有敬胜斋,形成西部景区。建福门、抚辰殿、建

上 | **建福宫花园建筑想象复原立面图** 建福宫花园在中华民国时期被大火烧毁,人们根据所留存的相关文献记载,对花园内的布局及建筑进行了复原。图为根据相关记载复原的建福宫花园东路建筑立面

下 | **建福宫花园建福门立面图** 图为建福宫花园的大门,称建福门。这座大门采用了单开间的形式,造型简单,以装饰取胜,整体上显得既端庄又美观

福宫是宫廷的延伸部分，花园入口是惠风亭以北的垂花门，名存性门。进入存性门，迎面是面阔五间、进深三间、四周围廊、三卷勾连搭式屋顶的建筑静怡轩，其北面是慧曜楼，为一座佛楼。慧曜楼西是面阔三间、进深一间、前出廊的二层楼吉云楼，两楼之间有共享的楼梯，相互连接。吉云楼西南便是建福宫花园的主体建筑延春阁。阁面阔、进深各五间，周围有回廊与阁四周的建筑相连接，这样就形成了以延春阁为中心的大小不一的六个小院落。阁前种植牡丹，乾隆皇帝有诗《延春阁牡丹》曰："雨中牡丹对，春过恰延春。得意有多态，通身无点尘。高松宜作伴，群卉那堪伦。自爱清香递，何须睡鸭陈。"

延春阁北对敬胜斋，西面碧琳馆和凝晖堂，阁南屏列掇石假山，湖石堆砌，山上建积翠亭，山东、西两侧有磴道可达积翠亭，登亭远眺，景山五座亭子历历在目，为园内借景之处。山西南有路通往玉壶冰，山南沿宫墙建楼廊，与静室相连。

建福宫花园内楼堂连宇，花廊纵横。掇石为山，岩洞幽邃，园内没有水景，却又能以山石取胜。因为建筑密度比较高，建筑之间便以游廊连接，划分出多个隔而不断的大小院落空间，丰富了园林的空间层次。园内中轴线明显，但建筑又并非严谨地对称安排，而是主次分明、重点突出，使园林整体布局既显示出一定的宫廷气氛，又带有江南私家园林的某些特点。建福宫花园深得乾隆皇帝的赞赏，并成为以后建造宁寿宫花园的样板，可惜花园后来被火焚毁。

慈宁宫花园

《养吉斋丛录》记载："慈宁宫在隆宗门西，顺治十年建，为尊养东朝之地。圣祖诣太皇太后宫问安即此。"乾隆十六年（1751）重修，乾隆三十四年（1769）为皇太后八旬祝寿，又增建七间重檐大殿。慈宁宫一直作为明清太皇太后、皇太后、太妃、太嫔们居住的地方。慈宁宫花园位于慈宁宫西南，是在明代建筑的基础上增建而成的。清代顺治、乾隆年间有过一些添改，但基本格局保持未变。

与其他内廷花园略有不同，园内没有过多的建筑和假山，建筑较为疏朗。布局上，采取纵横均齐的几何式，呈现严谨的对称格局。

花园呈南北走向，建筑分列在南北中轴线左右，又以中部偏南的临溪亭为界，将前后大致分为两个院落。前院面积较小，并且建筑极少。宫墙南端正中开门，名"揽胜"，作为花园的大门。进门即有掇石假山一座，有"开门见山"之意。门后左右各有井亭一座，井亭后分别是前院的东西配房，配房后正中即为临溪亭。

临溪亭始建于明万历六年（1578），原名临溪馆，后改称亭。因跨建于方形水池中间的单孔拱券上，两面临池而得名"临溪亭"，是太后、太妃们赏花、观鱼的地方。亭北是宽广的庭院，院内前部植有葱郁的树木、花草，院内后部正中是面阔五开间的大殿咸若馆，为慈宁宫花园的正殿。咸若馆建于明代，据《春明梦余录》记载："慈宁宫花园咸若亭一座。万历十一年（1583）五月内更咸若馆匾。"大殿面阔五间，抱厦三间，平面呈"T"形，殿内设须弥座式高台，上建佛龛，供有佛像，台前

置宝塔、五供、八宝等物。咸若馆东西两侧分别是七开间的宝相楼和吉云楼,也都是供佛藏经之所。

　　两楼南部各有一座勾连搭屋顶的小建筑,东为含清斋,西为延寿堂,是乾隆侍奉太后汤药和苫次的地方。咸若馆正北为五开间两层的慈荫楼,也是一座佛楼,下层两间设楼梯,上层室内设置与咸若馆近似。慈荫楼位于花园的最北部,作为园林的收尾。园内植物配置丰富,北部建筑之间夹植松柏树,早期还有玉兰,南部树木种类较多,以松柏为主,槐、楸、银杏、青桐、玉兰、海棠、丁香、榆叶梅等散

上 | **慈宁宫花园咸若馆南立面图**　咸若馆是慈宁宫花园的主体建筑,位于花园北部中央。馆为五开间,前出抱厦三间,四周带围廊

下 | **慈宁宫花园咸若馆东立面图**　咸若馆是慈宁宫花园的正殿,采用面阔五间、进深三间的形式,并在殿前设卷棚歇山抱厦,造型端庄、装饰典雅

慈宁宫临溪亭南立面图 慈宁宫花园的独特之处在于水景的引入,可供太后、太妃们赏花、观鱼,还可为水池周围的建筑增色。临溪亭即是慈宁宫内的一座临水而设的建筑

植其间,整座小园浓荫蔽日,满目苍翠,别具空旷清幽的意境。

慈宁宫花园是为太后建造的花园,因太后崇佛,因此花园内建有很多佛楼,且都是左右对称,依宫殿建筑的规整模式布局。园中以临溪亭为全园主景,周围水池、山石、银杏、梧桐等,烘托出浓郁的园林氛围。

宁寿宫花园

宁寿宫花园位于北京紫禁城内东北隅。宁寿宫原是明代仁寿宫的旧址,康熙二十八年(1689)进行建造,次年新宫建成,改称宁寿宫。乾隆又用五年的时间对宁寿宫进行全面的修葺、增建,使宁寿宫占地面积达到46000平方米。乾隆皇帝归政退居后,于宁寿宫内颐养天年。花园部分位于宁寿宫北面,建在一块南北长160多米、东西宽约40米的狭长地带上。受地形、地面面积的限制,宁寿宫花园成功地运用因地制宜、自由分隔的营造方法,将全园划分为四个主要景区。各个景区又有独立的环境与别致的景观,景区内分布着似断非断的小庭院,使全园自南向北形成四进院落的格局。

花园最南端的大门名衍祺门,进门即为假山,堆如屏障。绕过假山,迎面正中为五开间带围廊的敞厅,卷棚歇山顶,红色廊柱、黄色琉璃瓦,色彩缤纷艳丽。此轩名为古华轩,轩前有一株古楸树,姿态婆娑。有生命的树木与无生命的建筑相互陪衬,相得益彰。古华轩前叠山如屏,古柏参天,其东南布局规整的院落为抑斋小院,西南为禊赏亭。亭平面呈"凸"字形,中央为重檐四角攒尖的方亭,三面出卷

宁寿宫花园禊赏亭　与清代的宫殿建筑一样，这一时期的几座大内御苑也保存得相对完好，为人们了解清代的皇家园林提供了真实的依据。禊赏亭位于清代大内御苑之一的宁寿宫花园内部

棚歇山抱厦，造型奇特。亭内地面凿出迂回的流杯水槽，以用作曲水流觞。乾隆皇帝以兰亭"流觞修禊"的故事为典故，把这座建筑命名为禊赏亭。此为第一进院落。

古华轩后为垂花门，进入垂花门，就到了宁寿宫花园的第二进院落。这是一座封闭、严谨的三合院。主体建筑为坐北朝南的遂初堂，左右有抄手游廊连接东西厢房。遂初堂既是第二进院落的主体建筑，又是承前启后进入第三进院落的过渡性建筑。堂后第三进院落格调突然转变，不但正厅建成两层的萃赏楼，而且院内堆叠山石、栽植高大的松柏、低矮的灌木，并于山石上建小亭、辟曲径，宛若一处独立的小园林。因其中轴线较前院东移，便在西面建配楼"延趣"，以取得平衡。

宁寿宫花园第四进院落的中心是符望阁，符望阁作为全园的景观中心，其平面位置却不在园内的中轴线上，这也有别于皇家苑囿所遵循的封建礼制的方圆规矩的布局方式。符望阁是宁寿宫花园中最高大的建筑。《清宫述闻》有："予（乾隆皇帝）葺宁寿宫，为归政后苑囿，因于宫内建阁名之曰符望"，可见符望阁是当时重点营建项目之一。符望阁平面为方形，面阔、进深均为五开间，内部房间穿插错综复杂，素有"迷楼"之称。阁前假山高峻挺拔，上植青松翠柏，以松荫遮天来衬托阁的雄伟；山巅建重檐攒尖顶碧螺亭，蓝色琉璃瓦紫色剪边，与符望阁遥相呼应。

宁寿宫花园是乾隆下江南归来后建造的花园，园内营造吸收了南

宁寿宫花园鸟瞰图 宁寿宫花园主要由四个主要景区组成，形成了四进院楼的格局，且每个景区内的景观都各具特色，增加了这座花园的趣味性

方私家园林的造园手法，建筑布局灵活、类型丰富，因地制宜，采用非对称形式。全园山石亭台，奇花异草，别具风格，而且陈设考究，装修高雅，给人以华丽、精巧之感，具有皇家大内御园的鲜明特征。

宁寿宫花园耸秀亭 宁寿宫花园内的耸秀亭不仅被建造得富贵、华丽，而且还被置于一座堆叠而成的假山之上，在众多建筑中显得尤为突出

宁寿宫花园符望阁正立面图 符望阁内部结构复杂,外部装饰华丽,而且在形象上也十分高大、显著,因此它不仅成为宁寿宫花园第四进院落的中心,同时也被看作是全园的景观中心

宁寿宫花园延趣楼 延趣楼位于宁寿宫花园的第三进院落中,与一座堆叠的山峰相对应,楼前曾建有天桥直通山顶,但现已被拆除

西苑

明清时期，西苑是以皇家供宴为主的内苑。清代对西苑继续进行营建，尤其是乾隆年间，土木工程更为浩繁，现在所见到的西苑三海中的建筑主要是清代的遗物。

清代皇帝崇尚佛教，清世祖顺治听从西藏喇嘛的建议，于顺治八年（1651）在万岁山广寒殿旧址建造藏式喇嘛塔，即白塔，将万岁山改称为白塔山。并于塔前建造白塔寺，后改称永安寺，在山畔建造永安寺的普安殿。

乾隆六年至十六年（1741—1751），在琼华岛增建了各类亭、台、楼、阁，形成丰富的景观，乾隆作有《白塔山总记》《塔山东面记》《塔山西面记》《塔山南面记》和《塔山北面记》，详细地记述了当时琼华岛的整体景观。

除琼华岛外，还在太液池的北岸修建了阐福寺、小西天、澄观堂、天王殿琉璃阁、西天梵境、镜清斋（今静心斋）等建筑，在太液池的东岸增建了濠濮间、画舫斋等小型园林，另外还建造了春雨林塘殿，在东北角建造了先蚕坛。

中海和南海内的许多建筑也多是这一时期创建或重建的。晚清时期慈禧太后挪用海军经费重修三海，在太液池的西岸和北岸，沿湖铺设了铁路，在镜清斋前修建了火车站，慈禧经常乘火车到园中游宴。

光绪二十六年（1900）八国联军侵入北京，三海遭到野蛮践踏，北海万佛楼中的万尊金佛被洗劫一空，园中的许多珍贵文物遭窃、被毁。

北海公园内部　北海公园历史悠久，是西苑的重要组成部分之一，曾经历了数次修建和扩建才最终形成今天的面貌

北海公园琼华岛鸟瞰图

北海北岸景观 北海北岸的建筑密度相对较高,既有与佛教相关的建筑,也有风格迥异的小园林,形成了综合园林与宗教双重性质的独特区域

"西苑在西华门之西,门三,东向。"入苑门,即太液池,周广数里,"上跨长桥,树坊楔二,东曰玉蝀,西曰金鳌。桥北为北海,桥南为中海,瀛台南为南海。"

南海和中海,总面积约为1500亩,其中水面约700亩,湖面周围和岛上分布有勤政殿、瀛台、长春书屋、丰泽园、千尺雪、卍字廊、海晏堂、紫光阁、蕉园、万善殿、水云榭等建筑。清代时,中南海不仅是供皇帝休息的地方,而且还是朝廷臣工处理公务、皇帝接见外蕃、宴请王公大臣、犒赏征战凯旋的帅将的地方,这些活动通常都在涵元殿、瀛台、紫光阁等地方举行。

北海总面积约70公顷,其中水面约40公顷。北海的布局最初是根据古代神话传说中的"蓬莱仙境"营建的,太液池中的琼华岛、圆坻和水云榭,象征神话中的蓬莱、瀛洲和方丈三座仙山。清代又把我国的寺观园林、江南园林和风景名胜也移入园中。北海的主要建筑景物依其地域分布,可分为团城、琼华岛、太液池北岸和东岸四个部分。

主要作为紫禁城内苑的北海,其整体由一片碧波的湖水构成,水面占了总占地面积一半以上,是一座以水为主的园林。而园中琼华岛依水而立,岛上山石耸立,有白塔高耸,楼阁密集,又因岛上丰富的景观而使其成为全园的焦点。整园岛水相依,景色壮观,皇家气息浓郁。

北海琼华岛局部 北海琼华岛上的景观具有丰富、完善且多样化的特征，使这座岛屿成为北海公园的焦点及核心

团城

团城独立于承光左门的西面，其西南紧接金鳌玉𬹃桥的东端。金元时期这里是太液池中的一座小岛，元代称瀛洲，也因其为圆形而称为圆坻，圆坻上建仪天殿。圆坻四面环水，东西两面有木桥与池岸相通。明代对仪天殿进行重修，改称承光殿，俗称圆殿。并把东边小面积的水面填为陆地，取代原来的木桥，同时在圆坻周围用砖包砌成墙，墙顶砌筑堞口，遂形成一座独立的圆形小城，即团城。

城高约5米，周长约280米，占地面积约4500平方米。城台东西两面开门，东为昭景门，西为衍祥门。进门沿回旋式城砖磴道可达城台，磴道上出入口处有罩门亭。台上古木参天，清静幽雅。团城上主要有承光殿、古籁堂、馀清斋、敬跻堂和玉瓮亭等建筑。

团城以北海、南海、中海为背景，成为一座独具特色的小型园林。辽代，团城作为瑶屿行宫的重要组成部分，称为"瑶光台"。岛上已有一些亭台建筑。元代建大都城时，在团城岛旧殿址上建仪天殿。明代三修仪天殿，第一次是永乐十五年（1417），改名承光殿，拆除东面的木桥，填平水面，使之成为半岛；弘治二年（1489）又重修；第三次是在嘉靖三十一年（1552），把承光殿改为乾光殿。明代的团城是供皇帝后妃们观赏河灯的地方。清初，团城大致保留着明代时的样子。康熙八年（1669），承光殿毁于地震，康熙二十九年（1690）对其重修，再次改为承光殿。乾隆十一年（1746），对团城

北海团城玉瓮亭 玉瓮亭位于北海团城承光殿的前端，建于乾隆时期，是为安置一座元代的玉瓮而建，并由此得名

进行大规模修葺，形成今天团城的规模与格局。

团城的主体建筑承光殿，位于团城的中心位置。康熙二十九年（1690）重修时，将圆殿改成了平面为"十"字形的重檐歇山式建筑。乾隆年间又进行了全面修缮，即成今天的形式。承光殿坐北朝南，建筑主体平面呈正方形，四面各有单檐卷棚抱厦一间，形成富有变化的"十"字形平面，重檐歇山顶，檐角起翘，黄琉璃瓦覆顶，绿色剪边，整座殿雕梁画栋，形式独特。

承光殿内供奉着一尊释迦牟尼白玉佛像，像高1.5米，用一整块白玉雕琢而成。佛像通体洁白无瑕、光泽清润，头顶及衣褶嵌以红绿宝石。玉佛的来历在清内务府奏折中有记录："僧人明宽呈进白玉释迦文佛坐像一尊，白玉卧佛一尊并舍利镀金塔一座，贝叶经三部，银钵一件，均准其呈进，着赏给《龙藏经》一部，钦此。"光绪二十四年（1898），白玉佛像从缅甸运到北京，安置在北海团城承光殿内。1900年八国联军入侵北京时，白玉佛像遭损坏。

承光殿前为玉瓮亭，建于乾隆十四年（1749），是乾隆皇帝为了放置玉瓮而特意设置的。玉瓮亭为砖筑，面阔、进深各一间，汉白玉石柱，铜鎏金宝顶。亭内有玉瓮高0.7米，周长4.93米，用整块杂色墨玉雕成，外壁有浮雕，壮观精美，系出没于波涛之中的龙、鳌、海马等精美的动物纹样，造型十分美观。玉瓮又称渎山大玉海，原是元世祖忽必烈

北海团城承光殿 北海团城的核心建筑承光殿始建于元代，最初为一座圆殿，后经多次重修，最终于清代被改建为一座平面为"十"字形的重檐歇山式建筑，但其核心地位却始终都未曾改变

用来大宴群臣的酒器,放置在广寒殿中。明灭元,广寒殿倒塌,玉瓮流落到西华门外真武庙,庙中道士用来腌菜。康熙年间重修庙宇,发现玉瓮,但没有追回宫中,直到乾隆十年(1745),乾隆皇帝才命人"以千金相易之",安置在团城。次年又特建玉瓮亭,加以保护,并命四十名大臣各写一首颂诗刻在亭柱上,乾隆皇帝还亲作《玉瓮歌》刻于瓮内壁以作纪念。

承光殿左侧有一株十多米高、枝叶繁茂的油松,被乾隆皇帝封为"遮荫侯",这是北京唯一一棵有爵位的古松。《燕都游览志》中说:"(承光)殿前有古桧一棵,相传是金代所种……自嘉靖以来,每年给俸米若干石",从中可知,这棵油松从明代起已不同凡树了。乾隆皇帝效仿秦始皇游泰山树下避雨,封"五大夫松"的故事,特封团城上的油松以"遮荫侯"爵位。作为陪伴,还将遮侯荫南面另一棵高大的白皮松封为"白袍将军"。如今团城仍有古松四十多株,松柏参天,枝叶茂盛,更加衬托出团城古雅幽静的气氛。

承光殿的北面,团城北缘环列一组弧形廊屋,为敬跻堂,共十五间。敬跻堂与承光殿之间为左右对称的古籁堂和馀清斋;承光殿东西各有配殿七间,共同起到衬托承光殿的作用。团城面积不大,但布置精巧,又有著名的玉瓮、白玉佛像和八百多年的古松,景观历史意蕴浓厚,因此被视为园林艺术中的瑰宝。

团城两侧有承光左门和承光右门,门内为永安桥,是一座三孔式汉白玉石桥,桥南北长约85米,东西宽约7米。桥南北两端,分置堆云、积翠木制牌坊,故桥又称堆云积翠桥。桥南接团城,北连琼华岛。

琼华岛

琼华岛在元代称万寿山,也称万岁山,明清时期又称琼华岛或万岁山。顺治八年(1651)在山顶建造白塔,因此琼华岛又有白塔山之称。

琼华岛四面临水,南面和东面有桥与陆岸相通。岛高32.3米,周长913米。

白塔为一座喇嘛塔,由塔基、塔身和塔顶三部分组成,高约35.9米。塔身立于白石须弥座上,呈覆钵式,最大直径为14米,正面有壶门式眼光门,内刻藏文咒语。塔身上部有细长的相轮(又名十三天)和铜质华盖,最顶上为鎏金火焰宝珠塔刹。整座白塔有三百零六个

北海琼华岛上的白塔与善因殿 图示的喇嘛塔俗称白塔,因通体白色而得名。白塔位于北海琼华岛的最高处,并由此成为该岛的中心建筑。塔前为一座小型的宗教殿堂,称善因殿,从殿前可俯瞰半个北京城

北海琼华岛善因殿穹顶 善因殿上部采用平面为圆形的穹顶覆盖，整体上形成了上圆下方的独特造型

通风孔，塔内立有通天柱，柱顶上金盒里装有舍利，塔下有藏井，井内珍藏有旱船、佛龛、供桌、喇嘛经文衣钵和法物等。

白塔前有善因殿，是一座琉璃建筑，殿内供奉大威德金刚佛像。清代时，曾利用此地居高临下的地势，在此放置信炮，驻扎亲兵，以防急变。

琼华岛以白塔为中心，南、西、北、东四面都布置有建筑景物，乾隆三十八年（1773）曾撰游记《白塔山记》，并刻石立于白塔山南面的引胜亭和涤霭亭中。

白塔山南面的主要建筑是永安寺，建于顺治八年（1651）。永安寺坐北朝南，依山而建，是一组完整的喇嘛庙建筑。由永安桥北的堆云牌坊向北，拾级而上，即是永安寺山门。山门内两侧有钟楼和鼓楼各一间，北面正中为法轮殿。法轮殿后有台级，向上左右各建一座亭子，东为引胜亭，西为涤蔼亭。两座亭子都是建于乾隆三十九年（1774）。亭内各立一座石碑，其中引胜亭中石碑刻《白塔山总记》，涤霭亭内石碑上刻《塔山四面记》。两篇碑文皆为乾隆御书，记述了北海的历史和白塔山四面的景物。

两座亭子的北面置有掇石假山和石洞，玲珑剔透，刻制精致。这些湖石是金代建造太液池时由北宋汴京艮岳移来的太湖石。石洞之上，左右有云依和意远二亭。中间地基平坦处为佛殿，前面是正觉殿，后面是普安殿。院落两厢各有殿，东边是圣果殿，西边是宗镜殿。在白塔山南面山腰偏西处，还有悦心殿、庆霄楼，是皇帝在白塔

北海堆云牌坊 北海的琼华岛和团城之间采用堆云积翠桥相连，桥的南北两端各建有一座牌坊，分别称"堆云"和"积翠"。图为位于桥北的堆云牌坊

北海琼华岛永安寺 除位于琼华岛最高处的喇嘛塔外,在白塔山的南面,还建有一座喇嘛庙,称永安寺。图为永安寺的山门

山举行政务、召见大臣的地方,这里也是北海观赏风景的佳处。庆霄楼在悦心殿的北面,每年的腊月初八,皇帝都会陪同皇太后登楼观赏北海冰嬉。

白塔山西面的主要建筑有琳光殿、蟠青室和阅古楼。由庆霄楼向西,下面分两道,南向是房山,房山沿室向下接蟠青室,室周围回廊环抱。

由悦心殿向西出门,半山腰建揖山亭,向下有石桥,桥北正中建琳光殿。琳光殿不远处为水精域,再下为甘露殿,殿前又是琳光殿。再转而北,建有阅古楼。阅古楼的平面为半圆形,二十五间,上下两层,中心为院落,建筑四周环抱,楼原为螺旋状,称蟠龙升天,楼内四壁嵌满《三希堂法帖》,全称为《三希堂石渠宝笈法帖》,共三十二卷,原藏故宫养心殿中的三希堂,乾隆十二年(1747)梁诗正等人请上等刻工将其摹勒镌刻在石头上,并专门在北海塔山西麓建阅古楼加以保存。这部法帖共收集了魏晋至明末的一百三十四人的三百四十件作品,另有题跋二百一十多件,共约九万字,集我国群帖书法艺术之荟萃。

白塔山的北面,山势陡峭,其间既有曲廊画阁庭院,又有崖洞石室,其建筑别具风格。由阅古楼转而向东有邀山亭,再向东北建有酣古堂,倚石为洞。穿过石洞,为盘岚精舍,北为环碧楼,绕廊而下为嵌岩室,向西山上有一壶天地亭,亭西侧有一座平面为折扇形的房子,名"延南熏"。塔山北面的山腰间有一平台,周围环绕石栏,中

北海琼华岛楞伽窟 位于北海琼华岛的楞伽窟始建于乾隆年间,是一座由太湖石堆叠而成的石窟建筑。石窟外部摆放有巨大的奇石,这些奇石据说是取自北宋皇家园林艮岳之中,从而提升了人们对楞伽窟的关注度

间立有一盘龙石柱,柱端立一铜人,铜人面北,双手向上托盘,名"铜仙承露盘",继承了汉武帝在建章宫中立仙人承露盘的传统。

白塔山北面山下傍水建环岛的半圆形建筑,东起倚晴楼,西至分凉阁,延楼游廊达六十间。楼分上下两层,外绕300多米长的白石栏杆。楼的上层,东为碧照楼,西为远帆阁,里面东为漪澜堂,西为道宁斋。这组建筑是乾隆三十六年(1771)仿镇江金山寺建造的。站在游廊隔湖北眺,可望见湖水对面的五龙亭、小西天、天王殿等景物。

白塔山东面古木参天,这里有"燕京八景"之一的"琼岛春阴"。乾隆十六年(1751)曾在这里刻石立碑。御碑四周绕以汉白玉石栏,除正面碑文"琼岛春阴"四个字外,另三面为乾隆御书诗词。琼岛春阴碑南的山坡上,有智珠殿、慧日亭、半月城。由琼岛春阴碑向上,有见春亭,向上经山洞可至古遗堂、峦影亭、看画廊和交翠亭。琼岛春阴碑的东面,是一座石桥,名陟山桥,过桥即是北海太液池的东岸。

北海太液池东岸,主要建筑有濠濮间、画舫斋和先蚕坛等。东岸沿湖,明代建有藏

白塔细部装饰 图为北海白塔眼光门外部的雕刻图案，具有一定的象征性，并且还可以起到装饰的作用

北海琼华岛甘露殿顶部装饰 位于白塔山上的多座殿堂不仅在造型上丰富多变，而且在细部装饰上也呈现出精致且多样化的特色，图为甘露殿的顶部装饰

舟浦，清代在其旧址上建起高大的船坞。船坞东面即是濠濮间和画舫斋。濠濮间增建于乾隆二十二年（1757），其名源于康熙为热河避暑山庄三十六景之一的"濠濮间想"。濠濮间为一座临水的水榭，水上架一座九曲石平桥，桥北端建一座仿木构石坊，桥南端与水轩相连。水轩面阔三间，周绕回廊。濠濮间南面曲廊向上延伸至山顶，廊东有崇椒室，山顶有云岫。画舫斋在濠濮间北面，建于乾隆二十二年，是一座四面回廊的方形院落，院落南面为春雨林塘殿，北面为画舫斋，东面为镜香室，西面为观妙室。画舫斋院落以东有古柯庭，以西有小玲珑。画舫斋和小玲珑均建在水上，有曲廊相接。古柯庭前有株古槐，俗称唐槐，已有千年树龄。

先蚕坛在画舫斋之北，建于乾隆七年（1742），是后妃们亲蚕的地方。坛东为观桑台，台后为亲蚕门，门内即亲蚕殿，殿后为浴蚕池，池北为后殿。

北海北岸景观

北海北岸面积辽阔，明代开始就建有西天禅林喇嘛庙和嘉乐寺两座寺庙。从琼华岛向西北望去，佛楼梵宇，参差矗立。北海北岸的静心斋是一个相对独立的园中小园，园内有镜清斋是静心斋园的主体建筑，前后皆有水，取"明池构屋如临镜"之意。园内建筑将全园划分为多个院落，形成不同层次，既独立又连贯，营造出循环往复、曲折出奇的景观效果。水池的开辟，花草的栽植，使园景顿时活跃起来。西天梵境建筑群自南向北，逐层升高，格局规整，是北海内重要的佛教圣地，为园林增

镇江金山寺

上｜**北海静心斋罨画轩**　静心斋是位于北海北岸的一座园中之园，约建于乾隆年间，深得乾隆皇帝及慈禧太后的喜爱。图为设置在静心斋北部的罨画轩

下｜**北海静心斋内部**　图为静心斋内部的镜清斋（右）和沁泉廊（左），两者隔水相望，颇具自然之趣

添丰富的文化内涵。

静心斋位于北海北岸，原名镜清斋，这里分布建筑较多，分别建于不同时期，具体年代在清乾隆二十一年至二十四年（1756—1759）。据《日下旧闻考》记载，镜清斋的营建在乾隆二十一年（1756）左右，乾隆二十三年（1758）皇帝还亲自作《镜清斋》。当时曾用名"乾隆小花园"。静心斋是一座自成格局的庭院，占地面积9308平方米。院内以叠山为主景，周围配以各类建筑，环境幽雅而宁静。

静心斋深得慈禧太后喜爱。光绪年间，慈禧当政，于光绪十一年（1885）挪用海军经费，对静心斋进行了大规模的修建，在园西北角增建了叠翠楼，增设了"小火车"。而此时正值刚镇压太平天国不久，危机四伏，于是联想到"镜清"和"靖清"谐音，重修后，慈禧便将镜清斋改名为静心斋。为满足慈禧游玩，还特意在静心斋前修筑一座小火车站，由中南海经北海西岸至北岸铺设铁轨，据说火车是由李鸿章替慈禧从德国购买的。光绪十四年（1888）正式通车，由太监用红黄绸裹着绳子牵引。慈禧每年夏季都要乘火车到这里避暑。光绪二十六年（1900）八国联军入侵北京，铁路、火车及车站全部被毁。静心斋内珍宝、古玩也一同遭到抢掠和破坏。1902年，慈禧再度对静心斋进行了修葺。

静心斋是一座行宫式的小园林，园西靠西天梵境庙，庙枕一座小山，南面有碧波荡漾的湖水，园林外形随山势和建筑自然曲折、参差巧妙，园内更是别有洞天。

静心斋是小园的主体建筑，前后临水，静心斋北为横架在水面上的沁泉廊，这里院落最为开阔，是园子的主景区。主院东西长约100米，南北纵深约40米，轩廊环绕，山池婉转，玲珑剔透而不乏沉雄之势。

沁泉廊下有滚水坝，使园内湖水变活水，增添了空间的生命力。廊东是座精美的汉白玉石券拱桥，俗称玉带桥。桥南是一座幽静的小院，院中有水池，北为抱素书屋，东为韵琴斋。静心斋北部为规模宏阔的石山造景，石山堆叠巧妙，形态各异，山峰之上有枕峦亭。园内有罨画轩和画峰室两组建筑。静心斋西北角有叠翠楼，五楹两层，是全园的最高建筑，建于光绪十一年（1885），登楼不仅可以环视静心斋全园景物，还可以远眺"太液秋波""琼岛春阴"和景山的景色。

静心斋全园空间层次丰富，既烘托突出了沁泉廊作为主景区的地位，又小中见大，增加园、山、楼、景的对比，借假山、游廊又实现了景色的延伸感。静心斋的匠心之妙，在于小面积之内给人以幽深且天然而成的感觉，所以历来有"园中园"之称。

除静心斋外，北海北岸还布置了几组宗教建筑，西天梵境、小西天、万佛楼、五龙亭、阐福寺、彩色琉璃镶砌的九龙壁等。

西天梵境原称大西天经厂，这里一直是皇家进行佛事活动和储藏《大藏经》雕版的场所。大西天经厂是一组明代嘉靖年间的庙宇，称"西天禅林喇嘛庙"，清代改称"西天梵境"。后因中华民国时期在西天梵境山门题写了"天王殿"匾额，因此这里又俗称为"天王殿"。西天梵境是一座规模较大的寺庙，前院正殿是高大的天王殿，中院正殿为明代所建的金丝楠木"大慈真如宝殿"。

北海西天梵境牌楼 图为清乾隆时期在北海西天梵境内增建的琉璃牌楼，其位于整座寺庙建筑群的最前端，是北海最大的一座牌楼

乾隆时对寺庙加以修缮，并在后院增加了八角形佛塔和塔亭，于亭北建造了两层琉璃阁，亦称大琉璃宝殿。大慈真如宝殿内供奉的是观世音菩萨，因此这里又被称为大西天，与小西天相对。

小西天本名观音殿，建成于乾隆三十五年（1770），位于五龙亭的西侧，是北海中的一座大型建筑。小西天主殿极乐世界殿为方形，总面积达1200平方米。殿内原有一座泥塑大山，象征南海普陀山，塑有南海观世音及八百罗汉像，山下四周彩绘江水。大殿内外都装饰彩绘，金碧辉煌。

极乐世界殿的正南有月牙河，河上架汉白玉石桥，与大殿和北面的万佛楼形成一条南北建筑轴线。

万佛楼坐落在北海岸边，建成于乾隆三十五年（1770），是乾隆帝为庆贺其母八十寿辰而建的。楼高三层，楼内墙壁布满大小佛龛一万余个，每个佛龛内供有一尊金质无量寿佛，故称万佛楼。这一万余尊金佛除乾隆拨出大量黄金铸造外，其余是由皇帝命文武大臣敬献的。金佛中大者重588两8钱，小者重58两，取八是为纪念其母八十寿辰之意。1900年八国联军入侵北京时，万佛楼中的万尊金佛被洗劫一空。

五龙亭是一组辉煌、壮丽的建筑，与它北面的阐福寺属于同一组寺庙建筑群。五龙亭始建于明代，清代曾多次重修，形成现在五龙亭的格局与造型。五龙亭以中间的亭为最大，称为"龙泽亭"，东面是"澄祥亭"和"滋香亭"，西面是"涌瑞亭"和"浮翠

北海万佛楼石碑 北海万佛楼曾因存有万尊金佛而得名,但该景区也因此成为八国联军洗劫的重要目标,使景区内的建筑大量被毁,只有少部分尚存,位于万佛楼景区内的石碑侥幸得以保存下来

亭",合称五龙亭。五亭曲折排列,整体造型犹如潜在水中的五条巨龙,构成了北海一处极为独特的风景。

阐福寺位于五龙亭后面,原是明代一座行宫,是皇帝后妃的避暑游乐之地。后经乾隆十一年(1746)进行大规模改建之后,成为一处寺庙,内有钟鼓楼、天王殿、大佛殿等建筑。其中大佛殿是仿河北省正定县隆兴寺大佛殿而建,殿内供奉一尊金丝楠木雕成的千手千眼佛像。

据说阐福寺寺庙建筑和五龙亭都是乾隆皇帝为给其母祝寿而修建的,故赐名阐福寺。实际上,五龙亭是阐福寺庙大门外的装饰性建筑,它们同属于一组寺庙建筑群。五龙亭与阐福寺相结合才能显示出这组建筑群落的整体气势,同时也表现出中国园林艺术的伟大。

九龙壁是一座精美华丽的琉璃建筑,建于乾隆二十一年(1756)。据说是乾隆皇帝看了山西省大同市城内明代代王府门前的九龙壁以后仿建的。九龙壁高度为5.96米,厚度为1.6米,长度为25.52米。全壁用黄、白、紫、绿、蓝琉璃砖瓦镶砌而成,两面各有九条不同颜色的蟠龙,外观精致,色彩艳丽,是中国园林建筑中不可多得的装饰性建筑。在中国现存的三座古代九龙壁中,这是唯一的一座双面九龙壁。

北海阐福寺 阐福寺和五龙亭均为北海北岸的重要建筑景观,两者可构成一座气势辉煌的寺庙建筑群。图为阐福寺入口处的山门

北海九龙壁 位于北海北岸大圆镜智宝殿前的琉璃照壁是中国现存的唯一一座双面九龙壁，而且其在1919年的大火中还奇迹般地得以幸存，使这座九龙壁成为北海内备受关注的一处建筑景观

九龙壁实为大圆智镜宝殿前的一座照壁。大圆镜智宝殿是明代大西天经厂主庙的一部分。1919年的大火，殿宇烧尽，仅有九龙壁得以保存，并成为北海大西天经厂的唯一标志。

澄观堂在九龙壁的西北，这里原来是明代太素殿东面的厢房，乾隆七年（1742），把太素殿北面的行宫改为先蚕坛的蚕馆，其后在此建阐福寺。1900年八国联军将寺内的千手千眼佛像毁坏，抢走佛身上镶嵌的无数珍宝。1919年失火，大佛殿及后殿全部被烧毁。现在保存有山门殿、钟鼓楼和东、西配殿。

北海以琼华岛为中心，组织了这十几组建筑群和几十个景点。塔山四面景致全然不同。白塔是琼华岛的构图中心，也是整个北海的标志性建筑。白塔建在方形的台基上，四周围有栏杆，极明显地突出了建筑的形象。园林中的建筑除具有居住、游玩等实际功能外，多数建筑已向观景和造景两方面发展，充分体现了园林建筑所具有的看与被看的关系。白塔位于北海中心的制高点，无论从哪个角度看都可以欣赏到其挺拔秀美的身姿，成为全园的焦点和视觉中心。站在白塔的台基上，可俯瞰周边北京城参差林立的城市景观。很显然，设计者是把白塔设置在了一个可以很好地体现"看与被看关系"的恰当位置上。白塔的外观造型在琼华岛，甚至北海，都无疑是最引人注目的。通体的洁白和挺秀的身姿，在北海整个辽阔葱郁的氛围中起到画龙点睛的作用。

北海东岸濠濮间 濠濮间建于乾隆年间，以造型各异的建筑巧妙组合成景观而著称，各屋宇之间采用廊或桥过渡，因此也具有很强的连贯性

北海北岸石舫 北海现已成为北京著名的旅游景点，其内部增设了许多新的服务设施，如图中类似于石舫的小型建筑就被作为游人登船的渡口使用

北海东岸景观

北海东岸景观以濠濮间最为著名，此区建筑不多，建筑形式却很丰富。跨河的曲桥、临水的水榭、贯穿单体建筑的爬山廊、坐落于山顶的客厅等。所有建筑，从池岸的青石牌楼开始，九曲桥、水榭、崇椒室、直达山顶的云岫，转向山下的宫门，一脉贯通，气势连贯。青石牌楼立于池北岸，作为组群建筑的引导建筑。牌楼为仿木结构，单开间，形制小巧简练。牌楼南接九曲青石桥，景致向水中引接。与曲桥相连的是一座四面开敞的水榭。水榭在这里的作用极其重要，从观景的角度来说，水榭前临池、背靠山，左右环顾，景色全然不同。前有弯弯小桥逶迤而去，左有幽幽绿树参天而立，右可见涟涟碧波荡漾开去。回头南望攀缘而上的爬山廊，视线可及半山腰的崇椒室。另外，在山水相接处建可观景、可沟通的水榭，显然比单纯的石砌驳岸可观性更强，由于廊和桥的前后连接，很好地完成了山水之间的过渡。

行宫御苑

清代的行宫御苑共有三座，它们分别是位于北京西郊的静宜园、

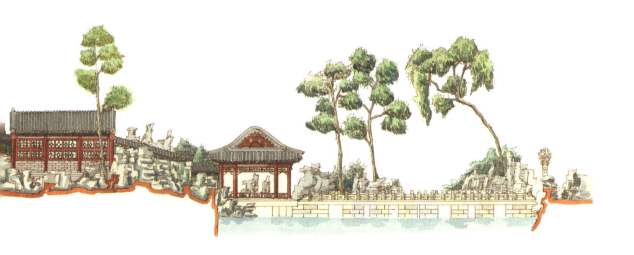

静明园以及北京南郊的南苑。

静宜园

静宜园位于北京西郊的香山，是清代"三山五园"之一。香山一带山势陡峭、林木葱郁、溪流环绕、环境清幽静怡。据金代李晏《香山记略》的记载，相传山上原有两块大石头，状如香炉，所以称为香炉山，简称香山。还有一种说法是，山上过去遍植杏树，每到春天花开时节，香气弥漫整座山岭，因此得名。自金代开始，香山就有较大的开发，于大定二十六年（1186）建大永安寺及行宫。元、明两代仍有营建，但并未大规模拓展。康熙时修建善佛殿并扩建行宫，乾隆十年（1745）大兴土木，修建了许多殿阁塔坊，并加修了一道周长十多里的外垣，形成规模较大的皇家行宫苑囿，定名为静宜园。

静宜园园林占地面积约150公顷，周围依山建宫墙。根据地势，全园可分为内垣、外垣和别垣三部分。静宜园的主要景致集中在外垣区，包括宫廷区、香山寺和洪光寺三个区域。在香山的诸多景点中，这个区域占十多处，主要建筑和景点包括东宫门、勤政殿、横云馆、丽瞩楼、绿云舫、璎珞岩、翠微亭、青未了、来青轩、栖云楼、驯鹿坡、香山寺等。

静宜园内垣共设六个大门，东面有东南门和东北门，正西有白门，西南有如意门，西北为中亭子门，北门为进膳门。宫门内西南有虚朗斋，现改建为香山饭店。勤政殿为宫廷区主殿，依山而筑，面阔五间，左右配殿对称而列。殿后是横云馆、丽瞩楼两处建筑群，为行宫的内廷；勤正殿南为皇帝驻跸之所中宫，北有致远斋，是皇帝接见臣僚之地。

香山寺位于香山南坡，始建于金大定二十六年（1186），初名大永安寺，乾隆时改称香山寺。据记载，原寺内沿山层层建台，形成七进院落，依次建有山门、正殿、后殿、钟鼓楼、后罩楼。今只存正殿前的石屏、方碑和石台阶等遗迹。香山寺的西北面为洪光寺，寺北为著名的九曲十八盘山道，这里山势陡峭，石径以屈曲惊险取胜。

外垣是静宜园的高山区，面积辽阔，比内垣要大得多，但这里只是疏朗地散布着十五处景点，且多属于自然景观。如玉华岫、森玉笏、香岩室、霞标磴、玉乳泉、绚秋林、雨香馆、晞阳阿、芙蓉馆、香雾窟、栖月崖、重翠庵、隔云钟

柳毅传书壁画 图为一幅以"柳毅传书"为主题的壁画，出自北京香山静宜园之中。在这座行宫御苑主殿的西侧廊内，绘有许多诸如此类的壁画，所描绘的都是人们喜闻乐见的民间传说故事或文学典故，集装饰性和趣味性于一体

静宜园爬山廊 静宜园依山而建,因此园内设有多条爬山廊,既贯通了全园的交通,又使单体建筑之间相互连接,形成统一的布局

等景点,另外还有朝阳洞和"燕山八景"中的"西山晴雪",都是外垣的著名景点,景亭等观赏性建筑丰富了这一区域的景观内容。外垣建筑的设置多为观景,如森玉笏和晞阳阿为观赏奇石之处,香雾窟、香炉峰为登高远眺之处;森玉笏东北半山上的玉华寺、皋涂精舍等又是欣赏群峰万岭的绝好去处。

静宜园北部坡地建造较晚,景点不多,主要建筑有昭庙、碧云寺、正凝堂和山下的眼镜湖。从香山公园北门进入,可见两泓池水中间架有单孔拱桥一座,桥将湖面分为两部分,形成两个并列相连的圆湖,远远看去如一副巨大的眼镜,故名眼镜湖。

沿湖西行,可达正凝堂,明代时,这里是一座私家园林,后在其

静宜园半月塘 半月塘为静宜园内的一处景观,由一个半月形的水池和几座依水而建的轩榭构成,并由此而得名为半月塘

基础上改建成花园。园分东、西两部分，东为环形廊庑围合的水院，西部地势渐高，以建筑结合山石的庭院山景为主体，一山一水形成对比，是一座十分精致的园中园，嘉庆年间改名为"见心斋"。昭庙位于正凝堂东南，是为纪念西藏班禅来京为乾隆皇帝祝寿而建的，仿日喀则扎什伦布寺的形制建造。其建筑主体为前殿及清净法智殿，分别有两层大白台环绕，紧随其后接建四层四方围合的大红台，最后以八角七层琉璃塔结尾，整体布局和造型具有藏式寺庙风格。

碧云寺是静宜园中的著名景点，也是一座规模庞大的寺庙，因其建筑群排列之势壮观至极，自古就被誉为"西山诸寺之冠"。

碧云寺位于香山静宜园的北面，居香山南麓，始建于元至顺二年（1331），初名碧云庵，据传是元代开国元勋耶律楚材的后代的住宅改建的。正德年间（1506—1521），御马监太监于经看中了这里，认为是一块风水宝地。于经利用税收和开商铺侵吞的钱财扩建了碧云寺，到了天启年间（1621—1627），宦官魏忠贤又看中了这块宝地，再度扩建碧云寺，经过两代宦官的苦心经营、扩建，具有明代建筑特点的碧云寺已经初具规模。清代又对碧云寺进行大规模修建，与香山寺、昭庙等同属于香山上的重要佛教道场。

由静宜园出外垣北宫门向西即是碧云寺山门。碧云寺依山势而建造，坐西朝东，前后分为六进院落，层层向上。主轴线上依次为山门殿、天王殿、大雄宝殿、菩萨殿、普明妙觉殿、塔院。两侧分别为罗汉堂和水泉院花园。罗汉堂内有木质金身罗汉五百尊、神像七尊，

上｜**香山碧云寺八角碑亭**　八角碑亭位于碧云寺的塔院内，其主体为八角形平面，并在顶部增设了一层圆形的攒尖顶，形成了重檐的形式，在造型和装饰上都颇具特色

下｜**香山碧云寺铺地**　精致的地面装饰也是香山碧云寺内的一大亮点

清院画十二月令图之二 清代的许多园林内部都布置有大面积的水景，这一点在玉泉山的静明园中也得到了很好的体现，在彰显这一时期园林特色的同时，又增加了园内的凉爽气息

清院画十二月令图之三 像画面中这座宅园一样，清代南苑内的建筑也相对较少，且多位于宫廷区内，为水景和植被的设置提供了空间

殿堂左梁上还有济公蹲像，共计佛像五百零八尊，形态生动、逼真。水泉院中清泉绕石，苍松叠翠，环境幽静。在碧云寺中轴线最西边的塔院内，耸立着一座金刚宝座塔，塔建于清乾隆十三年（1748），是典型的印度式佛塔。整座塔由两座小型喇嘛塔和五座方形十三层密檐式石塔组成，塔高34.7米，共分为三层。在第一层的正面正中，开有拱券式门洞，券门内墙正中嵌有一块汉白玉石，上刻金字"孙中山先生衣冠冢"。1925年3月12日孙中山先生在北京逝世，灵柩就停放在碧云寺中，后来把孙中山先生的衣帽封藏在金刚宝座塔下的石龛中，供后人瞻仰。

碧云寺虽依山逐渐高起，却不使总体的布局完全暴露，建筑布局依山势采用了回旋串联的方式，给人以引人入胜之感。碧云寺台地落差达100多米，院落层叠相接，似平地展开，避免突兀之感。尤其通过方形和半圆形围合的合院组合，缓和了

清院画十二月令图之四 为了与大面积的水景相配合,清代园林内还建有大量形色各样的桥梁,可起到连接建筑景观和装饰水景的双重作用

清院画十二月令图之六 荷花的花、叶都具有很好的观赏性,且俱发幽香,因此也深受历代造园者的喜爱。例如在宅园内以及清代南苑的东湖和西湖中,就都采用了荷花来进行装饰和点缀

清院画十二月令图之七 清代不仅园林,而且还创作了许多与园林代宫廷画家所绘的《十二月令图的宅园为背景

由于地面落差造成的建筑强烈的高低对比。每进院落各具特色,整体和谐,营造出层出不穷的幽深美感。

静宜园景观布局以山为主,景点分散于山野丘壑之中,充分利用山岩、洞溪,巧妙地配以林木花卉,其间点缀亭、台、楼、阁等建筑,宛若天成,展现了山林苑囿的特色。园中山景如画,秋日红叶晶莹,是此园的胜景。咸丰十年(1860),静宜园遭焚,现已辟为香山公园,为公众开放。

静明园

静明园是清代著名的"三山五园"之一,位于北京西北郊玉泉山麓。玉泉山是西山东麓支脉上的一座小山,东边为颐和园的万寿山,

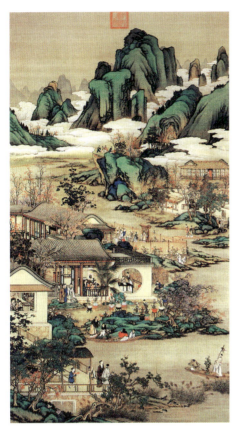

清院画十二月令图之九 除了水景以外,形态各异的叠山在清代的园林中也十分常见,它们既可以装饰建筑,同时也可以更好地与园林周边的天然山景融为一体

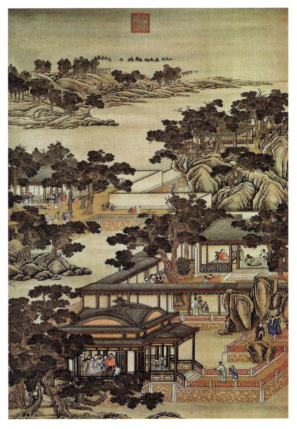

清院画十二月令图之十一 清代南苑因过久的荒废,现已不复存在,只有一些建筑的名字保存下来,成为建筑所在区域的地名。对于这些未能幸存的古典园林,人们只能通过相关的绘画和文献来了解它们的情况

西边是连绵蜿蜒的西山群峰。《长安客话》载有:"玉泉山,山以泉名。泉出石罅间,潴而为池,广三丈许,名玉泉池……水色清而碧,细石流沙,绿藻翠荇,一一可辨。"这里不仅泉水丰富,而且都有泉名,其中著名的有玉泉、裂帛泉、龙泉等,泉水质优良,澄洁似玉,清泉供紫禁城皇家饮用。

玉泉山最早经营于金代,据有关资料记载,金章宗(1168—1208)时在中都西北郊建行宫芙蓉殿,即今天北京玉泉山一带。明英宗于山顶敕建上下华严寺,寺内及附近有华严洞、七真洞,寺洞有金山寺,旁有玉龙洞,一股清泉从洞内缓缓而出,为龙泉。此外,还有补陀寺、吕公岩、吕公洞建筑以及看花台、卷幔楼、望湖亭等景点。康熙十九年(1680)扩建玉泉山,改建行宫,名"澄心园",康熙三十一年（1692）又改名静明园。乾隆十五年（1750）对静明园进行大规模扩建，将玉泉山及其山麓的河湖全部囊入园墙之内，乾隆十八年（1753）再次增建，命名"静明园十六景"，乾隆二十四年（1759）基本建成。

乾隆亲题园景十六处，每处景点以四字命名，分别是：廓然大公、芙蓉晴照、玉泉趵突、圣因综绘、绣壁诗态、溪田课耕、清凉禅窟、采香云径、峡雪琴音、玉峰塔影、风篁清听、镜影涵虚、裂帛湖光、云外钟声、碧云深处、翠云嘉荫，于乾隆二十四年全部建成，又增加十六景：清音斋、华滋馆、冠峰亭、观音洞、赏遇楼、飞云巘、试墨泉、分鉴曲、写琴廊、延绿厅、梨云亭、罗汉洞、如如室、层明宇、迸珠泉、心远阁。乾隆五十九年（1794），再次修建，达到了静明园建设的鼎盛。

玉泉山为南北走向的纵长山形，纵长约1300米，东西最宽处约450米，横看成岭，从颐和园万寿山西望，玉泉山是由两个侧峰南北拱伏组成，背衬西山，轮廓清丽。山以泉名，自金代开始，这里就是皇家行宫的所在地。

静明园占地面积约75公顷，园内共有景点三十余处，全园景区可分为三个部分，即南山景区、东山景区和西山景区。

南山景区即玉泉山主峰及其西南面的侧峰和沿山南麓的平地区域，这里分列有玉泉湖、裂帛湖和一些弯曲回环的河渠。南向的山地由于不受北风的侵袭，所以冬日的气候也比较温和，而由于面积开阔又有较大的水面，夏季依然凉爽。这里集中有许多建筑，因此是静明园内的宫廷区，而且又有玉泉湖作为景区的中

北京玉泉山玉峰塔 玉峰塔位于玉泉山静明园的南山景区内，是全园海拔最高的一座建筑，始建于乾隆年间。该塔可完全被倒影在昆明湖内，形成一道优美的景观，称"玉峰塔影"

心，因此成为全园的主要景区之一。

玉泉湖南北长约200米，东西宽约150米，是静明园中湖面最大的湖。湖中纵列三岛象征"一池三山"，湖面中央的岛上有楼阁建筑，呈对称布局排列。

此外，南山景区最主要的景点是位居主峰顶的香岩寺、普门观和玉峰塔。寺庙由几座院落依山势构筑，后院内建琉璃砖塔，称玉峰塔，即十六景之一的玉峰塔影。玉峰塔是仿镇江金山寺慈寿塔建造的，琉璃砖砌筑，高七层，每层供铜制佛像，塔内有旋梯可供人登临远眺。这里是全园的最高点，也是颐和园借景的主要对象，其选址、造型与山形的完美结合，可以说是以建筑衬景的极为成功的造园范例。

东山景区指玉泉山东坡及山麓。这里有镜影湖、宝珠湖，还有北侧峰顶的妙高寺，另外有雪琴音，即峡雪琴音（十六景之一），是一处位于马鞍形山脊中部的景点。

镜影湖是东山景区的主要水面和建筑所在地，湖面呈南北狭长形，建筑环湖布置，并都朝向湖面，因此形成一座园中园。宝珠湖位于镜影湖的北面，沿湖循山道可登山顶。

园内有妙高寺，是一组山地寺庙建筑，寺内布置有大殿，供佛像。庙中央立"妙高塔"是一座喇嘛塔。雪琴音由轩室房屋组成，还有供小型演出的小戏台，是皇帝来静明园的临时赏景点，由此可俯瞰颐和园昆明湖一带景色。

静明园西山景区指的是玉泉山山脊以西，这里全部是平坦地区，主要由湖水及其水道组成。

南苑

南苑是清代皇家用作猎场的行宫御苑，位于北京南郊辽阔的平原上。其前身是元代的飞放泊，明代和清初都曾多次修建，乾隆年间，对此进行大规模的扩建，把原有的土筑苑墙改为砖墙，新建园中园团河行宫，并对原有建筑进行局部的修葺和增建，形成一座颇具规模的皇家御苑。

南苑占地面积约230公顷，苑门9座：南面三门为南红门、回城门、黄村门，正北为大红门，偏东有小红门，正东为东红门、东北为双桥门、正西为西红门，西北有镇国寺门。苑内主要建筑有南苑官署、元灵宫、旧衙门行宫、永慕寺、德寿寺、关帝庙、永佑庙、南红门行宫、新衙门行宫以及团河行宫。

团河行宫是南苑四大行宫中规模最大的一座，在西南苑门黄村门内，团河从南苑苑墙流出注入凤河，转而东南与永定河汇合。乾隆三十七年（1772）对永定河进行整体治理，包括疏浚凤河及其上源团河。与此同时，在团河源头兴建行宫，为团河行宫。乾隆四十二年（1777）行宫全部建成。宫廷区紧接大宫门之北，由东所、西所两路组成。每所均有三进院落，西所的第一进从大宫门到二宫门，中间有值班房和朝房，前为月河、石桥；第二进从二宫门开始，进门可见大型湖石假山，称为"归云岫"；第三进院落的主体建筑为璇源堂，是乾隆皇帝接见朝臣的地方。东所为寝宫，其中包括：大宫门、二宫门、后殿储秀宫。

宫廷区以外的广大地域是苑林区，苑内开凿东湖、西湖两个湖泊，水源均来自团河。水上荷花亭亭而立，湖中游鱼嬉戏，并以挖湖泥土沿湖岸堆筑土山。东湖水面较小，湖中筑岛，岛上建面阔三间的敞厅翠润轩，四周芳草鲜美、树木葱郁，正好位于西所中轴线延伸的尽端。湖东岸为露香亭，西岸为漪鉴轩，北岸为群玉山房，南岸为鱼乐汀、涵道斋。西湖水面开阔，北岸和西岸均有土山，沿石阶可登上北山顶的珠源寺。湖西岸建濯月漪，为水柱殿。南岸也有亭、桥等建筑，并且与河水相连，河水淙淙，流出宫墙外，汇于凤河。

南苑地域辽阔，除东湖、西湖两片大的水域外，其余都是平坦地带。园内建筑相对较少，植被丰富，主要以养麋鹿、黄羊等动物为主，一派粗犷原野风光，充满淳朴自然的气息，与其他皇家园林中的江南园林情调形成对比，这也正是南苑作为清代皇家御园的独特风貌。

在明代和清中叶，南苑一直以作为皇家猎场和演习武场的专门御苑而十分兴盛，后至道光年间（1821—1850）随国势衰落而荒废。

离宫御苑

离宫御苑以其宏大的规模、丰富的内容、精美的建筑以及精致的园林风貌体现了辉煌、宏大、富丽的皇家气派，成为皇家园林中最引人注目的园林形式，本节介绍的三座离宫御苑，即圆明园、避暑山庄和颐和园是清代离宫御苑的代表，也是中国皇家园林最高艺术成就的典范。

圆明三园（圆明园）

圆明三园，位于北京西郊海淀，是清代所建造的一座规模宏伟、景色秀丽的皇家园林。由圆明、长春、绮春（后改为万春）三园构成。早在元代，这里就已是京郊游览的胜地。明时有达官贵人在此营构别墅离馆。万历年间，为私人园墅"清华园"，在当时还有"京国第一名园"的称誉。清初，康熙在清华园旧址上重修畅春园，又在北面修建了圆明园。雍正帝还是皇子的时候，康熙帝便将圆明园赐给他作读书、游憩的花园。

《圆明园记》中有"拜赐一区（在海淀畅春园、挂甲屯以北），林皋清淑，陂淀渟泓，因高就深，傍山依水，相度地宜。"园建成后，康熙赐名为圆明园。乾隆对此名的解释为"圆明之义，盖君子之时中也。"而雍正在《圆明园记》中也有一番自己的解释："圆而入神，君子之时中也；明而普照，达人之睿智也。"

雍正三年（1725），圆明园正式被定为皇帝居住的离宫花园，对圆明园大加扩建，南部新筑殿宇和朝署值衙，作为政治办事机构和朝见之地。向东延伸到福海，北扩至北宫墙，西抵西宫墙，占地面积增至三千亩左右。至此圆明园四十景中的二十八景已完成，分别是：正大光明、勤政亲贤、九洲清晏、镂月云开、天然图画、碧桐书院、慈云普护、上下天光、杏花春馆、坦坦荡荡、茹古涵今、万方安和、长春仙馆、武陵春色、汇芳书院、日天琳宇、澹泊宁静、多稼如云、濂溪乐处、鱼跃鸢飞、西峰秀色、四宜书屋、平湖秋月、接秀山房、夹镜鸣琴、蓬岛瑶台、廓然大公、洞天深处。除这二十八景之外，比较著名的紫碧山房、深柳读书堂、同乐园、舍卫城等也已基本建成。

雍正十三年（1735），雍正病逝于圆明园九洲清晏殿，弘历继位，年号乾隆。按照雍正旧例圆明园为皇帝离宫，乾隆年间为圆明园造园高峰。乾隆帝移居圆明园后，开始进行第二次扩建，新建景区有映水兰香、水木明瑟、涵虚朗鉴、山高水长、月地云居、北远山村、鸿慈永祜、坐石临流、澡身浴德、方壶胜境、曲院风荷、别有洞天等，形成著名的圆明园四十景。

乾隆多次南巡，对江南名胜山水钟爱有加，每遇到风景秀丽、设计精巧的园林，就命随从的画家依园绘制图纸，回京后按照图纸造园。北京地区多座皇家苑囿中都有来自全国各地的名胜景观的影子，圆明园内更是如此。

圆明园中仿照江南名景营建了很多景观，如有仿照浙江宁波明代藏书楼天一阁建造的"文源阁"，仿江西庐山景象的"西峰秀色"，仿江宁（今南京）瞻园的"如园"等。而像"平湖秋月""曲院风荷""三潭印月""雷峰夕照""夹镜鸣琴""南屏晚钟"等景点，连名称都是从杭州西湖名景中照搬来的。浙江海宁的安澜园、江宁的瞻园、苏州的狮子林、惠山的秦园、宁波范氏的天一阁、西湖的苏堤等，都是圆明园营造的参考蓝本。正如王闿运在《圆明园词》里所说："移天缩地在君怀"。嘉庆年间，又对园中安澜园、舍卫城、同乐园、永日堂进行修缮，在园的北部还修建了"省耕别墅"。

乾隆十年（1745），在圆明园的东面开始修建长春园，乾隆十二年（1747）基本建成。园内共有二十余景。乾隆四十三年（1778）将原大学士傅恒的赐园和邻近几处小园林合并改建为绮春园，嘉庆时，再修圆明园，扩展绮春园建成绮春园三十景，绮春园三十景包括敷春堂、鉴碧亭、正觉寺、澄心堂、河神庙、畅和堂、绿满轩、招凉榭、别有洞天、云绮馆、含晖楼、延寿寺、四宜书屋、生冬室、春泽斋、展诗应律、庄严法界、涵秋馆、凤麟洲、承露台、松风梦月等景点。同治年间，绮春园改名为万春园。

乾隆六下江南，取江南绝景画面，搜名花异草，集奇石珍玉，不惜工本地对圆明园予以装饰点缀。乾隆执政的六十余年间，没有停止过修建活动，成为圆明园的鼎盛时代。嘉庆、道光、咸丰各时期对于圆明园的营造，虽不像乾隆时期那样隆重，但仍对圆明园有不同程度的修建。

圆明园与附园长春园、万春园两园合称"圆明三园"。长春园在圆明园东面，万春园在两者的南部，三园呈一个倒置的"品"字形布局。三园之间有门和路相通，后建的两座园实际上是圆明园的附园。圆明园规模最大，园内设有朝廷和宫寝，因此，一直以它的名字作为圆明三园的总称。

圆明三园占地面积约五千余亩，建筑总面积约16万平方米。原有建筑一百四十余处，重要景点一百余处。园内的建筑，大部分是中国传统建筑形式，既集中了历代的宫殿建筑之所长，又创造了更新颖的样式，打破了传统宫殿式建筑的惯例。同时还掺杂了西洋宫殿式的建筑，与中国传统建筑的固有特色融为一体，

游园入梦
宛自天成的中国园林 | 07 皇家园林的造园语言

1 圆明园濂溪乐处　濂溪乐处是"圆明园四十景"之一，位于该园的西部，为一座环境清幽的园中园，适宜在此学习，与康熙帝赐园给雍正的目的相一致

2 圆明园接秀山房　接秀山房是雍正年间建立在圆明园内的著名景区之一，该景区因可以远接北京西山的秀丽景观而得名

3 圆明园廓然大公　廓然大公景区始建于雍正年间，后又在乾隆皇帝的指导下仿照江苏省无锡市惠山的寄畅园对景区的北半部进行了改建和扩建

4 圆明园澹泊宁静　除了扩建圆明园之外，乾隆皇帝还下旨命宫廷画师们绘制了《圆明园四十景图》，记录了圆明园在全盛时期的壮观风貌。图为《圆明园四十景图》之一的《澹泊宁静》

5 圆明园碧桐书院　圆明园内的建筑类型十分丰富，图为园中的一座书院，建于乾隆九年（1744），称碧桐书院

6 圆明园夹镜鸣琴　夹镜鸣琴位于圆明园福海南岸，该景区内的主体建筑为一座横跨于水上的桥亭。该亭现已被大火损毁，只有桥墩尚存

7 圆明园杏花春馆　杏花春馆坐落在九州景区的最高点，初建时呈现出一派古朴的山村风貌，并以众多堆叠而成的假山石洞而著称

8 圆明园曲院风荷　曲院风荷位于圆明园福海景区内，是仿照杭州"西湖十景"中的同名景观而建

9 圆明园四宜书屋　四宜书屋是"圆明园四十景"之一，春宜花，夏宜风，秋宜月，冬宜雪，一年四季都有宜人的风景，因此得名四宜书屋

10 圆明园正大光明　正大光明殿是圆明园的正殿，位于宫廷区内。宫殿外部被设计得较为朴素，不雕不绘，与华丽的宫殿内部形成对比

11 圆明园山高水长　山高水长位于圆明园西南部，其内的建筑呈"一"字排开，在前端形成了较为空旷的区域，可供皇室子弟在此习武，也可作为观看演出或燃放烟火的场所

12 圆明园茹古涵今　茹古涵今是圆明园九州景区的一个重要组成部分，其东临后湖，以豪华的内部装饰而著称，为一处供皇帝学习的佳所

1	2	3	4
5	6	7	8
9	10	11	12

为中国传统园林建筑增加了新的内容，增添了新的景观氛围。园内建筑大多数为宫殿、住宅、戏楼、市肆、藏书楼等实用性建筑，其余为饮宴、游赏、宗教建筑。园的整体是一座水景园，采用按水系特点划分景区，景区中分布着小园和建筑群，形成景区与景点相互结合的园林格局。

圆明园

圆明园是圆明三园中最大的一座，也是主要组成部分。圆明园内设有朝廷和宫寝，其总体布局是按照离宫苑囿的功能要求展开的。景区又可大致分为宫廷区、九洲景区、福海景区、西北景区和北部景区。

宫廷区设在园南部正中位置，是皇帝临朝听政和帝后妃嫔居住的地方，建筑采取"前朝后寝"的布局。前朝主体建筑包括正大光明殿、勤政亲贤殿、保和太和殿、长春仙馆等，宫门之间设左右朝房，里面是内阁六部、各司、寺、监、府的值班房衙门等。大宫门是圆明园的正南门，过大宫门即为出入贤良门，出入贤良门内为圆明园正殿——正大光明殿。

圆明园主体建筑正大光明殿重檐七间，有宽大的月台，建筑雄伟。虽为正殿，建筑风格却十分朴素，不雕不绘，有"松轩茅殿"之风。殿前设东西配殿各五间，殿后背靠峭石壁立的假山一座，名寿山。殿东是勤政亲贤殿和保和太和殿两组殿堂建筑。殿西是长春仙馆，由门殿、正殿、后殿三部分组成，这里曾是乾隆皇帝为皇子时居住、读书之所，乾隆登基之后，就把长春仙馆改为迎奉皇太后的膳寝之处。

后寝部分占园建筑面积的三分之一，范围包括九个岛屿所分隔环绕的后湖景区。其中前部是由形态各异的亭、榭、楼、阁组成的帝后居住的"九洲清晏"建筑群。后湖风景以高低错落起伏的筑土掇石假山划分出各个景区，构成了一处处自然雅致的如山水画般的景观。

后湖景区环湖布置九座岛屿，象征中华的九洲岛，每个岛屿上都有不同的景观：九洲清晏、茹古涵今、坦坦荡荡、杏花春馆、上下天光、慈云普护、碧桐书院、天然图画、镂月开云，自东转北而西，环湖一周。后湖景区的中心，前湖和后湖之间的岛上置有园中规模最大的宫殿建筑群，以圆明园殿、奉三无私殿、九洲清晏殿为主体，统称为九洲清晏。圆明园殿原是圆明园正殿，也是园内最早的建筑之一，早在康熙四十八年（1709）建园之初，康熙皇帝就为之题写了"圆明"二字匾额。九洲岛清晏西为镂月云开，与之相邻，后湖的东岸是天然图画建筑群。乾隆九年（1744）对此景的赋诗曰："庭前修篁万竿，与双桐相映，风枝露梢，绿满襟袖。西为高楼，折而南，翼以重榭。远近胜概，历历奔赴，殆非荆关笔墨能到。"岛上风光旖旎迷人，如天然画卷一般，故美其名曰"天然图画"。

由天然图画北行可见碧桐书院，转而西折为慈云普护，前殿三间，内供奉欢喜佛，北楼上供观世音，下祀关羽，东面为龙王殿，供奉昭福龙王。再西为上下天光，此景据范仲淹《岳阳楼记》："上下天光，一碧万顷"之意得名。由上下天光折西而南为杏花春馆，杏花春馆向南是一片方整的鱼池，即坦坦荡荡，九洲清晏和坦坦荡荡之间的就是茹古涵今，环湖景观或为赏花，或为观鱼，或为读书，或为祭神，或为赏景，建筑形式亦是多种多样，亭、榭、阁、殿、楼、斋、廊、馆应有尽有，无论置景还是布局都突出"水"，充分发挥了水的作用，是园中特色水景之一。

福海是圆明园中面积最大的水面，辽阔的水面足足占全园三分之一的面积，景观以开朗见胜。湖面近似方形，长宽各约600米，湖中沿历代皇家苑囿的"一池三山"的造园传统设置三座小岛，象征东海的瀛洲、蓬莱、方丈三座仙山，福海中央设置"蓬岛瑶台"景点。沿岸分布多个小洲岛，把湖岸线分成十个段落，洲岛之间以廊桥连接，形成似断似续、断而不开的整体布局。四周又有无数小河、小湖与之沟通，大小水面相互依托，相映成趣。福海景区除了湖中央的蓬岛瑶台之外，还有许多景点。环湖景观比较著名的有曲院风荷、夹镜鸣琴、南屏晚钟、雷峰夕照、别有洞天、接秀山房、平湖秋月等，其中雷峰夕照、南屏晚钟、平湖秋月、双峰插云和三潭印月均仿杭州西湖之景而设。福海景区不仅效仿名景，而且还成功地运用了借景手法（如福海东岸的接秀山房，是远眺西山景色的绝佳位置）。

方壶胜境建筑群以雄伟的层台峻阁及架设于水上的五座亭台构成恢宏的气势，整组建筑高低参差，对称均齐，水中倒影摇曳多姿，宛若仙宫琼楼玉宇，把帝王理想中仙境的建筑形象充分地表现出来。九洲岛景区与福海景区同为水景区，前者湖小岛大，建筑密集，后者湖大岛小，建筑小巧没有高楼大观，而是以疏落的建筑和花木、水矶为主景，使水面更显宽广，形成烟波浩渺之境。

北部景区在圆明园的最北部，以一道长1600米的宫墙围出一条狭长池带，自东向西有天宇空明、鱼跃鸢飞、紫碧山房三组建筑，具有水村野居情趣。

西北岸上有高大逼真的假山，山前建祭祖的安佑宫，即慈鸿永祜。殿内奉祀清代皇帝遗像，面阔九间的正殿内，正中的神龛奉康熙遗像，左右两龛分别为雍正和乾隆两帝遗像。建筑布局严谨，采取对称的方式，安佑宫后为紫碧山房。

西南部是水陆交织的景色，水中建有"卍"字形平面的廊式建筑万方安和。西岸有仿古印度佛城建造的舍卫城，有仿造苏州街市的买卖街等建筑。

由东西流向的三条河道连接十多处景点，景点内容多样纷呈，有摹写陶渊明《桃花源记》的武陵春色，建于雍正年间，初名桃花坞。

长春园

长春园位于圆明园的东侧，由福海向东，过圆明园东墙的明春门便是长春园。此园始建于乾隆十年（1745），是圆明三园中建造年代较晚的一个。园占地面积1000亩左右，相当于圆明园三园总面积的五分之一。长春园布局以山环水抱的建筑群为主体，分散布置，是一座中西合璧的园林，既有中国园林的传统，又有欧式宫苑建筑风格。

　　长春园中著名的狮子林十六景是乾隆二十七年（1762）皇帝下江南时，命臣工将苏州狮子林景描绘下来后在长春园仿建的。狮子林位于园的东北角，假山全用青石堆成。乾隆时有"狮子林八景"，分别是狮子林、虹桥、假山、纳景堂、清心阁、藤架、磴道、占峰亭，嘉庆时增加八景，有清淑斋、小香幢、探真书屋、延景楼、画舫、云林石室、横碧轩和水门，形成"狮子林十六景"。

　　长春园内的小有天园系仿杭州西湖汪氏小有天园而建。乾隆两度南巡，都曾到杭州小有天园游观，十分喜欢，于是就在园中仿建。园的面积不大，主要以人工堆叠假山而名。

　　长春园水岛两侧水面上有一座圆形小岛，其中建一组排列集中的建筑，称为"海岳开襟"，周围绕以汉白玉栏杆，主体为三层楼阁，奇丽壮观，是全园的主景之一。西洋楼位于长春园北边一狭长地段内，由西洋传教士协助设计成当时欧洲流行的建筑式样。

　　长春园中的西洋式建筑群，是园中一大特色。乾隆时期，西欧天主教会派意大利人郎世宁（Giuseppe Castiglione, 1688—1766）、法国人蒋友仁（P.Benoist Michel, 1715—1774）等来华传教。他们既是传教士，又是画家和建筑师，从乾隆十年（1745）起，在郎世宁、蒋友仁的参与主持下，于长春园北端建造了西洋楼建筑群，历时十四年之久。

圆明园观水法 位于圆明园西洋楼远瀛观南端，是清乾隆帝观看喷水景色之地。包括放置皇帝宝座的台基和宝座后的石雕屏风及两侧的巴洛克式石门等

圆明园鸿慈永祜　汉白玉石通体洁白,不仅在圆明园的西洋式建筑群中被广泛采用,而且在该园的其他景区内也有运用,如在鸿慈永祜景观中,就包含有四座采用汉白玉雕刻而成的华表

圆明园远瀛观复原图　远瀛观是西洋式建筑群内的一座具有巴洛克风格的建筑,整体采用汉白玉雕筑而成,其与附近的大水法和观水法一同构成了西洋式建筑群的中心景区

长春园北部的西洋楼建筑群独成一区，这一景区包括三组大型喷泉，若干小喷泉以及园林附属建筑。主要景点分别是谐奇趣、蓄水楼、养雀笼、方外观、海晏堂、远瀛观、花园门、线法山、黄花阵等建筑。这些建筑的设计均由郎世宁和蒋友仁主持设计，中国建筑工匠和中国画师参加建造工程。建筑材料主要为汉白玉石，建筑平面、立面柱饰、门窗、栏杆都是西式做法。整体特点具有盛行于欧洲17世纪至18世纪中叶的巴洛克建筑风格和洛可可建筑风格。喷泉设计由法国传教士蒋友仁负责，最有特色的是大水法和海晏堂喷水，园林小品建筑则以万花阵（黄花阵或迷宫）、线法山、线法墙、线法桥等最具特色。

谐奇趣是圆明园西洋楼景区中建造时间最早的建筑，建成于乾隆十六年（1751）。楼为三层，从正面左右两侧曲廊伸出六角楼厅，是演奏蒙、回、西域音乐的地方，楼南北两侧建水池及喷泉，同时又建蓄水楼，供谐奇趣喷泉喷水使用。方外观为一座清真寺，据说此寺曾是乾隆帝维吾尔族爱妃容妃做礼拜的地方，建造于乾隆二十四年（1759）。建筑整体贴面以大理石为材料，加刻回纹装饰，立柱高大。海晏堂是为安装水法机械设备而建，上下两层各十一间，是园中最大的西洋楼。其主立面向西，而不是通常中国传统建筑的"向南"，异国风味突出，门设在立面的中间，为中式风格。门外平台以弧形石阶及手扶梯、扶手墙以左右对称布局布置，构成圆弧形的水景平面。阶下设有水池，水池两侧设铜铸十二生肖喷水，代表一天的十二时辰。每隔一个时辰依次按时喷水，正午十二只铜喷头同时喷水，景象十分壮观。

西洋楼建筑群最大的特点是高大的立柱和拱券门，墙身和柱身遍布由曲线和曲面构成的花纹图案，雕刻精致，西洋建筑风格浓郁，但却并非对西洋建筑完全照搬，其中也有中国传统建筑手法的运用。如海晏堂顶上的小殿宇，就是采用的中式的坡顶，而且所有屋顶都是采用中式的琉璃瓦铺设。另外，雕刻装饰细部夹杂有中国传统式花纹，并有采用写意手法的雕刻图案。

此外，值得一提的是，远瀛观前的观水法为典型的西方喷水式造景手法，是最早应用于中国园林的西洋水景。喷水法是西方古代重要的建筑及园林景观，它以水的向上喷涌与倏而溅落表现西方外放与欢愉的文化情调。西洋喷

水法与中国传统的以落差营造动态水景的手法相结合，为园林水景增添了新的色彩。

万春园

万春园位于长春园的西南，圆明园东南，规模略小于长春园，与两者同属水景园。此园由多个原本独立且互不相连的小园合并而成，建于不同时期，因此没有统一的布局。宫门位于南墙偏东，进门是一座岛，是全园的主体部分，中和堂、集禧堂、天地一家春、蔚藻堂等连成一片建筑群，是清代太后、妃嫔的居处。这座岛是全园最大的岛，岛的北面和西北面散置大小岛屿，西南是几处独立的小园，以墙隔开。园内各景点之间疏密相间，以河渠湖泊沟通，把全园连成整体。万春园既没有圆明园的富丽堂皇，也没有长春园的雄伟挺秀，而以清雅自如形成园林格调。

圆明三园是水景园，园中人工开凿的池面面积超过园面积的二分之一，大的水域辽阔坦荡，如圆明园东北部的福海；小的水域曲折萦绕，如万春园诸湖，各水域之间多以土阜、假山和建筑相分隔，使之成为独特的水域景色。

圆明三园自康熙开始，历经雍正、乾隆等耗费巨大国力、财力修建而成，一百五十多年间不断扩建、增建和修

圆明园遗址 清代末期，圆明园多次惨遭侵略者的破坏和掠夺，包括园内的西洋式建筑群也未能幸免于难，现在只留下部分残缺的遗址证明圆明园曾经的存在

缮，园中景点日新月异，越加精美，从而成为当时世界上最著名的园林之一。圆明园在当时不仅以园景著称于世，也是清代几朝皇帝临朝听政的中心，为了满足帝王苑居生活的需要，园内建筑装修精美、室内陈设考究，收藏难以计数的珍宝、古玩、字画及工艺珍品，是一座名副其实的艺术宝库。

乾隆年间为圆明园的造园高峰。乾隆帝移居圆明园后，开始进行第二次扩建，由于乾隆多次南下，对名山胜水钟爱有加，于是仿照江南名景增建不少景点，如映水兰香、多稼如云、夹镜鸣琴、濂溪乐处、涵虚朗鉴、山高水长、月地云居、北远山村、坐石临流、澡身浴德、方壶胜境、曲院风荷、别有洞天等，并在这一时期形成著名的四十景。皇家苑囿中"收千里于咫尺之内"，模拟天下名山大川，创造丰富多样的意境，在圆明园得以充分体现。三潭印月、平湖秋月、曲院风荷、苏堤春晓等直接来自西湖十景，于此便能领略江南柔水秀波的风采。小有天园、狮子林、如园、安澜园在模仿中求创新，自成风格。

除了模仿国内名园，对西方的仿写也是圆明园制胜的原因，长春园北部狭长地带的西洋楼建筑群把18世纪欧洲盛行的巴洛克风格带入园中，首创中西结合的园林建筑、水景，使人耳目一新。

圆明园，除个别的纪念性建筑，一般体量比较小巧，宫殿建筑除安佑宫、正大光明殿等大规模的建筑外，很少使用斗拱。造型上突破封建建筑规范的束缚，力求变化，只有安佑宫为重檐庑殿顶，其余建筑多为歇山顶、硬山顶、卷棚顶、悬山顶甚至采用民间建筑中的平顶、乡村野居的草顶，平面配置在对称中求变化，形成许多奇特的平面造型，有"工"字形、"口"字形、"田"字形、"井"字形、"亚"字形、曲尺形、扇面形等。建筑的外观洁净素雅，不雕不绘，与周围自然环境相和谐。

从上述内容来看，圆明园是一座大型皇家园林，既是皇家避暑、游憩的胜地，也是较长时间理政、居住之地，因此，园林的前部建有"外朝""内寝"的宫廷区。但这里既不同于大内御苑，也不是一般的行宫或赐园，是一种兼备"园苑"和"宫廷"双重功能的皇家园林，因此为离宫御苑。圆明园是一座中西合璧、集锦式园林，又是一座皇家文物博物馆，是中国造园史上的杰作，是清代皇家园林的代表。

因此，圆明园被称为"万园之园"。园内景观参差多样，并多以组群划分，更有西欧建筑元素的引入，实是清代皇家园林中的唯一。

咸丰十年（1860），英法联军攻入北京，这座名园被纵火焚毁。同治、光绪两朝有心恢复，却力不从心，于是只能拆东墙补西墙，利用被焚毁的旧

料，恢复园中一小部分的建筑。光绪二十六年（1900），圆明园再次遭到八国联军的洗劫，清末、中华民国初期，无政府、无法律管制的情形下，先后有太监、军阀、官吏拆毁了旧园，用于建筑私人的住宅、别墅和茔地，如今只留残址废墟。

避暑山庄

避暑山庄位于今河北省承德市双桥区，位于燕山山脉西南部，海拔较高，夏季气候凉爽，是理想的避暑胜地。清代在此营建行宫，因承德过去属热河，因此称热河行宫，后改称避暑山庄。

避暑山庄的营建要从康熙皇帝的木兰围场说起。1667年，康熙皇帝亲政，当时边境形势紧迫，北部边疆沙俄与蒙古贵族勾结进行分裂活动，南方的吴三桂、尚可喜、耿精忠各拥重兵，发动叛乱，严重威胁着清政府的统治。

避暑山庄和外八庙示意图 承德避暑山庄所处的地理位置十分优越，地势稍平高地建宫殿区、湖区和山地各按特色设置园林和寺庙，形成层级分明的庞大景观区

为笼络蒙古、西藏等北方少数民族的上层统治集团，共同维护清代的江山，便选定在这一带山林景区建造行宫，同时为加强军队的战斗力，进行大规模的军事演习，开辟皇家猎场，用以训练官兵，实现"习武绥远"一举两得的目的。

　　康熙二十年（1681），于内蒙古高原与河北北部山地接壤处的承德北面划出9000平方公里的面积作为狩猎围场，称作木兰围场，"木兰"在满语中是"哨鹿"的意思。木兰围场开辟以后，康熙每年都要率领满蒙八旗兵及政府官员北巡狩猎，称"秋狝大典"，是清代统治中的一项重要的政治措施，每年都要举行。从北京到木兰围场路途遥远，为满足随行人马的食宿休息和皇帝处理政务的需要，在北京和木兰围场之间陆续建行宫二十七处，热河行宫是其中最大的一处，居于这些行宫的中央位置，因其地理位置合适，周围山川秀美，泉甘水肥，气候宜人，特别受到康熙皇帝的喜欢，每年的夏季都要来此避

避暑山庄宫殿区景观

暑消夏。康熙五十年（1711）将热河行宫正式命名为避暑山庄，作为避暑的离宫。

康熙四十二年（1703）始建，康熙四十七年（1708）初步完成了避暑山庄十六景的建设：澄波叠翠、芝径云堤、长虹饮练、双湖夹镜、暖溜暄波、万壑松风、曲水荷香、西岭晨霞、芳渚临流、金莲映日、石矶观鱼、锤峰落照、南山积雪、梨花伴月、莺啭乔木、甫田丛樾。康熙五十年（1711），康熙题景的三十六景全部完成，除前面的十六景外，另有二十景为：烟波致爽、无暑清凉、松鹤清樾、风泉清听、四面云山、北枕双峰、云山胜地、天宇咸畅、镜水云岑、泉源石壁、青枫绿屿、远近泉声、云容水态、澄泉绕石、水流云在、濠濮间想和香远益清。康熙年间，避暑山庄的基本骨架及主体建设基本完成。

雍正皇帝在位仅十三年（1723—1735），因忙于巩固皇权，停止了行围，这期间的避暑山庄也没有扩建。但雍正定下规矩："后世子孙当遵皇考所行，习武木兰，毋忘家法。"

乾隆六年（1741）继续扩建避暑山庄，将木兰行围的规模不断扩大，扩建工程至乾隆五十七年（1792）完工，完成了乾隆皇帝三字题名的三十六景：水心榭、颐志堂、畅远台、静好堂、观莲所、清晖亭、般若相、沧浪屿、一片云、萍香泮、翠云岩、素尚斋、永恬居、如意湖、采菱渡、澄观斋、凌太虚、宁静斋、玉琴轩、绮望楼、罨画窗、万树园、试马埭、驯鹿坡、丽正门、勤政殿、松鹤斋、青雀

避暑山庄石矶观鱼 石矶观鱼是康熙御提的"三十六景"之一，位于避暑山庄内湖的西侧，是供皇帝及嫔妃们观鱼和垂钓的场所

避暑山庄如意洲 避暑山庄的烟雨楼（右下）建于乾隆年间，其院落周围树木成林、花草繁盛，且与青莲岛相连，与避暑山庄凭借天然山水取胜的设计理念相吻合

舫、冷香亭、嘉树轩、乐成阁、宿云檐、千尺雪、知鱼矶。避暑山庄的景点远不止康、乾二帝所题之景。在广达564万平方米的土地上，包括起伏的山岭、峡谷、溪流、辽阔的平原、草地，众多的洲岛、宫殿、楼堂、亭台、塔阁、轩斋、寺观等各种建筑散置其间，形成了规模宏阔、景观丰富的一处大型离宫御苑。

避暑山庄从康熙年间至乾隆年间，先后经历了八十多年时间的营建。同时，由于康熙帝和乾隆帝不同的艺术构

思和意趣而形成不同风格，这也是避暑山庄的艺术特色所在。

康熙年间，避暑山庄以自然山水自成景观为主，是自然山水宫苑的典范，略有隋唐时期离宫天然山水胜景的形象，但整体上却又以突出自然山水之美为主，不同于隋唐的以建筑高大取胜，而是以建筑与自然环境相协调进行营造，殿、屋、轩、榭多用灰筒泥瓦，梁柱多不施彩绘、油漆装饰，以突出素雅的格调，与纯朴的自然环境相和谐。乾隆年间的营建，在庄园内增建了建筑、构造了寺观，这些宗教建筑大多数都使用了琉璃瓦顶，栋梁、楹柱都进行了装饰，与之前朴素自然的格调截然不同。另外园中仿江南名园建造的园中园的园景等，轩、阁、亭、榭建筑精巧，欣赏性与游憩性能更为突出，布局新颖，错落有致，富有变化，艺术构思颇具匠心，风格上充满新意。

避暑山庄周围宫墙长二十里，有丽正、德汇、碧峰等五个门可供出入。根据地形特点，整座山庄可分为平原和山地两大部分，其中按功能组景来分，又分为宫殿区、湖区、平原区和山地区四个区域。

宫殿区

宫殿区也称行宫区，位于避暑山庄南部偏东的高地上，由正宫、松鹤斋、万壑松风和东宫等四组建筑组成。

正宫为皇帝处理朝政、宴居的地方，宫前有宫门三重，正宫门为山庄的正门，名丽正，是乾隆题景的三十六景之一。丽正门的正北为外午门，穿过外午门为内午门，又称阅射门。门上悬挂康熙御题镏金匾额"避暑山庄"。阅射门北，为澹泊敬诚殿。此殿是正宫的主殿，面阔七间，进深三间，初建于康熙五十年（1711），乾隆十九年（1754）改建时，全部用楠木，因此又称楠木殿。大殿不施彩绘，保持原木本色，朴素高雅。殿后的四知书屋是清帝上下朝时更衣小憩的地方。四知书屋后为万岁照房，其后是烟波致爽，是皇帝的寝宫，为康熙三十六景的第一景。烟波致爽院落布局规整，平面呈方形，正殿烟波致爽殿建于康熙四十九年（1710），卷棚歇山式瓦顶，面阔七间，前后围廊，两侧走廊与门殿相连。殿内正中悬挂康熙御题"烟波致爽"匾额，是对此处"四围秀岭，十里澄湖，致有爽气"的精辟概括。正宫最北一组建筑为两层的云山胜地楼，在楼上凭窗远眺，林峦烟水，尽收眼底。清代帝后常于此观景赏月。

正宫东面与正宫并列的地方是松鹤斋，乾隆十四年（1749）仿正宫形制建松鹤斋，供皇太后居住。其主体是七开间的松鹤斋大殿，嘉庆时改为含晖堂。松鹤斋后的继德堂也是七开间，乾隆年间建此殿，殿内藏有道光以前的清代皇帝画像。后院有皇后的寝宫乐寿堂，后来嘉庆又题额"悦性居"悬于内檐。这组建筑由宫门、松鹤斋、继德堂和畅远楼等组成。

上｜**避暑山庄烟波致爽** 烟波致爽位于避暑山庄宫殿区内，被作为皇帝的寝宫，同时也是康熙三十六景中的第一景。图为烟波致爽的内部景象

下｜**避暑山庄四知书屋东院** 四知书屋是供皇帝临时休息的场所，景区内被分为东院、东次间和西间三部分，图为四知书屋的东院

宫殿区以万壑松风建筑群兴建最早，建于康熙四十七年（1708），布局不像一般皇家建筑讲究对称，没有明显的中轴线。整体布置较灵活，殿堂与楼阁相结合，以四廊相连，具有江南园林建筑的特色，是皇帝用来赏景、读书、批阅奏章和接见官员的地方。

松鹤斋东面是东宫的所在地，建于乾隆十九年（1754），是清代皇帝举行大典的地方。此处建筑已因日本军侵略和1945年的两次大火被全部烧毁。

宫殿区布局上采用严整的宫廷式体制，但宫内建筑多为朴素的北方民居形式，殿、堂、楼等建筑不施彩绘，不用琉璃瓦，不采用高大的台基，以疏朗的布置、淡雅的色彩、简洁的形式来突出山庄的主体营建思想。

湖区

避暑山庄属大型皇家苑囿，乾隆皇帝曾说过"山庄以山名，而趣实在水。"避暑山庄虽因山而名，但如果缺少了水的点缀，则会逊色不少。山庄湖泊的水源有三：园外的武烈河、园内的热河泉以及园内各处的山泉，三处水源通过不同的渠道汇聚于山庄东南部的湖泊区。山庄的湖泊总称为塞湖，湖区整体规划布局仿照江南园林，在理水上采用分散用水、化整为零的方法把水面分成相互连通的九个湖泊。九个湖泊分别是如意湖、澄湖、内湖、上湖、下湖、镜湖、银湖、长湖、半月湖。这些湖泊大小不等、形状各异，各空间环境既自成一体，又相互连通，且给人一种各个湖泊来去无源的错觉。

湖中各岛设置颇为巧妙，既按照"一池三山"的规格设置，但又不因循旧法，从芝径云堤上生出如意洲、环碧和月色江声三个大岛，呈三角形遥相呼应。再以各种小岛、水榭镶嵌其中。整个湖区以山环水，以水绕岛，湖光山色，交相辉映，美不胜收。

东宫之北，下湖与银湖之间建有一字排开的三座水榭，名为水心榭，建于康熙四十八年（1709），是乾隆皇帝在避暑山庄内命名的三十六景中的一景。水心榭其实就是建在银湖和下湖之间的一个水闸工程，由八孔石梁覆盖的石板作为闸板，控制着银湖的水位，以便在银湖中种植荷花。而水闸的上面则呈"一"字排开，建了三座水榭，并列于水心，因此得名水心榭。水心榭建筑布局紧凑匀称，明快轻盈，与湖内碧叶连连的荷景相互映衬，雅致至极。因建筑位于水面上，左右房屋又相隔较远，因此，炎炎夏日置身其中仍感觉十分凉爽，如沐秋凉，四周环境清幽怡静。水心榭建筑构思奇巧，不仅外观别致精巧，桥下的水闸工程还控制了湖面的水位，使这一水工构筑物形成一景，成为理水和造景有机结合的佳作。

芝径云堤是宫殿区与湖泊区的过渡,为康熙三十六景的第二景,仿杭州苏堤而建。芝径云堤由一条长堤生出三枝,并分别与三个洲岛相连:东面的月色江声岛、北面的如意洲、西面的环碧岛,形状好像一株灵芝仙草,又如相互连缀的云朵,因此,得名"芝径云堤",由康熙帝命名。另外,这条长堤把湖心的三个小岛连接起来,构成了山庄湖区"一池三山"的蓬莱仙岛的意境。

如意洲是避暑山庄湖区最大的岛屿,总面积达3.5万平方米,由上湖、澄湖和如意湖三湖环抱而成,因其形似如意而得名。岛四面环水,所以夏日非常清凉,这里最早是皇帝的下榻之所,在宫殿区建成以后,则成了太后和皇妃的居住地。由于此岛面积较大,所以岛上的建筑很多,建筑规格也较高。岛上将北方的四合院建筑与江南园林小景相间布置,使各建筑都与自然美景相伴,实为一处建筑精品之作。岛上的建筑多集中在中央的位置,其中无暑清凉是主体建筑,门殿内有正殿延薰山馆,是早期康熙处理朝政的地方。馆后为水芳岩秀,后改称乐寿堂。无暑清凉西南临水的地方有用作皇帝观赏荷莲的观莲所,亭西是云帆月舫,东为西岭晨霞,北有金莲映日,都是康熙三十六景中的景点。如意洲的西北角是一组小巧别致的庭院,仿照苏州沧浪亭而建,取名沧浪屿。

环碧岛是芝径云堤另一端的小岛,位于如意湖与上湖之间,四周被水环绕,经芝径云堤与月色江声岛和宫殿区的万壑松风相连接。环碧岛内面积很小,建筑形制也很简单,但却布置得精巧紧凑,是一座精致而富有诗意的小

避暑山庄水心榭 水心榭是乾隆三十六景之一,主体建筑为三座亭状的水榭,因此俗称"三亭子"

岛,主要作为皇子们平日读书之所。岛内有一座两进的院落,东院名为澄光室,西院则又分为两个小院落,并题名为"拥翠"与"袭芳",正契合了环碧的岛名。

月色江声岛坐落于上湖和下湖之间,与芝径云堤相连,是湖区面积比较大的岛,其名来自苏轼的《赤壁赋》。月色江声岛中主要有静寄山房、莹心堂、峡琴轩、湖山罨画、冷香亭和石矶观鱼等六处景点,每处都有康、乾二帝亲题的匾额。岛上处处都着意营造出一种静谧和谐、避世清静的氛围,皇帝也把这里当成是独处和静思的空间,是效法古人安心静坐、读书畅游的场所,为日理万机的皇帝提供短暂休闲的好去处。传说乾隆皇帝就曾在此专心研读《易经》,还经常在石矶观鱼处钓鱼,并留下了"得鱼固佳否亦可,意在山青与水碧"的诗句。

文园狮子林建在银湖的一座小岛上,与水心榭隔湖相望,南面毗邻月色江声岛。文园狮子林建于清乾隆三十九年(1774),仿苏

州狮子林而建。乾隆游览苏州狮子林后，先后在圆明园中的长春园、避暑山庄文园仿建狮子林。避暑山庄文园中楼台殿阁无所不包，更因造型怪异的湖石假山而闻名。狮子林布局十分巧妙，几乎每一处都堪称胜景，乾隆皇帝还亲自为园中十六处题下了诗篇，使之成为狮子林十六景，分别是：狮子林、虹桥、假山、纳景堂、清心阁、藤架、磴道、占峰亭、清淑斋、小香幢、探真书屋、延景楼、画舫、云林石室、横碧轩、水门。

金山岛位于如意洲东面，是一座人工堆砌而成的岛屿，岛上怪石嶙峋，宛若天成。金山岛是仿江苏省镇江市的金山而建，金山是江苏省镇江市长江边上的一个岛名，岛上建有江天禅寺，巍峨秀丽。康熙南巡时，曾多次登上金山江天禅寺，写下许多赞美长江景观的诗句。回京后，命人在承德避暑山庄内仿照金山建了一座岛屿，即"金山岛"。避暑山庄金山岛建于康熙四十二年（1703），岛上建上帝阁、天宇咸畅、镜水云岑、芳洲亭等建筑。其主体建筑上帝阁是山庄湖区的标志性建筑之一。

承德避暑山庄金山岛　承德避暑山庄金山岛位于园区如意洲以东，两者隔澄湖相对。康熙南巡时，欣赏江苏镇江金山的景区，因而要求在避暑山庄内仿造一座金山。避暑山庄的金山岛景区包括康熙三十六景的"天宇咸畅"和"镜水云岑"两组建筑。从"月色江声"向西，过小石板桥，沿湖滨小道往北，再跨叠石小桥，就可以抵达金山岛。岛上筑亭台楼阁于怪石之间，由山石堆砌，造型雄伟，湖水环抱，如紫金浮玉。金山岛三面临湖，一面隔着溪涧。登岛必须经过峭壁峻崖，怪石嶙峋的沟溪

在如意洲北面的青莲岛上，有一座双层的楼阁，名"烟雨楼"，建于乾隆四十五年（1780），仿浙江省嘉兴市南湖烟雨楼。"烟雨"二字取自唐代诗人杜牧的诗句："南朝四百八十寺，多少楼台烟雨中。"乾隆南巡时，看到南湖鸳鸯岛上，烟雨楼晨烟幕雨，景观美丽奇特，就命画师描摹，回京城后，令工匠在避暑山庄中仿筑。

烟雨楼自南而北，门殿三间，后有楼两层，面阔五间，红柱青瓦，四面有檐廊环抱。楼东为青杨书屋，乾隆宠妃曾在此吟诗作画；西为对山斋，曾为乾隆书房。楼东北有八角轩亭，东南有四角方亭，西南掇石为山，山下洞穴迂回，可沿石蹬盘折而上，山顶有六角敞亭。烟雨楼的位置是澄湖的制高点，登楼凭栏远眺，周围诸多景致览入眼中。

内湖是一处水面较为狭窄的带状水系，湖面被一座横贯南北的长堤石桥一分为二。在园林中，这种带状水系是对自然界涓涓溪流的艺术摹写。带状水系忌宽而求窄，忌直而求曲，有时又宽窄曲直相结合，变化多端，荡舟其上，给人以忽开忽合、时收时放的节奏感。内湖沿湖有长虹饮练、双湖夹镜、远近泉声、石矶观鱼等景观，最后汇入武烈河。

避暑山庄文津阁 在承德避暑山庄内，有一处清代重要的藏书之地，称文津阁。文津阁建于乾隆三十九年（1774），整体为一座小院，院内设置有假山和几座亭台楼阁，其中有一座藏书楼被誉为是清代"四大藏书阁"之一

避暑山庄湖泊整体规划布局仿照江南园林，极力追求天然趣味，以期获得朴素自然的意趣。

平原区

避暑山庄的平原区位于风光旖旎的塞湖之北，地势平坦，草木茂盛，是山庄总面积的十分之一。平原区东起宫墙，西到山麓，整体区分为三个部分：西部草原、东部林地（万树园）、北部寺庙建筑群。

平原区中以草原区的试马埭和林区万树园占地最为广阔。试马埭绿草如茵，骏马游逸。林地树木葱茏，参天入云，林中树木以古称奇，寺庙和其他建筑掩映其间。万树园位于平原区的东北部，北倚山麓，南临澄湖，占地面积870亩，为乾隆三十六景的第二十景。这里绿草如茵，古木葱翳。最具特色的是园内不施土木，全部按蒙古族的风俗设蒙古包，这里是康熙、乾隆诸帝接见少数民族首领和外国使者以及宴请听乐、观看烟火、马术、摔跤等民族竞技活动的场所。清代宫廷画家郎世宁等曾绘有《万树园赐宴图》传世。

万树园以西的山脚下，被粉墙包围起来的小庭院是文津阁，为"内廷四阁"之一，是乾隆三十九年（1774）为收藏《四库全书》而建，仿宁波天一阁形制。平原区北部是一组寺庙建筑，澄湖北岸也是建筑比较集中的地带。

山地区

避暑山庄西部和北部是一片层峦叠嶂，沟壑纵横的山地，占地面积为430公顷，为山庄总面积的五分之四。山岭大体为由东南向西北走向，其中主要有松云峡、梨树峪、松林峪、榛子峪等数条峪谷。山内幽谷溪流，峰回路转，松涛林海，鸟语花香，以峡谷为骨干，穿插布置一些宫、殿、楼、台、轩、馆、斋、寺、庙等建筑，远远望去，完全隐没在幽谷林海中。山岳景点原有多处，像梨花伴月、观瀑亭、食蔗居、灵泽龙王庙、四面云山、秀起堂、碧峰寺、碧峰门、锤峰落照、风泉清听、珠源寺、涌翠岩、旷观、凌太虚、清溪远流、水月庵、旃檀林、碧静堂、玉岑精舍、含青斋、宜照斋、敞晴斋、广元宫、山近轩、斗姥阁、青枫绿屿、北枕双峰、南山积雪等都是当时较有名的景点，其中大部分已被毁，仅存留几座建筑。

南山积雪是建在山区北部青枫绿屿之南峰顶的一个小亭。亭四角攒尖，红色廊柱，在高大挺拔的劲松的映衬下，愈显小巧。南山积雪亭与湖泊区形成对景，登临亭中，可俯瞰湖区全景。

涌翠岩正殿建在山岩之上，下临湖水。此处草青木秀，青翠欲滴，正如"涌翠"二字，满山的绿色如泉瀑一样喷涌而出、倾斜而下，铺满整个山坡。涌翠岩为乾隆三十六景之一。殿内有乾隆题写的楹联一副："松径霏花雨，香台霭法云。"

四面云山亭位于西部山峦最高处，四周群山环拱，苍山如海，康熙有诗云："山高先得月，岭峻自来风。"清代皇帝常于此亭远眺避暑山庄内外风景，每年的九月九日重阳节皇帝都要率领王公大臣和贵族登高，在亭中赏赐野宴。

青枫绿屿，意为"青枫环抱的绿色岛屿"，是康熙三十六景中的第二十一景。青枫绿屿是一个院落组群，坐落于较低平的山鞍部，坐北朝南，南部有篱笆墙，墙上开月亮门。进门即为五间的大殿"风泉满清听"，院西有乾隆题景的"吟红榭"，是乾隆皇帝透窗观赏红叶的佳处。

松云峡位于山区最北部，谷中松海滔滔，溪水潺潺，是避暑的好去处，因此这里有避暑沟之称。谷中原有建筑二十多处，自东向西排列，大部分已被毁，现只存南山积雪亭、广元宫、北枕双峰等几组建筑。

避暑山庄山地绵亘起伏，溪流潺潺，山路上松柏葱郁，石径曲折，这里曾经分布着小型庙宇和楼阁式建筑。如有著名的锤峰落照、秀起堂、碧峰寺、广元宫和珠源寺等，如今只留残迹。

避暑山庄面积广大，园林造景能根据地形特点加以充分利用，在湖区、平原区、山地区布置了大量景点，形成包罗万象的"山庄"特色。避暑山庄不以水景为主，而是以山色见

须弥福寿之庙万寿琉璃塔 作为"承德外八庙"之一的须弥福寿之庙坐落在避暑山庄的北部,是在乾隆年间为一位西藏宗教领袖营造的行宫,图为须弥福寿之庙内的万寿琉璃塔

长,山径蜿蜒,溪流转折,峰峦坡地的变化可展现出气象万千的迷人景色。山庄规划在于很好地利用了真山,以在山间建筑清雅别致的江南民间风格的亭、榭为山林点缀,既使园内保持了山林野趣,又有"小桥流水"之感,充分显示出山庄建造的主题。与圆明园相比,园中水面虽然较小,但在模仿江南园林的灵秀、融和北方建筑的朴实以及

须弥福寿之庙后部建筑景观 须弥福寿之庙大体可分为前后两部分,图为该庙后部的景观,建有妙高庄严殿、万法宗源殿、大红台和万寿琉璃塔等建筑

包容蒙藏风光等方面，皆有独到之处。而远借山庄外东北两面山峰、外八庙等自然、人文景观，更为山庄胜景增色不少。

在避暑山庄的东面和西面山麓间，自康熙五十二年至乾隆四十五年（1713—1780）之间，相继建成十二座寺庙，即溥仁寺、溥善寺、普乐寺、安远庙、普宁寺、普佑寺、普陀宗乘之庙、须弥福寿之庙、殊像寺、广安寺、广缘寺、罗汉堂。其中有八座由清政府派驻喇嘛，由理藩院发放银饷。由于这些庙宇地处京师之外，所以人们习惯地称其为"外八庙"。除早期的溥仁寺、溥善寺外，其余都面朝山庄，形成众星拱月之势。

十二座寺庙，均规模宏大，豪华壮丽，建筑风格上吸收了西藏、蒙古等许多著名地方建筑的特征，集中了汉、藏等各式寺庙的建筑风格，如其中的普陀宗乘之庙是仿造布达拉宫而建，须弥福寿之庙仿扎什伦布寺而建。这些寺庙建筑在总体布局上巧妙地利用地形地貌，或沿山峰坡度布置，且每一处寺庙的主体建筑都是尺度宏大，高耸雄伟，是藏式建筑因山而筑的典型手法。虽然"外八庙"位于山庄外，却更像是园中的景观，其绮丽多姿的造型布局也成为避暑山庄的重要景观。同时，由于这些寺庙的位置适当，使山庄得以借景，也是山庄设计的成功之处。又因外八庙建筑多用红、黄、绿、黑、白等各色琉璃构件，建筑形式融汉式和藏式于一体，外观色彩绚丽，与山庄青瓦石墙、朴素无华的建筑形象形成对比，更突出了山庄的自然之趣。

颐和园

颐和园位于北京西北郊，前身是清漪园，始建于乾隆十五年（1750），是北京"三山五园"中最后建成的一座行宫御苑。这里湖山清旷，风景优美，1151年，金海陵王完颜亮在此建金山行宫。金山即后来的万寿山，当时山下的湖泊称金海，故山称金山。元代因在山上发现石瓮，遂改称瓮山，改称金海为瓮山泊，又别称大泊湖、西湖或西海。明代曾一度把瓮山之称改回原名金山，称大湖泊为金海。明《长安客话》中有"西湖去玉泉山不里许，即玉泉龙泉所潴。盖此地最洼，受诸泉之委，汇为巨浸，土名大泊湖。环湖十余里，荷蒲菱芡，与夫沙禽水鸟，出没隐见于天光云影中，可称绝胜"，说的就是这里的景观。明代时对这一带有较大开发，明武宗朱厚照（1491—1521）曾在湖边修钓台；明弘治七年（1494），皇帝的乳母助圣夫人罗氏在瓮山南面修建圆静寺，此后建筑逐渐增多。明代留有不少吟咏西湖的诗句，文徵明（1470—1559）作《游西山诗十二首　其十二　西湖》："春湖落日水拖蓝，天影楼台上下涵。十里青山行画里，双飞白鸟似江南。"

乾隆初年，随着畅春园、圆明园等园林的建成，园林用水急剧增多。当时园林用水主要来源是万泉庄水系及西湖，而大内宫廷用水也主要依靠西湖提供水源。因此，为满足园林和京城大内宫廷用水以及漕运的需要，于乾隆十四年（1749）开始对西北郊进行大规模的水系整治。一方面修整玉泉山、

颐和园万寿山南麓

北京颐和园宝云阁　宝云阁位于颐和园万寿山佛香阁西侧，从山上向下俯视，就能完整看到这座建于乾隆二十年（1755）的铜亭子。饱满的重檐歇山顶造型，坐落在汉白玉雕砌的须弥座上，须弥座四面设台阶，大小木构件均尺度准确。图为本书作者按照想象绘制，力图还原原来的场景

西山一带的泉眼和水道；另一方面疏浚、开拓西湖作为蓄水库，并建置相应的闸桥，以节制流量，稳定水位。工程于冬天农闲时节开工，不到两个月的时间就完工了。乾隆十六年（1751），为庆祝皇太后钮祜禄氏六十大寿，大兴土木，在瓮山圆静寺旧址上建"大报恩延寿寺"，并将瓮山改为万寿山，西湖改为昆明湖。又以兴水利练水军为名，筑堤围地，扩展湖面，点缀亭台，建成大规模的苑囿，称为清漪园。万寿山南麓沿湖一带有厅、堂、楼、榭、廊、桥，昆明湖碧波荡漾，为一座大型皇家园林。

乾隆时期的清漪园，园内的建筑和建筑群组共有一百零八处，不计散置于园内的零星值房、花房、库房以及园林小品、碑碣、摩崖石刻、小型桥梁等。按其功能、性质加以分类，大致可分为十三类：宫殿包括勤政殿、二宫门；寺庙有大报恩延寿寺、须弥灵境、云会寺、善现寺、妙觉寺、罗汉堂、宝云阁、转轮藏、昙花阁、重翠亭、山色湖光共一楼、治镜阁、广润祠、五圣祠、蚕神祠；庭院建筑群包括玉澜堂、宜芸馆、怡春堂、乐寿堂、养云轩、无尽意轩、小有天、蕴古室、石丈亭、味闲斋、嘉荫轩、云绘轩、延绿轩、鉴远堂；小园林分别是写秋轩、乐安和、云松巢、邵窝、画中游、赅春园、绮望轩、看云起时、构虚轩、绘芳堂、霁清轩、惠山园、畅观堂、藻鉴堂、凤凰墩、花承阁；点景建筑有知春亭、含新亭、夕佳楼、餐秀亭、对鸥舫、意迟云在、鱼藻轩、浮青榭、旷观斋、水周堂、石舫、延清赏、寄澜堂、湖山真意、澄碧亭、南方亭、景明楼、廊如亭、望蟾阁、延赏斋；另外有长廊东段和西段、戏园听鹂馆；城关有文昌阁、赤城霞起、寅辉、通云、千峰彩翠、宿云檐；农舍有耕织图；市肆有西所买卖街、后溪河买卖街；桥梁有十七孔桥、绣漪桥、界湖桥、练桥、镜桥、玉带桥、桑苎桥、荇桥、半壁桥、后湖三孔桥；园门有东宫门、进膳门、东北门、北楼门、如意门；辅助建筑包括茶膳房、北船坞、耕织图船坞、南船坞、后溪河船坞。

颐和园是造园与水利相结合的一个比较成功的实例，由万寿山和昆明湖两大部分组成，以人工建筑和自然山水的巧妙结合而著称。园林占地面积约290公顷，其中水面约占四分之三，湖北是万寿山，万寿山是西山的余脉。其总体规划以杭州孤山及西湖为蓝本，园中的山水关系、前湖与后湖、西堤分割都近似西湖，园的营建有统一的构思与明确的整体规划。

从总的空间组成来看，颐和园分为北部万寿山与南部的昆明湖两大部分。若按使用性质、所在区域和景观特点来分，颐和园又可分为四部分，分别为居住区（宫廷区）、前山前湖区、后山后河区、谐趣园。

居住区（宫廷区）

宫廷区在万寿山东麓和昆明湖东北相交的平地上，这里地势平坦，建筑密度较高，属宫廷禁地。布局规划按照皇宫格局模式分外朝和内寝两部分，共包括九进院落以及德和园、东八所、奏事房、电灯公所等辅助用房。

外朝正门东宫门面朝东方，与其他皇家园林朝南设置宫门不同，成为清代御苑的唯一特例。外朝由东宫门、仁寿门、仁寿殿组成。仁寿殿在清漪园时期称勤政殿，以"勤政"为

颐和园德和园大戏楼 大戏楼是颐和园中的一处较为著名的建筑景观，位于德和园内，是供慈禧太后观看戏剧的场所，其规模仅次于颐和园的佛香阁

名，是为提醒皇帝在游山玩水之余不要忘记国家大事，更要勤于政事。外朝以仁寿殿为中心，包括殿前的南北配殿、仁寿门外的南北九卿房和东宫门外的南北朝房，是皇帝会见王公大臣，接见外国使臣的地方。外朝部分中轴线明显，从东宫门到仁寿殿东西贯穿，建筑对称排列于轴线两侧，有着严整的布局，建筑的高度逐层增加，强调庄严的氛围。

仁寿殿以西，呈倒"L"形排列着三组大型四合院落，依次是玉澜堂、宜芸馆和乐寿堂，这里是帝后的居所，为内寝区。其中玉澜堂是用于临时办公、用膳的地方，宜芸馆是书斋，而乐寿堂则按寝宫进行布置。

玉澜堂是光绪皇帝的寝殿，也是日常处理政务的地方。1898年，戊戌变法时期，光绪皇帝曾在殿内多次召见康有为等维新人士，密谋变法，后遭慈禧镇压而失败，光绪被囚禁。宜芸馆始建于乾隆时期，光绪时重建，是光绪时期皇后的居处。

乐寿堂是后寝区中规模最大的殿堂，与紫禁城宁寿宫内乐寿堂的形制相似。乐寿堂院内有门厅五间，前后围廊门外有一座石码头，是慈禧由水路到颐和园下船的地方。正殿乐寿堂平面呈"亚"字形，面

颐和园德和园大戏楼正立面图　颐和园内的德和园大戏楼高约21米,共设有三层台面,分别为"福台""禄台"和"寿台"。在三层台面之间,均有天地井上下通连,可表演"升仙""下凡""入地"等情节的戏剧

阔七间,前出轩五间,后抱厦三间,东西各有配殿五间,后院有罩殿九间。堂前靠南置一块巨大山石"青芝岫"影壁。乐寿堂前临湖、背依山,尽揽湖光山色之胜,也是内寝三组院落中规模最大的殿堂。乾隆皇帝初建乐寿堂,原打算等自己退位后来这里颐养天年,但实际上并没有在这里真正住过。乐寿堂原建于乾隆十五年(1750),咸丰十年(1860年)被英法联军焚毁后,于光绪十二年(1886)重建。

颐和园仁寿殿前的凤凰　图示的凤凰铜塑位于仁寿殿的月台之上,采用铜制成,与另一尊龙铜塑相互对应,有着"龙凤呈祥"之意

颐和园万寿山前山建筑群

乐寿堂正东，毗邻宜芸馆的是德和园，原址是乾隆时期的怡春堂，光绪十七年（1891）在旧址上建颐乐殿和大戏楼，供慈禧看戏。园内有大戏楼，高21米，舞台宽17米，歇山重檐三层建筑，造型宏伟，是当时国内规模最大的戏楼。三层舞台之间均有天、地井上下通连，可表演"升仙""下凡""入地"等情节。戏台底部有放置的水缸，可置水法布景，又起到聚音和共鸣的作用，增强演出的音响效果。清末是京剧的鼎盛时期，当时著名的京剧演员谭鑫培、杨小楼等都曾在此演出。

宫廷区域内的建筑群为前朝后寝式，采用对称和封闭的院落组合，平面布局严谨，装修富丽，彰显了皇权的威严和神圣。但作为园林的组成部分，这一区域又不同于紫禁城的宫殿，建筑的屋顶使用朴素的青灰瓦，屋顶的形式多为柔和优美的卷棚顶，不施琉璃。庭院内夹栽绿树植花卉，从而使它与园林区的风格统一起来，以显示其行宫的特点。此外，宫廷区以外朝号称"勤政"，内寝题为"乐寿"，功能性质区分明确，也反映了乾隆皇帝对工作和生活的两大基本态度。

前山前湖区

由封闭对称的宫廷区转入开旷自然的前山前湖景区，空间豁然开朗。前山前湖区主要指万寿山前山的景观，以体量高大的排云殿、佛香阁与智慧海等形成中轴线，周围布置十多组建筑组群构成主体，山脚下是连绵不断的长廊和沿湖设计的汉白玉石栏杆，使前山前湖上下形成统一整体的景观效果。

临湖傍山一带散置有各种游赏用的亭台楼阁，均依山势自由布置。全部建筑用游廊贯穿，并用黄琉璃瓦盖顶，为颐和园内最为壮观的建筑群。从乐寿堂后院的邀月门伸出的长廊，逶迤曲折一直通向前山前湖区的石丈亭，中穿排云门，两侧对称点缀有留佳、寄澜、秋水、清遥四座重檐八角攒尖亭。长廊全长728米，共有二百七十三间，内部枋梁上绘有精美的西湖风景及人物、山水、花鸟等苏式彩画一万四千余幅，所以又有"画廊"之称。

长廊像一条玉带，把前山的各组建筑连成一体，同时又是便于游览的人行通道，具有很高的艺术价值。在长廊中，每隔一段距离便建有一座亭子，又有通向岸边水榭的廊道，靠近佛香阁组群轴线时，长廊也随岸线向外弯曲，至轴线时又向内折转。打破了长廊可能会出现的单调，而赋之以丰富的节奏韵律感。

长廊始建于1750年，1860年被英法侵略者焚毁，1886年重建。长廊现状完全按照清漪园时期的旧貌重建。长廊在园中既可以串连游线，又可以起到围合、分隔的作用，是园林中常用的造景手法。

由长廊引向前山前湖区，这里是清漪园时期五所寺庙的所在地；中轴线上的大报恩延寿寺是清漪园时期最核心的景观建筑，也是一座很完整的山地寺庙。建筑布局由山下广场向上排开，依次是排云殿、佛香阁、智慧海。建筑位于前山的中央部位，地势上逐层升高，构成前山的一条南北中轴线，东侧次轴线上是转轮藏和慈福牌楼，西侧次轴线上是宝云阁和罗汉堂。两侧建筑分别构成东、西两条次轴线。万寿山由这组建筑点缀，从而成为统领全园的构

颐和园转轮藏全景 颐和园的转轮藏位于万寿山南麓中轴线以东,建筑入口处树有一个高大的石碑,石碑背面刻有乾隆皇帝撰写的长达447字的《万寿山昆明湖记》,记录着颐和园的历史

图中心,使原本平缓呆板的山势为尺度宏大、造型别致的建筑群层层覆盖,使山体的高耸感和轮廓线大为改观。

佛香阁作为前山主轴线上的主体建筑,其位置十分突出。佛香阁坐落于万寿山前山山腹,平面为八角形,三层四重檐攒尖顶,高36米,下有21米高的石台基,是颐和园的核心建筑。万寿山形状比较呆缓,但在前山山腹建佛香阁,打破了山体呆缓的轮廓线。一方面,佛香阁建在半山腰而没有建在山顶,是因为它体量过于庞大,建在山腰之上,左右两侧是假山,北面是一座天然的真山屏障,避免了阁宇的轮廓与山体尺度的不对称。这些人造的地质特色对于中心位置的佛香阁而言,起了更多的衬托作用,佛香阁自身也正因为三面的陪衬而更具稳定性。另一方面,佛香阁的位置和高度又强调了它与昆明湖的关系。

泛舟昆明湖上,通常可以在距佛香阁160—1200米的范围内,很清楚地看到它的全貌。也就是从前山南麓沿湖一带的平地、西堤的北半部分、外湖北半部水域的一部分、东堤以及里湖的北半部的水域,都可以从不同视角看到它巍峨端庄的形象。正因如此,佛香阁成了前山景点群中的重中之重和前山景区的构图中心。

佛香阁作为万寿山中轴线的主体建筑,将它点景的作用发挥到了极致。佛香阁完全利用了其居高临下的优势,成为向园外借景和观赏湖景的好地方。从佛香阁的回廊间向南望去,湖面上的堤、桥、岛和琉璃屋顶成为眼前的近景,远景是一望无际的田野,远景、

颐和园佛香阁 佛香阁坐落在一个方形的白色石座上，主体建筑为三层，上覆四重檐攒尖顶，并采用黄色琉璃瓦装饰，在崎岖凹凸的山体前显得稳重端庄，且轮廓分明

近景构成一幅层次丰富的秀美画卷。东望，园外的水泊、田野和村庄烘托着园的全貌，西面西山、玉泉山与园内的景色相互映衬。

佛香阁是坐落在高台之上的建筑，这里原打算建一座九层佛塔，并取名延寿塔，仿杭州钱塘江开化寺的六和塔，塔于1751年开始动工，经过八年的营建，到1758年已建到第八层，在即将完工之际发现塔身出现坍塌的迹象，于是被迫停工拆除，就在其基址上改建佛阁，成佛香阁。此阁于咸丰十年（1860）被英法联军毁坏，现存为光绪二十年（1894）重建，仍保留了乾隆时期的原貌。

除佛香阁外，万寿山两侧的建筑分别为院落形的布局，且建筑的屋顶都覆盖着黄绿两色相间的琉璃瓦。东边的转轮藏及两侧的重檐楼阁建在山石围合的台地上，转轮藏里面是用来储藏佛经的木塔，可以转动。西边院落由中央的一座用黄铜铸造的宝云阁和四面的配殿组成，宝云阁院落平面是按照佛教密宗曼荼罗的图形布置的，中央的铜阁和四面的配殿及四角的方楼分别代表着佛和众菩萨的位置。转轮藏和宝云阁这两座与佛教有关系的建筑一直保存至今，仍保持着乾隆时期的原貌。两座院落建

颐和园宝云阁石牌楼南立面图 位于颐和园宝云阁院落内的石牌楼采用了仿木结构，且布满了丰富的雕刻装饰，再加上附有乾隆御书的对联，因此整体呈现出一派古色古香的风韵

筑分别沿东西方向渐势平缓，形体尺度相对较小，却富于变化，更加烘托出中轴线主体部分庄严宏伟的气势。

佛香阁，下方是排云殿建筑群，这里原为乾隆年间"大报恩延寿寺"的大殿，慈禧太后重修后改为"排云殿"，是慈禧过生日受贺的地方。

沿佛香阁向上，有众香界牌楼和大型佛殿智慧海，为一组佛教建筑，牌楼全部用砖石修砌，佛殿是砖砌而成，不同于中国传统木构建筑。因此在咸丰十年（1860）英法联军焚掠清漪园时，众香界和智慧海得以幸存，保留至今。牌楼与佛殿外观都以彩色琉璃瓦装饰，色彩极为炫目，虽然位居万寿山山前建筑群的结尾，但其形象仍十分突出。

万寿山西麓岸边的清晏舫，是园中著名的水中建筑，初建于乾隆二十年（1755），后被英法联军烧毁；光绪二十年（1894）仿外国游轮重建，并取"河清海晏"之意，名为"清晏舫"。舫体长36米，用巨大的石块雕砌而成，两层舱楼则为木结构，用油漆刷成大理石纹样，顶部用砖雕装饰，精巧华丽。

颐和园画中游建筑群 画中游建筑群位于万寿山前山的西部，建有澄辉阁、画中游、湖山真意和爱山楼等多座建筑，并全部采用红绿相间的琉璃瓦覆顶，形成了独立又统一的独特格局

　　万寿山前山景区的昆明湖，有南湖和西湖水景，两处水域由一条长堤划分开来，至今主要以南湖水景为主。辽阔的昆明湖水面上，建有岛屿及建筑组群，一条横卧南湖岛和东堤之间的十七孔桥与佛香阁相映成景，因桥下共有十七个孔的桥洞而被称为十七孔桥。十七孔桥是颐和园昆明湖上最重要的景点之一，它东连廓如亭，西接南湖岛。全长150米，高7米，为昆明湖上第一桥。桥栏望柱的柱头雕有姿态各异的石狮五百四十余只，成为桥上的一道亮丽景观。

　　有十七孔桥仿卢沟桥而建的说法，两者在宏观的体态和某些细部确有相似之处。但卢沟桥的兴建是出于生活交通的需要，十七孔桥则是因造园布局和景观的需要而修建的。卢沟桥桥面平坦，十七孔桥的上部呈现的是优美的弧形，为名副其实的"拱起的桥"。从力学上分析，拱桥结构比平桥更加坚固，同时可以节省更多的工料、工时。从园林造景的角度来看，平直的桥面不适合大面积的水面造景。而有着柔美曲线的桥体造型则不同，它既可以避免长桥本身的呆板感，又可以弥补辽阔水面的单调，从而形成层次丰富的水面景观。十七孔桥与东西两侧的廓如亭、南湖岛相接，两起一落，形成了岛、桥、亭三者相互衬托的造景关系，另外，又与密度较高的山地建筑相互呼应，形成山水相依的园林景观。

　　颐和园的水面，在天然湖泊的基础上仿照杭州西湖景色加以人工扩充，形成逼真的西湖摹景。杭州西湖胜景自唐代以来就是文人题咏的著名胜地。清代康熙、雍正、乾隆三位皇帝都对西湖景观情有独钟，康熙六次南巡，每次都亲临西湖游赏，并于康熙

颐和园廊如亭 廊如亭坐落在颐和园昆明湖东岸,约建于乾隆十七年(1752),是颐和园内规模最大的亭式建筑,与十七孔桥相接。该亭采用了八角攒尖重檐屋顶,因此又称八方亭

颐和园澹宁堂后院 颐和园内的澹宁堂始建于乾隆年间,三面环山、一面临水,并采用了山地式的院落结构,与周围的自然环境相得益彰。图为澹宁堂后院的部分景观

颐和园十七孔桥石狮 十七孔桥上的石狮子共有五百四十余只,分列在桥栏的两侧,个个生动形象、姿态美观

三十八年（1699）亲题西湖十景。雍正在扩建圆明园时，特意模仿西湖增添了"平湖秋月"景区。乾隆对西湖的喜爱比起祖父和父亲更是有过之而无不及。乾隆每次南巡，必到西湖游览，并连续六次为西湖十景一一题诗。在他扩建的各大皇家园林中，有许多景点都是模仿西湖而来的，在颐和园的建设中，更是大规模地模仿了杭州西湖的山水景致。

颐和园昆明湖与万寿山北山的位置关系和杭州西湖与小孤山的关系相似。园中构筑西堤更是模仿了杭州西湖苏堤湖面的关系与走势。只是西堤比苏堤更曲折蜿蜒，更显人工情趣。

后山后河区

后山后河是指万寿山的北坡和沿山脚的后溪河的河道。后山以一组藏式风格的寺庙建筑覆盖了整座山坡，坡下绕山脚是曲折蜿蜒的后溪河。

须弥灵境位于万寿山后山山坡的中央位置，与前山的佛香阁位居同一轴线上，但却朝向相反的方向，隔山脊背对着背。须弥灵境的建筑格局在清漪园时期与承德避暑山庄外八庙中的普宁寺基本一致，都是在级级上升的台基上依次修建殿宇、楼阁。整组建筑群共包括

颐和园须弥灵境的日殿与月殿　日殿与月殿两座殿堂位于颐和园须弥灵境的后半部分，为藏式建筑，分别是日、月的象征

二十多座大小不同的汉、藏混合式的寺庙建筑，前后分别以大型佛殿和楼阁为中心，体现藏传佛教的特色，建筑群整体平面略呈"丁"字形，坐南朝北，沿山坡自上而下逐层排列，参差起伏。

须弥灵境是由前半部分的汉式寺庙和后半部分的藏式寺庙共同组合而成。前半部分和一般汉式寺庙一样，依汉式建筑布局规划，基本按照传统的"七堂伽蓝"规制布置，分别建有山门、天王殿、大雄宝殿。临河的第一层台地是一个广场，遍植青松翠柏，东、西、北三面各建一座牌楼；第二层台面上建有五开间的"宝华楼"和"法藏楼"；第三层台上就是须弥灵境主殿，面阔九开间，重檐歇山顶，顶盖黄色琉璃瓦，殿内供三世佛。几十年前，北部汉式建筑大多已不存在，后经重修，现在部分已恢复了原貌。

后半部分以西藏地区著名的桑耶寺为蓝本进行构筑。西藏桑耶寺的基本布局是中间为金大殿，周围按照佛经中关于"四大部洲"的说法设置。须弥灵境建筑群

颐和园须弥灵境建筑群

以一座楼阁为核心,四周是象征"四大部洲"的佛殿和佛塔。中心楼阁名为香岩宗印之阁,体量高大,装饰华丽,象征佛国世界的须弥山。东侧是半月形平台上的佛殿,代表东胜神洲;南侧的长方形平台上建佛殿,代表南赡部洲;西侧是椭圆形平台上建佛殿,代表西牛贺洲;北侧是方形平台上建佛殿,代表北俱芦洲。四座佛殿都是汉式建筑,但平台都是采用藏式碉房的形式,整体为汉藏结合的风格。另外,除了代表"四大部洲"的四大佛殿外,还有八座小殿象征"八小部洲",又有象征日、月的两座殿和四座不同颜色的喇嘛塔,称四梵塔,分别为黑、白、红、绿,代表着佛的"四智":平等性智、大圆镜智、成所作智、妙观察智,它们与香岩宗印之阁所代表的"法界体性智"共同组成佛教密宗五智。

须弥灵境建筑群的各座寺庙由南向北排列,和北宫门组成后山的一条中轴线,其他建筑都较随意地散布在山坡各处。须弥灵境建筑群结合藏式寺庙和汉式寺庙的传统手法,呈现出独特的风格。北部的汉式建筑强调了平面的空间铺陈,南部藏式建筑以建筑的轮廓和外观形象突出建筑之间的主从关系。完全汉式的香岩宗印之阁与藏式的四梵塔,在风格上形成鲜明的对比。"四大部洲"和日殿、月殿均采用下部为藏式的平台、上部为汉式的多角攒尖式屋顶的形式,汉藏建筑风格相互糅合的个性突出。高大宽阔的红色台基上做出许多方形的盲窗,外观造型如藏式碉房,避免产生呆板的感觉。藏式的红墙白基与汉式的黄色琉璃瓦的色彩搭配完美无瑕,组合出色彩绚丽的画面,把宗教庄严、神圣的气氛完全融合到赏心悦目的园林风景中,勾勒出佛国世界的理想境界。

在清代的大型皇家苑囿中,园林的总体规划往往以许多条轴线作为基础。这里有两个原因,一是因为山水的范围很广,这就需借助轴线来统一规划,才不至于显得零乱无序;二是因为可以围绕轴线安排一定的序列,这样就可以表现出皇家宫苑的庄严气派。而营造者也经常按照轴线作为造景的依据。在这一方面,清漪园表现得尤为突出,由于前山是园内最大景区的开面处,前山众多的景点群被作为是远距离观看的主要景观对象,这在形式上要求统一、完整。其次,要表现皇家宫苑的气派,就需要在一定程度上将其庄严性、纪律性集中地表现出来。因此在中央建筑群构成的主轴线以外还设置了六条辅助的轴线。这七条平行的轴线与前山主体建筑间的几何对应关系构成了整座园林的网络格局。

前山轴线在渐渐变化的韵律中显示出了清晰的脉络条理,它与纵向的七条中轴线相互结合,构成了前山的建筑格局。后山和前山大不相同,它的整体形象在前湖景区中是看不见的,所以也就不用刻意追求一个网络化的模式,后山虽然没有中轴线,但却有辅助轴线,它们所起的作用只是构成对景,用以协调建筑与身边山水间的关系,轴线间是不平行的,也没有明显的网格,但却与中轴线所起的作用是一样的,表现出一种向心的规则。

作为造景的手法,中国园林中轴线运用得比较多,但不像欧洲古典主义规则的园林那样完全受设计图的支配。即便前山在那种特殊情况,轴线也只是将中心建筑群和临近建筑相配合而创造出另外一种风格的景观。其在园林整体的规划与山水的设计与轴线间不存在着必然的联系，但实际上依旧保留着自身风景的特点。颐和园的造园艺术，汇集了传统皇家园林的典范经验与手法。

谐趣园

谐趣园位于颐和园的东北角，后湖东去的尽端。这座园中园建于乾隆十六年（1751），是仿江苏省无锡市惠山脚下的寄畅园而建的，原名惠山园。嘉庆十六年（1811）重修时，改名谐趣园，是颐和园内最典型的一个园中园。此园于1860年被英法联军焚毁，光绪十九年（1893）重建。经多次毁坏和重修，已有些改动，现在的谐趣园已经与无锡的寄畅园不太相似了。

整座小园以围墙及建筑与外界园景相隔，园内大部分面积被中部的水池所占，沿池环布轩、榭、亭、廊，并设假山，形成玲珑小巧的园中园。

谐趣园园门位于西南角，进园的人正应着"紫气东来"的吉祥之兆入内；由小园门进入谐趣园时，眼前即见宽阔的水面，有豁然开朗的感觉。以水池为中心，环池建有知春亭、引镜轩、洗秋与饮绿榭、知鱼桥、知春堂、云窦、兰亭、霁清轩、涵远堂、瞩新楼、澄爽斋等众多建筑，其间有游廊连接。建筑的屋顶全部采用青瓦，并且亭榭是攒尖顶外，其余都作卷棚顶，朴素大方。相对于建筑外部的简洁朴素，内部的装饰却显得极为富丽考究。尤其是涵远堂、澄爽斋等主要建筑，内部置有各种名贵的紫檀，红木雕花的落地罩和隔扇。园林中所有的建筑以游廊串连起来，单面廊、双面廊、曲折廊、弧形廊、跨水廊，形式变化极为丰富，随着高低起伏的建筑蜿蜒而行，穿插于山林之间，使园林景观更为集中。

谐趣园作为园中之园，几乎与颐和园齐名。在大体布局上，颐和园整体以水包山，表现的是皇家园林的大气磅礴，而谐趣园整体以山包水，水周围以建筑为主，显示的是江南小园林的精致。谐趣园很巧妙地利用了地形地势，北部以山林为主，顺山叠石成石径，出峡谷，营造自然的山林野趣。南部为中心水池，沿池建筑有各种屋舍亭台，既随意又有意地突出北岸。园林的外部空间与内部空间之间也有着鲜明的对比。园林内部空间以水体为中心，园外四周群山环抱，形成一个较为封闭的空间，与万寿山开放的空间形成了很大的反差，这样的设计在颐和园的整体结构中起到了动静结合的作用。

谐趣园涵远堂的正北，有一处天然的岩石，上面建有一轩，名霁清轩，独有一院，也自成一体。霁清轩的西北部还有一处"眺远斋"，也是一座独立成景的小园。

综观颐和园的构境匠心，能充分利用万寿山、昆明湖的自然地形加以人工改造，造成前山开阔的湖面和后山幽深的曲溪、水院等不同境界，并巧借西山、玉泉山和平畴远村收入园景，都是造园手法上的成功之处。佛香阁的体量使全园产生突出的构图中心，与北海白塔有异曲同工之妙，这是与避暑山庄和圆明园的不同之处。此外，以长廊连接各散置的组群，使之成为统一的整体，更是颐和园的独创手法。

颐和园昆明湖水面开阔，是乾隆皇帝效仿汉武帝之作。汉武帝曾

谐趣园饮绿与洗秋榭 在谐趣园的入口处，建有一座水榭，称饮绿（右），它与位于其一侧的洗秋（左）通过廊道相连。洗秋实际为一座敞厅，因临水而建，因此也具有了水榭的性质

谐趣园入口饮绿与洗秋榭 谐趣园位于颐和园东北角，为一座园中园，园内以水池为中心，在水池四周设置有多种建筑及自然景观。图为位于谐趣园入口的饮绿与洗秋两处建筑

颐和园智慧海 是颐和园最高处的一座无梁佛殿,由纵横相间的拱券结构组成。建筑外层全部用精美的黄、绿两色琉璃瓦装饰,上部用少量紫色、蓝色的琉璃瓦盖顶,整座建筑显得色彩鲜艳,富丽堂皇。尤以嵌于殿外壁面的千余尊琉璃佛更富特色

颐和园佛香阁台地剖面图 佛香阁位于万寿山前山的中轴线上,是前山的主体建筑

在长安附近的皇家苑囿上林苑中开辟湖泊,定名昆明池,以模仿昆明的滇池,并在其中训练水军备战。乾隆皇帝借汉上林苑昆明池之名,"兼寓习武之意",自乾隆十六年(1751)开始命健锐营兵弁定期在昆明湖举行水操,调福建水师官员担任教习。建园的同时进行全面绿化,万寿山上广植松柏,沿湖堤岸增植柳树,湖中大部分水面广莳荷花。嘉庆、道光两朝,清漪园仍然保持乾隆时期的规模、格局。

咸丰十年(1860),英法联军攻入北京,三山五园遭焚毁,清漪园被掠毁。十月五日,侵略军占领海淀镇,十月六日,占领圆明园,第二天便开始大肆劫掠圆明园、畅春园、静宜园、静明园和清漪园,接着又纵火将这些园林全部焚毁。清漪园内除个别残存的楼阁外,园林几近荒芜,完整存在一百零九年的清漪园付之一炬。

咸丰死后,载淳继位,慈禧"垂帘听政",开始了她掌握朝政四十七年之久的历史。在此期间,慈禧曾多次下令修园,但却因经费支绌,国库空虚,大臣们力求上疏反对修园,因此,工程修修停停,几经波折。光绪十年(1884),慈禧太后私自挪用海军经费,花费十年时间修复了清漪园。光绪十四年(1888)二月初一日,载湉发布上谕:"万寿山大报恩延寿寺为高宗纯皇帝侍奉孝圣宪皇后三次祝嘏之所,敬踵前规,尤徵祥洽。其清漪园旧名,谨拟改为

颐和园。"将清漪园改名为颐和园，修建工程至光绪十九年（1893）完成。颐和园作为慈禧长期居住的宫苑，在这里进行臣僚接见、政务处理等事务，成为皇家居住兼作活动的行宫别苑。

光绪二十六年（1900），民间爆发了义和团运动，八国联军以镇压义和团之名行瓜分和掠夺中国之实，慈禧带着光绪逃往西安。八国联军在颐和园盘踞一年，轩内各殿宇陈设被毁坏劫掠。光绪二十八年（1902），慈禧从西安回到北京后，立即动用巨款对颐和园进行重修，并于光绪三十年（1904），在排云殿前举行她七十岁大寿庆典活动。由于经费紧张，材料供应不足，慈禧对颐和园的修复也只限于宫廷、万寿山前山、南湖岛、西堤，并在昆明湖沿岸加筑宫墙，后山、后湖以及西堤以西的一些建筑未能全部修复，留存至今。

颐和园西堤豳风桥　颐和园西堤豳风桥桥亭的平面为长方形，亭顶为重檐四坡顶。清漪园时称"桑苎桥"，后来的桥名取自《诗经》中的《豳风》。以"桑苎"或"豳风"为桥名，都是为了表明帝王对农桑的重视。桥的西边还有耕织图、机织房、络丝房、水村居等模仿江南农村场景的景点。豳风桥的中间的桥洞为方形、两边的桥洞为圆形，桥洞有调节湖水的作用，中间宽大的桥洞是为了方便小船穿行。现在，豳风桥周围还有若干棵百年以上的桑树，是皇帝重视农桑，建造耕织图等景点的证明

家园林的造园语言

苏州园林　无锡园林　扬州园林

扬州园林

扬州园林的历史有文献资料可以参考的是自南北朝宋元嘉二十四年（447）时起的历史。当时的南兖州刺史徐湛之，在广陵（今扬州）蜀冈营构亭、观、台、室等建筑，已具有园林的形制与规模。《宋书·徐湛之传》中详细记述："广陵城旧有高楼，湛之更加修整，南望钟山。城北有陂泽，水物丰盛，湛之更起风亭、月观、吹台、琴室，果竹繁茂，花药成行，招集文士，尽游玩之适，一时之盛也"，由此，奠定了扬州园林的基础。

隋炀帝开凿大运河，北起北京通州，南至杭州，贯通南北，俗称京杭大运河。运河开通后，隋炀帝三下扬州，在前朝颓废的殿基上大建长阜苑，其建筑规模宏大，成为扬州园林史上顶峰级的宫廷苑囿。京杭运河的开通，使扬州很快发展成为南方经济富饶的地区。唐代时的扬州，经济、文化都空前繁荣，扬州不仅作为南北交通的枢纽，江淮地区的货物都通过扬州发往各地，而且，由于唐代开放的政策，一些外国商人也都涌入扬州，一时间，这里成为经济文化交流的中心，其繁华程度仅次于当时的都城长安和洛阳。

唐代扬州园林建筑也有了空前的盛况，不只是官衙园林，宅园合一的私家园林也如雨后春笋般遍布扬州城，而且还出现了"园林多是宅"的情景。据有关史料记载，当时最负盛名的是裴氏的樱桃园，此园是当地药商裴谌在青园桥东营建的私家宅园，园内楼阁重叠，花草鲜美，林木葱茏，景色宜人。

北宋扬州的地域面积小于唐代，往日的繁华也已不及前朝，但仍是江南重镇。庆历年间（1041—1048），欧阳修任扬州知府，在蜀冈大明寺西南营建"平山堂"，作为宴请宾客与友人欢聚的场所。

宋代扬州寺观园林有很大发展，寺观园林中多植名花奇草，并以此闻名天下。诗人宗元鼎在《拟韩魏公扬州芍

扬州个园园门 扬州以私家园林居多，如个园、何园、小盘谷等，在扬州的园林中都颇具代表性。图为扬州个园的内部景象

扬州何园水心亭 扬州园林在不断发展的过程中，吸收了中国多个地区的园林特色，并形成了自己所独有的风格。图为扬州何园内的建筑景观

药圃宴客歌》中称赞禅智寺芍药时说："遥望禅智蜀冈陂，隋唐旧寺水涟漪。圃中芍药盈千畦，三十余里何芳菲。高园近尺灌溉肥，千花万蕊蜂蝶依。"除禅智寺，龙兴寺、山子罗汉、观音和弥陀等寺庙也广植芍药。广植花木是宋代扬州园林的主要特点之一，除了芍药，琼花也是园林中常见的植物。

官家园林的格外盛行，是宋代扬州园林的又一特点。赵葵的万花园，彭方的四柏亭，周淙的波光亭，另有无数的郡圃。扬州地处江南运河与淮南运河的中枢，也是花石纲船队的必经之路，因此也有一些珍奇的湖山峰石流落于扬州，为扬州园林增色不少。

经元代造园的低落时期，明代扬州园林再次复兴。因手工业的进一步发展，城市及运河沿岸已形成商业中心，经济的繁荣刺激了扬州园林的发展，这时的扬州园林构筑形式呈现多样化。当时比较著名的园林有郑氏兄弟构筑的四处园林，分别是影园、休园、嘉树园、五亩之园，这四座园无论在规模布局上还是造园艺术上都堪称上乘之作，另有文字记录的还有皆春堂、江淮胜概楼、竹西草堂、康山草堂、荣园、小东园和乐庸园等。

清代，尤其是乾隆年间，园墅之胜达到了鼎盛时期。清代在扬州设立两淮盐运使，各地盐商云集扬州。大多数的盐商生活富有，而且挥金如土，热衷于官邸、园林的营造。清初，扬州有八大名园，即王洗马园、卞园、员园、贺园、冶春园、南园、郑御史园与筱园，其中有些是前代的园子。另外退园、容园、徐氏园、易园、驻春园、双桐书屋、黄家园、小秦淮、柳林、秦氏意园等，各大小园林遍及扬州城内外。康熙、乾隆二帝多次游览扬州，更加刺激了当地的官僚、盐商的造园热情，为取悦皇帝游赏，不惜斥巨资建置园林。尤其到了清代中期，经济繁荣，扬州城市宅园遍布街巷，私家宅园、城市风景名胜，大到亭台楼阁，小至一花一木，园林风景无处不在，且别出心裁，造景别致。这一时期除私家宅园外，扬州园林营建尤以湖

上林园和风景名胜为主。其中最为著名的要数扬州瘦西湖的营建。

瘦西湖一带的开发，首先是湖区的疏浚，疏浚工程分别于乾隆十五年（1750）、乾隆二十年（1755）、乾隆二十六年（1761）分期进行，尤其是乾隆二十二年（1757），莲花埂新河的开挖，沟通了从虹桥、小金山到平山堂下游的直通水道，盐商为了迎奉皇帝南巡，在湖的两岸争相建造，亭阁廊榭、绿杨城郭，扬州城内一派园林胜况。当时还形成了绿杨城郭、卷石洞天、西园曲水、虹桥揽胜、长堤春柳、荷蒲薰风、四桥烟雨、水云胜概、冶春诗社、春台明月、白塔晴云、平岗艳雪、蜀冈晚照、花屿双泉、碧玉交流、竹楼小市、绿稻香来、梅岭春深、山亭野眺、临水红霞、香海慈云、万松叠翠、三过留踪、双峰云栈等名扬天下的扬州二十四景。

扬州园林的鼎盛时期并未持续多久，乾隆以后，扬州盐业衰落，许多盐商家道中落，昔日"两堤花柳全依水，一路楼台直到山"的胜景一去不复返。嘉庆年间，湖上园林一蹶不振，而住宅园林却稍有复苏。嘉庆二十三年（1818）大盐商黄至筠在东关街构筑的个园，光绪九年（1883）湖北汉黄德道道台何芷舠于徐凝门街营建的寄啸山庄，光绪三十年（1904）两江总督周馥构筑的小盘谷，都是当时的名园。

中华民国以后，扬州城内营造住宅园林之风仍然盛行，汪氏小苑、萃园、拓园、平园、息园、怡庐、问月

扬州个园全景图 扬州个园由新园区和旧园区两部分组成，并采用了传统的前宅后园的布局。个园的外部设有围墙，形成了一个较为封闭的空间，但园内的假山水池却可将人们带入景致无边的大自然般的境界之中

山房、蜇园、辛园、半吟草堂等相继出现。这些小园面积较为狭小，营造上注重空间的利用、建筑的布局及细部雕饰。园内虽无重楼复阁、山连水势的气势，却充满了幽雅、静谧的氛围。

个园

个园位于扬州东关街北侧，是嘉庆年间（1796—1820）两淮盐业商总黄至筠的宅园。黄至筠，字个园，原籍浙江，生于河北赵州，十四岁时父亲去世，家产也被掠夺一空。家破人亡的黄至筠十九岁时独自进京，凭借父亲故友的关系，拜见了当时扬州盐业的最高长官。黄至筠仪表堂堂，谈吐不凡，得以重任，被任命到扬州做两淮商总，经营盐业，随后便入籍扬州甘泉。黄至筠在扬州经营盐业五十余年，累积家资万贯，为一代豪门，他以重金购买寿芝园故址，建造园林，并以清代诗人袁枚的诗句"月映竹成千个字"，将园命名为个园。

个园依照前宅后园的传统布局，分南、北两部分，南部为住宅，北部为花园。宅、园之间以粉底花墙作分隔，其中住宅部分占地面积为3000平方米，由东、中、西三条轴线组成，每条轴线分别由三进院落组成。花园部分以四季假山而闻名，花园区北部建有品种竹观赏区和兰园。

扬州是一个水城，境内无山石，因此只好用人工堆叠的假山来弥补这一缺憾，也由此造就了扬州高度发达的假山艺术。个园的假山在扬州诸园的假山中算得上是精品佳作。个园的假山很美，它的美不在于高大、险峻，也不在于它的多，而在于它有四季之分。

个园的四组假山以春、夏、秋、冬四季命名，假山分别选用笋石、太湖石、褐黄石和宣

扬州个园湖石山叠山与理水 扬州个园以竹为名、以石为胜，园内各处都可以寻找到各式各样的石景，显示出了个园的主人对石景的钟爱

石构筑，叠成春、夏、秋、冬四季山景，并且按春是开篇、夏为铺展、秋到高潮、冬作结尾的空间顺序排列，将春山宜游、夏山宜看、秋山宜登、冬山宜居的山水画理运用到个园假山之中。

春天是四季的开始，个园假山也以春山作为开篇。一进园门，便可感受到春的气息。园门东西两侧透空花墙之下，各有一个青砖砌的花坛，东坛为绿斑斑的笋石，犹如雨后春笋，象征春回大地；西坛在稀疏的翠竹之间，夹有黑色湖石，竹石相配，一动一静，组合出春日蓬勃向上的朝气。

夏山位于个园的西北角，用玲珑剔透的太湖石堆砌；主峰高约6米，上建一座飞檐翘角的小亭，名为鹤亭。山上长有绿荫如伞的老松一株，覆有枝叶垂披的紫藤一架，把夏日的生机与活力表现得淋漓尽致。山前深池中睡莲朵朵，莲叶田田，突出了"夏"的主题。

作为高潮部分的秋山，在体量上明显大于其他三山，它也是个园中最为高峻的一座假山。全山用层层黄石叠成，气势磅礴，山间配置以枫树为主，夹杂松柏，与秋天的气氛相统一。山上有东、西、南三峰，三峰似断似续，蜿蜒曲折，构成一幅明净、恬淡的秋山图画。秋山上设有崎岖的磴道。秋山的磴道有两种类型：一种环绕主峰，盘曲而上，直抵峰顶；另一种则穿梭山间，回环曲折，有九曲回肠之势。山腹有洞穴，与磴道构成立体交叉，山中还穿插石屋、亭阁、石桥等，构筑出变化无穷、旷奥幽深的秋山风景。

冬山是园中占地面积最小的一组假山。全山以宣石叠砌而成。宣石颜色洁白，形状浑圆，远远望去，冬山如一座积雪覆盖的雪山。山中又配植天竺、蜡梅等耐寒植物，更增添了冬日的情趣，这里院墙上开凿出圆形孔洞，每当北风凛冽便瑟瑟有声，四排圆形孔洞每排六个，共计二十四个，这二十四个孔洞代表了一年中的二十四个节气。洞孔分布均匀，排列整齐，每有风吹过，便发出呼呼的声响，好似北风呼啸，给人以寒风料峭的感觉，故名风音洞。风音洞开在这段粉墙上，既代替了花窗，又借"风"增加了寒意，另外，山前地面采用冰裂纹铺地，更增添了冬日气息。

个园的四季假山运用具体的

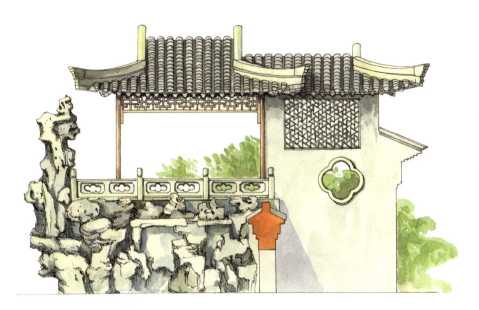

扬州个园拂云亭东立面图

扬州个园巧妙地用四座假山，造出了春夏秋冬四季景色。秋山中峰山顶的建筑叫作拂云亭。亭名"拂云"取"高可拂云"之意。古代有秋日重阳登高望远的习俗，在这里造园者巧妙地以"高可拂云"的小亭渲染了秋的主题。拂云亭也是园内最高的建筑，人立其中俯瞰全园，古木、假山、池水、建筑都尽在脚下

山石堆叠，搭配植物组合以及建筑的巧妙构筑，把中国山水画论中的"春山淡冶而如笑，夏山苍翠而如滴，秋山明净而如妆，冬山惨淡而如睡"的形象意境地表现得淋漓尽致，构成了个园山林独特的风格，这在中国园林中属一孤例。

个园的建筑，从总体上看体量较大，特别是位于夏山和秋山之间的抱山楼。抱山楼是个园中体量最大的建筑，楼上、楼下各七间，青瓦朱栏，长廊大厅，沿楼廊东行，可直达秋山，西部与夏山相连。中国园林讲究幽深、迂回，为了与自然界山水风景协调，园林建筑应具有"多曲"的特点，在体量上尽量小巧、通透，外观造型上也以柔美轻盈为佳，使建筑能和谐地与周围环境组合在一起。个园抱山楼在这样的空间范围内，拥有如此的体量，实有过大之嫌，而总体造型上也偏于死板，可看作是园中的一道败笔。

何园和片石山房

何园位于扬州城区古运河风光带东南段的徐凝门街上。何园的真正园名为"寄啸山庄"。因园主人姓何，故俗称何园。清光绪九年（1883）湖北汉黄德道道台何芷舠购得吴氏片石山房旧址，修建"寄啸山庄"，取陶渊明"倚南窗以寄傲""登东皋以舒啸"之意。

何园是一座大型住宅园林，全园以厅、馆、楼、廊为主要建筑，在全园内占主体部分，又以建筑形式及空间布局为园林之胜。由于这座园建造于清末，所以园中建筑有许多近代的风格，另外又因何园的主人曾做过江汉关督、驻法公使，因此宅园中有西方建筑的特征。依分布情况来看，整座园又分为片石山房、中西

扬州何园鸟瞰图 何园是一处宅园一体、居游合一的大型私家园林。园内的建筑集中西方风格于一体，并将具有局部美和整体美的景观巧妙结合，体现出了造园者的大胆创新和匠心独运

合璧的住宅和后花园三个部分。

片石山房位于园的东南，原名槐园，是乾隆年间扬州人吴家龙的别业，相传为清初画家石涛所拟构，石涛不仅是中国画坛上的一代巨匠，也是杰出的造园叠山大师。石涛在扬州建了万石园和片石山房，万石园已被焚毁，片石山房仍有假山和楠木厅遗存，现为何园园景。园中的假山被誉为石涛叠山的"人间孤本"，主峰高10米左右，山腹构筑石室两间，即片石山房。假山山势逶迤婉转，姿态自然，显示出深山大泽的气势。

何园建筑艺术的另一特色是中西合璧的园居院落。何园主人曾做过洋务官员，晚清商人受西方文化影响，体现在园林上是中西合璧的建筑形象。何园中最能体现这一特色的是位于西轴线上的玉绣楼，玉绣楼分南、北两楼，形制相同，均为砖木结构的二层楼房。楼的上、下两层为一字排开的房间，每排两套，三门为一套。每套包括左、右

两间,中门为楼梯间,每间又以推拉门的形式隔断成套间。这种房屋布局形式及屋内设置的壁炉、吊灯都是典型的西式风格,而建筑屋顶则仍使用小青瓦,这是典型的中式建筑特征。这种中西合璧、能反映时代特色的建筑风格,在中国古典园林中属先例。

后花园全园分东、西两部分。东部以四面船厅为主景,船厅为四间,厅四周以鹅卵石铺设地面,呈现出"水波粼粼"的波纹状,以船厅为名,正合意境。船厅院中有古槐两株,相传为槐园时的旧物。厅北、东两面沿墙筑假山,水绕山行,山势时起时伏,逶迤向西,有石磴可达山间一座小亭。由山亭沿小径向西行,拾级可以登楼,楼东南有阁道环绕。楼上有"半月台",可观月出景色。

何园的西园比东园面积大,园以中部池中水心亭为中心。水心亭平面为方形,亭南设曲桥与平台相连,池周绕回廊。水心亭又称戏台,人在池中可倚栏俯视水池中的游鱼,也可环视周围楼阁。环水池有主体建筑七开间,中

扬州何园水心亭立面图 水心亭位于何园中心,始建于明朝。亭子基座的四周是石栏杆,基座四周环绕着碧水。从亭子中看去,景色尽收眼底。每逢春天,亭子周围的桃花、梅花、杏花竞相绽放,更是美不胜收。常有人在亭子内品茶听琴,舒适惬意

扬州何园牡丹厅及静香轩 牡丹厅(左)和静香轩(右)均为扬州何园后花园东部的建筑景观,其中牡丹厅是一座迎宾的场所,而静香轩则位于牡丹厅北侧,为一座船厅

部三间较大,东、西两边各两间,较小,形如蝴蝶,俗称蝴蝶厅。池西有桂花厅,池南有赏月楼,楼阁之间有复道回廊相连,环绕园中大水池。回廊曲折,有的带顶,有的不带顶,变化较多。在楼廊上,可以凭栏观望园中景色。

园西南池中有湖石假山,假山向北延展,随山势起伏,筑有牡丹台、芍药台,山南是峰峦陡壁。

复道回廊是何园最具特色的建筑。复道是双层走廊,就是在双面回廊中间夹一道墙,它又称为内外廊,起到连接沟通和道路分流的作用。何园的复道回廊全长1500米,或直,或曲,或回,或叠,贯穿整个何园,把园景分成高下两层,廊的形式因地而异,有回廊、空廊、复廊等。复道回廊一边是透空雕花栏杆,一边则为墙壁或透空花墙,墙上设什锦窗,用以沟通东西,每开间都设有一个窗洞,形式不一,有折扇形、梅花形、海棠形、花瓶形等。廊间墙壁上刻有名人书画碑帖。绕廊漫步,透过精致小巧的窗洞,廊内廊外都有风景可赏。

现存的扬州园林艺术产生较晚,扬州是水城,缺石少山,除

了北郊延绵起伏略带山势的蜀冈之外，几乎一马平川，扬州人要看山只有靠人工堆叠，造园家利用不同的山石模拟大自然的山峦叠峰，造就了扬州高度发达的叠山技艺。

扬州温和湿润的气候，非常适合植物花卉的培育，而人们对花木观赏的需求，又促进了花木的生长和繁荣，因此，花卉植物又成为扬州园林景观的主要内容。扬州的琼花和芍药驰名中外。宋代时，就已出现专门记载扬州芍药的书籍，王观的《扬州芍药谱》、刘攽的《芍药谱》和孔武仲的《芍药谱》都是谈论扬州芍药的著作。

扬州何园静香轩及桂花厅剖面图 静香轩是宋代释慧空写的一首五律诗的题目，全诗为："种竹竹既立，艺兰兰亦芳。炉薰安用许，静极自生香。十客九常在，古人今不忘。如何杜陵老，独喜赞公房"，何园其中一座建筑的营建便采用此典故

扬州何园蝴蝶厅及桂花厅、赏月楼剖面图 水心亭水池的北面就是"蝴蝶厅"，因这座建筑厅角昂翘，像振翅欲飞的蝴蝶而得名。赏月楼又称怡宣楼，是院中的一处高建筑，为赏月的最佳地点。何园有几棵桂花古树，一棵栽植在赏月楼南侧的假山处，五棵栽植于赏月楼北侧。园内的一座厅堂，便以桂花命名。何园的桂花主要是金桂、银桂和丹桂

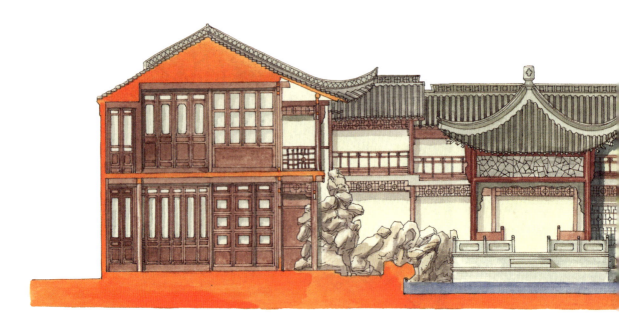

扬州何园壶上春秋及蝴蝶厅剖面图 何园水心亭壶上春秋是一座东、南、北双层围廊三面围绕的水心戏台，建在水中的戏亭供演戏唱曲，借助四面的水对音乐的回声，自然清澈绵柔。上下两层的围廊，可坐数百观众。观者坐在廊上品茶观戏，悠闲怡情

扬州盆景历史悠久，清代时有很大的发展。《扬州画舫录》记载，乾隆年间扬州盆景主要有两种类型：一种为花树盆景，以松、柏、梅、黄杨、虎刺等花树入盆，经过精心修剪整理后，形成根枝盘曲之势；另一种是于盆中立石，黄石、宣石、湖石、灵璧石均可，石中蓄水作细流，注入池沼，池中游鱼嬉戏，这种盆景稍大，称为山水盆景。扬州的住宅园林中多有盆景装饰。与高超的叠山技艺和精湛的花木配置相比，扬州的园林建筑无论是个园的抱山楼还是何园的玉绣楼，其宏阔的体量与私家园林所要表达的精雅、曲幽不相一致。总体来说，扬州园林发展的时间较晚。

无锡园林

江南地区除苏州、扬州以外，苏州附近的一些城市如常熟、无锡等地，园林建置也很兴盛。

寄畅园

寄畅园位于无锡市西的惠山东麓，锡山脚下，现属于江苏省无锡市西郊锡惠公园内的一个园中园。寄畅园始建于明代，据《惠山秦园记》记载，这里"荫数亩者凡数百十章"，早已是个古木成林、景致深幽的花园了。元代，在古刹惠山寺之北，建有两座僧舍：南隐、沤寓。这里环境秀美，山水俱丽，林木繁茂，又有禅房数间。到了正德年间（1506—1521），属明代兵部尚书秦金的宅园。正德六年（1511），无锡人秦金解甲归田后看中这个地方，于是在九龙山（今无锡惠山）相地建园，并取园名为"凤谷行窝"，这就是最早的寄畅园了。

后来此园归秦金的后代秦耀所有,万历十九年(1591),秦耀罢官回乡,对园做了较大的改动。秦耀是进士出身,但官场失意,后被诬陷而解职,归里后看破红尘,寄情山水。经过秦耀的精心规划设计后,开始对"凤谷行窝"凿池堆山,种植林木,建亭设榭。数年后初具规模,有著名的二十景。园主兴致很高,每景均亲自题诗,并将园名改为"寄畅",取自王羲之《兰亭序》中"三春启群品,寄畅在所因。"又说是根据《兰亭序》"一觞一咏,亦足以畅叙幽情……或因寄所托,放浪形骸之外"的意思而得名"寄畅园"。

园林建成后,当时文人雅士纷至沓来。游园之余,也雅兴大发,题联作诗,使得园一时名声大振。但世殊事异,到了明末,寄畅园破败。

清康熙初年,秦耀的曾孙秦德藻重振祖园,对寄畅园大加修葺,在园内叠山理水,置"八音涧"黄石假山,利用泉水与涧谷相互碰撞,发出美妙的音律,为园林中不可多得的景点。另外还有七星桥、九狮台等都是这一时期兴建的景点。康熙皇帝南巡至无锡,游赏寄畅园,大为欣赏,并亲笔题"竹净梅芳""松风水月""溪光山色"等景名。

雍正年间,秦氏后代秦道然下狱,园林也被没收。直到乾隆时期,秦氏得以昭雪,又重新修建园林。乾隆皇帝南巡时也兴冲冲来寄畅园游赏,前后竟达六次。不仅如此,乾隆参观游览寄畅园后,还依此园为模本在北京颐和园万寿山东北建园,题名惠山园,仿无锡寄畅

无锡寄畅园景致 位于无锡的寄畅园历史悠久,园内景致自然、古朴,并由此而成为无锡乃至江南地区古典园林的代表

无锡寄畅园七星桥 寄畅园七星桥南端在小水湾上架石板小平桥，自成一个小巧的水面。整个水池的岸形曲折多变，七星桥南水域以聚为主，北水域则着重于散，池水似无尽头，益显其源远流长的意境。这座贴水石板平桥长17米，由七块两米长的石板铺接而成，全桥古拙朴实，在园中横跨水面，贯通东西

园，后改称谐趣园。

　　现存的寄畅园景为新中国成立后重修，园中保留了一些古迹，新修景观也基本上是按原来的景观加以复原而成。

　　寄畅园地处无锡郊外惠山脚下，园依山而建，为山景园。园林占地面积为15亩，园池占地面积为3亩，山多水少。寄畅园的山以土为主，土石并用，土多，有利于植树栽花，石少，节省造价和工程量，园内运用叠山配合山岭手法塑造，构筑出高艺术水平的八音涧、鹤步滩和九狮台等各具特色的景观。

　　八音涧原名悬淙，位于园中西北部的山岭中，系用惠山黄石垒砌的一条长36米的石涧。石涧宛转屈曲，宽窄不等，高深一人左右，两侧黄石突兀挺立，壁如刀削。涧中一股清泉淙淙流淌，在山谷之内，流水不断地从山石孔洞出入、迂回、撞击，形成美妙的自然音乐。涧中有清末举人许国风书写石刻"八音涧"。设计者把音乐与园林的理水和叠山相结合，创造出神奇美妙的景观。

　　九狮台是园中的最高点，为一大型湖石山峰。整座山峰用大量太湖石层层叠加，顶部均以透空玲珑的狮头石压顶，塑造出许多造型各异的狮子形象，或大或小，或蹲或立，远看好似一群生灵活现的活狮子蹲卧在山间，形象奇特而生动，为园内一奇特景观。山东、西两侧设有石级盘旋而上，山顶上植有一株大树，枝繁叶茂，浓荫蔽日。

　　西部突出鹤步滩，一边贴水，一边靠山，路面用大块黄石铺砌，

依势错落。池边石块大半入水，并向水中散去，是整个山体与水面的自然过渡，是山脚、石路、驳岸的巧妙结合。与鹤步滩相对的是知鱼槛，飞檐翘角，三面临水，为观水赏鱼之处。锦汇漪水面广阔，除了中部的鹤步滩与知鱼槛对水面加以分隔外，就是池北部的平板石桥。桥面由七块长两米多的石板拼砌而成，故名七星桥。七星桥是分隔锦汇漪空间的重要构筑物，也是沟通园东、西交通的要道，它与嘉树堂、涵碧亭、廊桥均为园北主要景物。水池四周种植高大的树木，使水池部分自成一景，颇具清幽深邃之感。

寄畅园以山水作为全园的基本骨架，东部以水景为主，西部则以山石取胜。假山约占全园总面积的百分之二十三，全园山多水少，园中的山土多砂，因此有利于栽种植物。园林建筑布置疏朗，主要集中在园入口的东南角，有双孝祠、秉礼堂以及北部的含贞斋。秉礼堂是一组庭院，是当年族人执掌礼仪的地方。庭院虽小，但却自

无锡寄畅园鹤步滩　"鹤步滩"在"知鱼槛"对面，是园中的主山，是用当地的山石围叠，并用土夯实。造园者把这座假山当作无锡惠山的余脉来处理，使这座假山与惠山气势相连。假山脚下有弯曲的谷道，洞水顺流而下，水石相谐，情趣盎然，好似成群白鹤栖息漫步，因此取名鹤步滩

无锡寄畅园秉礼堂庭院鸟瞰图　秉礼堂庭院位于无锡寄畅园的西南角，由一座被称为秉礼堂的主体建筑和回廊、水池、假山等组成，庭院内景层变化多端，且有明显的主次之分

无锡寄畅园秉礼堂庭院 寄畅园最主要的一座建筑是秉礼堂，秉礼堂连同庭院构成寄畅园中的园中园。这组庭园面积不大，却有整洁精雅的厅堂、古朴文雅的碑廊、自然得体的水池、茂盛高大的花木和奇异的太湖石峰。秉礼堂是明代建筑，古朴典雅，共有18扇木棂花格落地长窗。这是执掌礼仪的场所。园主人敬佩关公，题名"秉礼"，即秉烛达旦、遵守礼节之意

成一体，由秉礼堂、回廊、水池、假山组成，是一处精致的院落，主要景区位于堂前，其他附属空间起烘托陪衬作用，主从关系较为分明。

园林中山水的布局总是同时考虑的，山因水活，水以山媚，山水相依，才符合自然常理。寄畅园虽属山景园，但与同是山景园的苏州高义园和拥翠山庄相比，更重理水，而且以理水为胜。园偏东有水池锦汇漪，池呈不规则形状，南北长76米，东西宽近20米。水面开阔，清澈如碧，最能体现江南水园明媚秀丽的特点。

无锡寄畅园东视剖面图 从无锡寄畅园的东面观看，可将位于锦汇漪水面沿岸的墙垣廊桥尽收眼底。这一区域的建筑体量小巧，以达到尽量不遮挡水面的目的

无锡寄畅园南视剖面图 无锡寄畅园充分利用了借景的手法，将其所在的惠山的风景引入园中，图为寄畅园南面的部分景观

寄畅园不同于一般城市园林，园内的自然山林风光浓郁，因依山而建，可以把惠山的近山远峰引入园内作为借景（从树隙中可以看到锡山上的龙光塔，从水池东面北望又可看到惠山耸立在园内假山的后面）增加了园内的景深，或是将惠山二泉之水引入园内汇积成池，与土阜乔林构作园内主景，造成林木葱茏、烟水弥漫的景象。

无锡园林中，除寄畅园外，著名的还有愚公谷，是万历年间提学副使邹迪光在此建造的一座园墅。清初，园毁，只留山水残址，后来成了丛葬地和坟茔的所在。新中国成立后，政府对旧址进行重新规划，设计建筑了诸多景点、建筑，如今成为无锡市锡惠公园的重要组成部分，为开放的综合性公园游览景点。

苏州园林

苏州地处长江下游,濒临太湖,南部是一望无际的平原,境内山明水秀,风光绮丽。在苏州市地区范围内(包括昆山、太仓、常熟、张家港四个县级市),历史上曾经出现过的各种园林约有一千多处。

苏州、无锡一带在商殷时期被称为荆蛮之地,是原始文化发源地之一。后来,由泰伯、仲雍在江南梅里(今天的无锡梅村)建立了句吴,史称吴地,到了吴王诸樊时,从句吴南迁至苏州,并开始营建苏州城。苏州园林的起源也就是从这里开始的。

由此看来,苏州园林最早可追溯到两千多年前的春秋时期,吴王阖闾在苏州建城,当时称阖闾城,城周长达四十七里,吴都建立的同时,利用苏州郊外的自然山水,用三年时间兴建了方圆五里的姑苏台,为当时规模宏大的离宫别馆和苑囿。这是有记载的最早的苏州皇家园林,也是中国园林史上最早的园林之一。

春秋战国以后,见于文字记载的园林是西汉时期的诸侯王刘濞效法当时皇宫御苑的形制,在苏州扩建规模宏伟的长洲茂苑,长洲茂苑位于苏州城郊,原为春秋时期吴王阖闾和其子夫差游猎的场所。经扩建后,形成规模宏大的宫室苑囿,供王室度假及射猎之用。

西汉时期,私家园林出现,和当时全国其他地区的园林一样,苏州园林的发展特点之一便是私家园林的萌芽。苏州历史上记载最早的私家园林实例出现在魏晋南北朝时期。

魏晋社会动荡不安,吴地相对安定,经济发展较快,大批文人士族南下。据《晋书·王

苏州网师园五峰书屋庭院 苏州园林以具有诗情画意的景致而著称,当地造园的手法及特色对中国各种不同类型的古典园林都产生了深远的影响

导传》记载,当时约有九十万人南渡,其中有二十六万人定居于今苏南一带。他们为苏州地区带来了大量的劳动力和北方较发达的科学文化,推动了吴地的发展。当时的豪门士族或隐逸在山林郊外,或模仿自然山水在城市中营造园林,成为一时风尚。《世说新语·简傲》记载有王徽之、王献之曾慕名游赏顾辟疆园,当时还有"怪石纷相向""池馆林泉之胜,号吴中第一"的说法。

自晋至唐,苏州私园没有什么发展。唐代后期,苏州经济开始繁荣,对外贸易日趋

苏州怡园 苏州古典园林不仅在建筑景观的设置上独具匠心,而且还融入了文学、绘画、书法和音乐等多种艺术形式,这一点在苏州怡园内就得到了很好的体现

发达。当时有韦应物、白居易、刘禹锡等先后出任苏州太守,而李白、杜牧、李商隐等著名诗人都相继慕名来到苏州,游览山水,吟诗作文,为苏州的历史文化增添了风采。

五代时,中原纷争,而苏州地处东南,因此较少受到战乱的破坏。这里人口集中,太平宁静,成为辟建私园的好地方。隋唐至五代十国时期,大运河的开通带动了苏州地区经济的飞速发展,造园活动日渐兴盛。史载,吴越王钱镠和其子钱元璙父子两代在苏州造园,同时,还在苏州修建寺庙和庄园,著名的有东庄和南园,为苏州私园园林胜景。

到了宋代,北宋时苏州称平江,城市经济繁荣,在全国经济上都占有举足轻重的地位,当时有"苏湖熟,天下足"的说法。北宋庆历四年(1044)苏舜钦获罪、谪职,于第二年避居苏州,在城南购得一处废园,修筑沧浪亭,并自撰有《沧浪亭记》,沧浪亭成为苏州私家园林的代表。

宋代及以后的元代是苏州园林发展的高峰期,宋徽宗的花石纲命令人们在太湖流域收集太湖石、灵璧石及奇花异草,朱勔采办花石纲发了财,在苏州建了两处园林,乐园和绿水园。元代,天如禅师建狮林寺,即为今天狮子林的前身。从明代中叶到清代为苏州园林的鼎盛时期,苏州古城及所管辖的各县市的园林,

苏州网师园

苏州怡园

可谓星罗棋布，数不胜数。

据《吴风录》记载："吴中富豪竞以湖石筑峙奇峰阴洞，凿峭嵌空为绝妙。"明代士绅在苏州所建的园林中比较著名的有拙政园、留园、西园等，到今日一直保存完好。清代所建的园林，如怡园、耦园和曲园等，现在仍然存在。

拙政园

拙政园位于苏州东城娄门内东北街，是明御史王献臣的别业，创建于正德年间（1506—1521）。明正德四年（1509），王献臣官场失意，回乡购得"大宏寺"旧址，拓建园林，成拙政园。王献臣，字敬止，号槐雨，苏州人，明弘治六年（1493）进士，任御史。据说他为政期间，贪图享乐，搜刮民脂民膏，退居苏州后凭借豪势，强占了元代时建造的大宏寺庙地，据为己有，大肆营建花园。花园建成后，王献臣借用晋潘岳《闲居赋》中"庶浮云之志，筑室种树……灌园鬻蔬……此亦拙者之为政也"的语意，将花园命名为拙政园。当时著名的书画家文徵明参与了园林的设计，并作有《王氏拙政园记》及《拙政园三十一景图》，记录了建园的经过和园林之初的面貌。

据《王氏拙政园记》记载，园址地势低洼，建园时因地制宜，高坡筑山，洼地开池，以水造景，亭台间出，廊桥飞架，巧妙地构成了以水成景的画面。王献臣死后，屡更园主。先是由王献臣的一个儿子因赌博将园子输给了徐氏，徐氏对园子进行修筑，池台稍有改变。以后明清两代分别有多位官僚士绅构置此园，进行修葺改建。康熙初年，拙政园被改为苏松常道新署，乾隆年间又有官僚购得此园，易名复园。太平天国时，拙政园被纳入忠王府的范围，后被清政府收管。同治十一年（1872）改为八旗奉直会馆，仍以拙政园为名。拙政园几经兴废，全园中、东、西部几次被分离成相互独立的小园林，经过1954年至1960年的不断修缮，拙政园东、中、西三部分才完全

苏州拙政园中部园林区域鸟瞰图 苏州拙政园整体分为东、中、西三部分，东部建筑稀少，布局疏朗；西部以水池为中心，亭廊台榭错落而置；中部是园林主景的集中地，同样围绕水池布景，形成丰富的景观层次

统一，形成今日园林的整体风貌。

今天拙政园园林部分占地面积约六十多亩，分作东、中、西三部分。整园以中部为主，西部为光绪初年张氏补园的面貌，东部为新中国成立后新建。

东部以大门入园，进门往北即为此区主厅——兰雪堂。堂东北的一泓清池岸边，有芙蓉榭，另有天泉亭、黑松岗、秋香馆、涵青亭等景。这一部分建筑很少，空间开阔，构思布局既继承传统，又有创新，使得古朴的竹坞曲水景色与自然的松岗山岛风光互相映衬，相映成景。

中部是全园的主体和精华所在。中部景区围绕水池置景，形成丰富的景观层次布局。其中远香堂是中部的主体建筑，居中心位置。远香堂周围环境开阔，所以采用四面厅的做法，

苏州拙政园芙蓉榭 芙蓉榭位于苏州拙政园东部泓清池的岸边,为一座覆有卷棚歇山顶的单体建筑,自亭内可观赏泓清池内的荷花及周围的优美景致

四周长窗透空,得以环观四面景物。

　　远香堂四周有开阔的平地。堂南叠山掇石,山上建置小亭,东为六角攒尖的待霜亭,西为长方形的雪香云蔚亭,东西相望,其中西面亭又与远香堂构成对景。堂前池水辽旷,池中筑有两座小岛,其间隔以小溪,又以桥堤相连,既分隔南北空间,又起着划分水面的作用。桥堤相接处突出的小岛上建有荷风四面亭,檐角飞扬,是观赏水景的最佳位置。荷风四面亭的位置决定了它作为联系池岸景观的枢纽,使得池南见山楼、池东两山、北岸的倚玉轩及西南的香洲等景区、景

苏州拙政园浮翠阁西部剖面图 浮翠阁位于拙政园西部一座假山的顶端,从远处看仿佛浮在树丛绿荫之上,故称为浮翠阁。登阁远眺,可将远山近水尽收眼底

苏州拙政园浮廊 拙政园内的浮廊为一条架于水上的长廊，其整体呈波浪形的走势，可起到连通或分隔空间以及引导游人的作用

点，由散落转为一种有意识的向内。而从组景的效果来看，荷风四面亭、雪香云蔚亭、待霜亭以及池东岸的梧竹幽居构成贯穿水池东、西的一组亭景。南北向与见山楼、倚玉轩又形成纵向的水面景观，园景颇具层次，但在组合上仍连为一体。

远香堂南与北面旷远明朗的水院相比，更具幽深之胜。这里主要由两组景观或院落组成，远香堂西南是一组典型的以水造景、由庭院组成的景区。这一带水面幽曲、深邃，阁廊飞动，萦水环绕，又有小沧浪，景色幽深，小飞虹桥上加廊，轻盈灵巧。南岸香洲半掩半露与倚玉轩横直相对，两楼各出水岸，相夹水面狭窄。为加深水面景观层次，船形建筑香洲内搁置一面巨大的平镜，反映出对岸倚玉轩一带景物，渗透空间，奇妙无穷。另外，由小沧浪凭轩北望，透过松风亭和小飞虹，穿过香洲侧影，遥见荷风四面亭，以见山楼作远处背景，重重水面，层层景色，一起摄入眼中。

枇杷园、海棠春坞、听雨轩组成远香堂东南的一组庭院景区。空间变化丰富，枇杷园庭院，建筑稀疏，布置简洁有序。

拙政园浮翠阁 位于拙政园中部的浮翠阁檐脊飞翘、造型柔美、灵动精巧，将江南园林小亭的美感发挥到了极致

园中部与西部以别有洞天月洞门相隔，两边原来是一个整体，后来一分为二，开始用墙垣间隔，合二为一后，在墙上开漏窗，以沟通园景。

西部在与中部相分隔时，为求其自身的整体性，便进行了小范围的规划和设计。西部总体布局上仍是以水为中心，受地形、面积的限制风格上略显拥塞。主体建筑为卅六鸳鸯馆和十八曼陀罗花馆，都建在池南靠近住宅的位置。池北假山耸立，山上亭阁飞檐翘角，凌空而置。水池平面呈曲尺形，西南突出一角，向南延伸，尽端有塔影亭临池而立。但由于基地狭窄，环境拥促，而主体建筑卅鸳鸯馆又采用方形的平面，因此建筑形体在尺度上显得与环境不大协调，水面也因受其建筑的挤压而呈现局促感，影响水势和水趣的发挥，空间形象美感缺失。

综观拙政园全园结构，园以池水为中心，建筑、假山、花木皆围绕这一中心展开，尤以中部的处理最为成功。水面有聚有散，聚处如远香堂北面的辽旷，散处如小沧浪一带的幽曲。整个水面空间既分隔变化，又彼此贯通，相互联系。因园内水多，故桥也多，桥的造型都为平桥，造型简洁而轻快，与平静的水面环境相协调。园林空间上的分隔多用山池、花木，房屋也很少用围墙，避免造成空间闭塞，尽量做到处处流通、贯通。因此，园林表现出疏朗、开阔、明净、秀雅的特色。

另一方面，拙政园是一座颇具有典型文人气质的私家园林。园林的命名及园内建筑的名字，都体现出一种失意文人的心理状态。如拙政之"拙"，实属自嘲，别有境界。另外，园中现存最大的一座明代园林建筑——远香堂，取宋代理学家周敦颐《爱莲说》中"香远益

苏州拙政园小飞虹廊桥 翘角的飞檐、镂空的窗扇、嶙峋的山石以及苍劲的树木,都是拙政园内常见的主题,构成了一组组优美的景观,同时也表现出了苏州造园者在掌握装修和置景等方面的熟练与精湛

清"句,以莲"出淤泥而不染"的清幽自喻清高,是失意文人人格与心态的真实写照。此外,拙政园又以水景为主题,各种景观自然天成,而又统一为一个整体,层次丰富多变,意境开阔幽深,园林建筑组合的语言用得很好。

拙政园以旷远明瑟的风格居于苏州园林之冠,园内建筑精巧典雅,根据居住、读书、宴饮、弈棋等功能,建造了大量的厅、馆、轩、榭、舫、廊、桥等建筑,再配以雕饰精美的门窗、挂落、栏杆等,追求多变的铺地、漏窗、洞门,完美地表现了江南精湛的装修建筑艺术。拙政园在建园之初就很注重花木的配置,在文徵明《拙政园图咏》中共三十一景,而以花木命名的景点占了一半以上。远香堂、芙蓉榭、留听阁、小沧浪、荷风四面亭,都因莲、荷而名。枇杷园嘉实亭有枇杷十余株,相传为忠王李秀成手植,海棠春坞内垂丝海棠、西府海棠,花团锦簇,香气扑鼻。听松阁下的黑松,绮秀亭下的牡丹、芍药,玲珑馆前的寿星竹,梧竹幽居的慈孝竹,得真亭的紫竹,听雨轩后的芭蕉林,无不依景而生情,使主题突出,园景内容更加丰富多彩。

留园

留园位于苏州古城阊门外。始建于嘉靖年间(1522—1566),初为太仆寺卿徐泰时的私家花园。当时有东、西两座园,其中西园为徐泰时儿子徐溶的居所,后舍宅为戒幢律寺,东园后来发展为留园。现在留园中部池北、池西岸用黄石堆叠而成的假山,据说是当时的遗物。嘉庆年间,东园被官僚刘恕所得,建置别业,因园内多植白皮松,所以改名为寒碧山庄,又俗称刘园。据刘氏自撰《寒碧山庄记》:"予因而葺之,拮据五年,粗有就绪。以其中多植白皮松,故名寒碧庄。"光绪初年,盛康出资购得,并在园中修葺增筑,谐原名"刘园"之音,得名留园,又有"长留天地间"之意。

留园占地面积约2.33公顷,园中包括住宅、祠堂、辅房和宅园等,是苏州大型宅园之一。如今园内住宅部分已不存在,为民居所

苏州留园

占。园林部分经扩建后共分为四个部分,即中、东、西、北,其中西区以山景为主,中部山水兼有,东区以建筑取胜。中部与徐氏东园和寒碧山庄有较多的历史遗构,文化价值最高,东、西、北三区为光绪初年官僚富豪盛康所扩建部分,后经修缮增建。园内建筑精美、花木繁茂,池水明瑟,峰石林立,为苏州城市园林的典范。

中部为寒碧山庄的旧所,是经营时间最长的一幢建筑,也是全园的重心所在。中部又分为东、西两区。东区以山水见长,西区以庭院建筑为主,两区各具特色,互相衬托。花园位于住宅的后面,以中心辟池,池南、北两岸堆砌山石,东南为建筑。假山为土筑叠山,以大块黄石为主体,气势浑厚,上置多空的湖石峰,黄石、湖石混置,意趣盎然,应为明代遗物。池北假山以可亭为构图中心,与池南涵碧山房隔水相望,又与远处的明瑟楼构成一幅动人的画面。建筑高低错落,造型玲珑,白墙灰瓦配以栗色门窗,色调温和雅致,堪称江南园林之典范。西山林木深处,闻木樨香轩掩映其中,优美的造型和适宜的尺度与周围环境相得益彰。

东部景区为住宅部分,虽然景观次于中区,但这里有苏州园林中规模最大、装修陈设最精致的厅堂建筑——五峰仙馆。五峰仙馆是这一景区的主体建筑,也是园中最大的一幢建筑。厅堂梁柱用楠木构筑,故又称楠木厅。厅为硬山顶,面阔五间,宏敞精丽,内部装修精致雅洁,是苏州园林厅堂的典型。厅南前院掇石筑山,叠掇精巧,相传为十二生肖的形态。后院有水池,池中养鱼,别具情趣。此外,这一景区中还有石林小院、冠云峰庭院等,都是一个个幽雅恬静的小庭院,院落中都布置佳木修竹,又间以曲廊相连或相隔,亭、台、楼、阁各显风姿,建筑与景观互映互衬,景致令人流连忘返。其中又尤以冠云峰庭院最受人关注。

冠云峰庭院中有一座巨大的天然湖石——冠云峰,相传是明代东园的旧物,为吴中太湖石峰尺度中最高的一座,这座湖石高达6.5米,造型奇秀,风骨坚韧,被看作是中国古代文人、志士高尚人格的体现。从审美角度看,冠云峰直立,挺拔而姿态柔润,原为无生命之石料,却散发出无限生气,显

苏州留园湖石 苏州的盆景艺术具有起源较早、类型丰富的特征,并被大量运用在了园林的设计之中,如在苏州留园内部就设有专门的盆景园

苏州留园石林小院 苏州留园石林小院是留园东部庭院建筑群中连接五峰仙馆和林泉耆硕之馆的一个小院，也是留园最精美的一个园中园。留园前身寒碧山庄的主人刘恕在嘉庆十二年（1807）特意借用了宋代词人叶梦得在湖州的"石林精舍"的名字，建造了"石林小院"。由五峰仙馆东侧穿过"静中观"半亭的月洞门进入"石林小院"，全院由揖峰轩、石林小屋、回廊和花木点缀的晚翠、迎晖、段锦、竞爽等七个峰石庭园空间组成，布局灵巧、景观雅丽

苏州留园林泉耆硕之馆内景 林泉耆硕之馆是苏州留园东部的主体建筑之一，以精美的内部设置而著称。馆内设有银杏木雕，将室内分为南厅和北厅两部分，并采用两种不同风格的内部形式设置，令人耳目一新

现出坚实而空灵的美感,为留园增色不少。冠云峰位居正中,东、西两侧有瑞云、岫云两峰相辅,三峰相立,为全院的主景和构图的中心,环绕山峰,庭院内又有林泉耆硕之馆、冠云台、冠云楼、冠云亭和伫云庵等建筑。

西部园林为林木繁茂、小溪曲流的山林风光区,与中部景区仅一墙之隔,却另成境界。其北为土阜,间列黄石,是全园最高处,可远眺虎丘、天平、上方、狮子诸山。这里春夏绿荫蔽日,深秋红枫似锦,尽显自然野趣。门窗外小桥流水、蕉竹花石相互衬托,构成一幅幅明丽的画面。

北部由冠云楼向西,出走廊是一片竹林地,这里原有"亦豁庐""花好月圆人寿楼"等建筑,现已损毁。进"又一村"洞门,原来种植有桃、杏、李、竹等植物,还设瓜架,是具有农家田园风光的园景,取意于陶渊明"柳暗花明又一村"的意境。如今这里辟为盆景园,供人观赏。

留园建筑数量较多,但其空间之突出,可居苏州诸园之冠。园内厅堂宏敞华丽,更有戏台、书房、楼馆,充分反映出官僚豪绅骄奢

苏州留园明瑟楼 苏州留园明瑟楼的底层三面敞空,以矮墙和吴王靠作围栏,使人站在楼内便可欣赏到其周围的景观

淫逸的生活追求。而为了取得多样的园景并解决建筑过于密集的问题，留园采取了以建筑庭院划分与园林空间组合方法，尤其是庭院入口空间的处理极为巧妙。空间的大小、明暗、开合、高低，参差对比，形成有节奏的联系，衬托了各庭院的特色。以一系列狭窄曲折的空间作为引导，进门粉墙上开设形式各异的漏窗，游人可透过漏窗窥见园中景致的片断，从而激发游人的兴趣。园内建筑尽量集中，以密托疏，一方面保证自然生态的山水在园内所占的比重，另一方面则把密集的建筑群体创为一系列的空间的复合。

狮子林

狮子林最初是一座宗教祭祀园林，现位于江苏省苏州市潘儒巷内，东靠园林路。元至正二年（1342），天如禅师的弟子在苏州购置园地，为其安排寓所，建菩提正宗寺，园在寺北，二者合称狮林寺。至正十四年（1354），《狮子林菩提正宗寺记》云："有竹万个，竹下多怪石，有状如狻猊者，故名狮子林。"这里原为宋代人旧宅，有宋徽宗营造艮岳时遗留下的湖石，并配以竹木，因多竹林怪石。

天如禅师请画家倪瓒构思立意，不但绘制了《狮子林图卷》，作《过师子林兰若诗》，还请画家参与了园林的设计规划，把诗和园有机地结合起来。当时园内已有著名的冰壶井、问梅阁、立雪堂、卧云室、小飞虹、指柏轩、玉鉴池、翠谷、禅窝和五石峰等十二景。

嘉靖年间，园林部分曾一度为豪绅占为私园，万历十七年（1589），明性和尚重建狮子林为圣恩寺，修建了佛殿、经阁、山门等，寺内主持求得皇家支持，使寺庙繁盛起来。崇祯末年，居士陈日新在此建造藏经阁、大殿等。

康熙、乾隆南巡，多次游赏狮子林。1703年，康熙南巡来到此园，赐题"狮林寺"额。并于乾隆十二年（1747）进行修葺，筑墙与寺庙分开。乾隆游狮子林时，根据倪瓒《狮子林图》改寺名为画禅寺，并御赐"真趣"匾，作诗和图。乾隆三十六年（1771），黄熙中了状元，精修府第，重整庭院，取名涉园，又因园内有五株大松树而改称五松园。清末，园林遭荒废。

中华民国初年，园归李钟钰所有，1917年，颜料巨商贝润生购得此园，此时园林已经颇废荒芜。贝氏修园，在园东南建家祠，祠周围建校舍，沿祠舍大规模修建园林。这一时期在园内增建了燕誉堂、小方厅、湖心亭、九曲桥、石舫、见山楼、人工瀑布、九狮峰和牛吃蟹等，并根据当年胜迹保留了乾隆的"真趣"二字御额及御碑，分别建真趣亭和御碑亭。旧有的指柏轩、问梅阁、卧云室、立雪堂等建筑，也都有所修建，恢复旧观。自此形成了狮子林现在的格局。

狮子林平面呈长方形，面积约15亩，四周高墙峻宇，气象森严。全园布局东南多山，西北多水，建筑置于山池东、北两翼，长廊三面环抱，林木掩映，曲径通幽。

狮子林素有"假山王国"之称，湖石假山多而精美，以洞壑盘旋出入奇巧取胜，峰峦起伏，洞壑婉转，千奇百态。园中湖石假山主要集中在指柏轩南面，占地面积约1000平方

米,模仿天目山的狮子岩而建,石峰林立,玲珑隽秀,有含晖、吐月、玄玉、昂霄等名峰,还有木化石、石笋等,为元代遗物。假山分上、中、下三层,有山洞二十一个,盘道九个,中间一条溪涧把山分成东、西两部分,两边各形成一个大环形,山上满布奇峰怪石,大小不一,姿态各异。有如狮、鱼、鸟等各种动物造型,而最特别的是各式各样的狮子形象,舞狮、睡狮、卧狮、嬉狮变化万千,意趣无穷。假山最初立意含有佛教思想,湖石堆砌的狮山象征佛教圣地九华山。但今天所见已是后世重修后的景观,与最初的淳朴、写意风格相比,趋向烦琐,世俗气息浓郁。

狮子林内建筑以燕誉堂为主厅,高敞而宏丽。堂内中厅陈设有《狮子林图》和《重修狮子林记》屏刻。庭前院有花台石笋,种植玉兰花树。后院向西有指柏轩,为全园的正厅,轩为两层楼阁的形式,四周建有回廊,高爽玲珑。

指柏轩的西南角,有见山楼,楼名取陶渊明"采菊东篱下,悠然见南山"之意。在此望窗外假山,有满目怪石、变幻陆离之感。楼西为荷花厅,厅前设置水

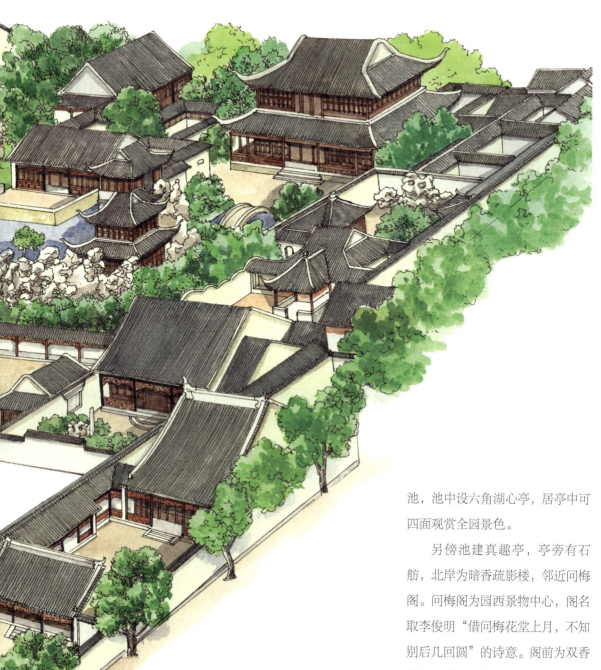

苏州狮子林鸟瞰图 苏州狮子林整体布局较为规整,四周采用高墙围合,但园内的布局却被设置得自然、随意,完全打破了中国传统建筑的对称式布局,是彰显苏州园林特色的重要典范

池,池中设六角湖心亭,居亭中可四面观赏全园景色。

另傍池建真趣亭,亭旁有石舫,北岸为暗香疏影楼,邻近问梅阁。问梅阁为园西景物中心,阁名取李俊明"借问梅花堂上月,不知别后几回圆"的诗意。阁前为双香仙馆,南行折东有扇子亭,亭后辟小院,布置竹石。院南界墙东端折为复廊,沿廊至东部庭院内有立雪堂,以"程门立雪"的典故纪念恩师。由复廊西行可达修竹阁,阁跨涧而建,一面连山,三面环水,

苏州狮子林湖心亭、荷花厅、古五松园 在苏州狮子林内,还建有一处人工瀑布,这在中国古典园林中并不多见。图为狮子林瀑布附近的一组建筑,分别称湖心亭、荷花厅和古五松园,其中湖心亭为一处观瀑的好地方

东、西两组假山在涧北端连成一体。

狮子林空间组织使用回廊,也颇具特色,从东到西,自南至北,全依地形高下升降,筑半亭,配屋脊,贯通园中南、北、西三面众多景点和建筑。回廊既连接了园内的交通,又拓广了境界使人感到意趣无穷。

苏州园林由于居住游憩生活功能需要的建筑比重较大。除了因景和造景要求而设亭阁廊榭外,以聚友宴客、赏心演乐的厅堂是全园的主体建筑,如《园冶》所说:"凡园圃立基,定厅堂为主,先乎取景,妙在朝南",如拙政园、留园。

苏州宅园的又一特征是园地面积虽小,但能因势随形,展现一景复一景的空间体验,引出曲折多变化的层次。常用手法是运用粉墙、漏墙、廊、假山或叠山形体,或树丛竹林,构成不同的景区,或形成园中之园,如拙政园内的枇杷园等。其中尤以廊的运用最为突出,它不仅是连接建筑之间的通道,而且是划分空间、组成景区的手段。廊往往随势而曲,或蟠山腰,或穷水际。园林中的漏墙也有与之相似的功能。而且实中有虚、有

上｜苏州狮子林飞瀑

中｜苏州狮子林水景

下｜**苏州狮子林半亭** 半亭是指依附其他建筑或墙体而设置的一种亭子，在中国古典园林中被广泛运用，图为位于苏州狮子林内的一座半亭

透。在苏州园林中，往往可以看到环绕全园的界墙，筑以回廊，在雨天不用雨具，可沿廊行走以观赏全园景色。

苏州园林，建筑与景相融合。古色古香的厅堂、轩、亭、榭、舫等建筑，巧借自然之势，再现山水之美，达到了"虽由人作，宛若天开"的境界。苏州园林布局基本上以厅堂作为全园的中心，周围以假山和水池造景；次景区的题材较为多样，有的以四时花木为主，有的以水为要，有的则以山峰见长，不同的景区间以墙、廊、屋宇、假山、树木等作分隔或连接，整体上追求"多方胜景，咫尺山林"的艺术效果。

浓厚的文学气息是苏州园林的又一特点。在苏州园林中漫步，常常可以体会到浓郁的文化气息以及一种只能意会不能言传的美感。建筑的命名十分典雅，大多数都有渊源和典故，例如沧浪亭的面水轩，取自杜甫"层轩皆面水，老树饱经霜"之句。另外也有取自古代文学、哲学或佛教故事的，如出自《庄子·秋水篇》的沧浪亭观鱼处，取材《朱子语录》中游酢、杨时尊师故事的狮子林立雪堂等，都是其中的代表。此外苏州园林中的匾额、对联也相当丰富，对园景起到了点题的作用。

苏州网师园濯缨水阁　作为苏州古典园林的代表，始建于宋代的网师园以宅为主、以园为辅，充分满足了园林的主人居住和游憩的需要

苏州网师园月到风来亭　苏州网师园月到风来亭位于彩霞池西,三面环水,取宋人邵雍诗句"月到天心处,风来水面时"之意,情趣之处在于临风赏月。亭东的两根柱子上,有清代何绍基的对联"园林到日酒初熟,庭户开时月正圆",这是园林之亭的文人雅意所在。临风赏月的最佳时节自是金秋,中秋之日,天高气爽,天上明月高挂,池中皓月相映

苏州狮子林假山景五峰山　游观狮子林,置身于假山之中,山水相连,就像置身于山水画中。步入假山顶上,可以看到耸立的著名的五峰,居中为形如狮子的狮子峰,东部为含晖峰,下部有四个山洞相通,在峰后可见奇石林立

09 其

其他园林的造园语言

其他地区园林　寺观园林　山水园林　岭南私家园林　北方私家园林

山西静园观稼阁 中国古典私家园林虽然以南方为代表，但北方私家园林的成就也不容忽视。图中的阁楼位于山西静园之中，为园内最高的一座建筑，称观稼阁。山西静园始建于清代，是当地常家庄园内的后花园，具有北方私家园林浑厚大气的典型特征

北方私家园林

依现存古典园林的大体分布情况来看，皇家园林主要集中在北方，以北京及其附近地区为主；私家园林则以南方为多。北方的私家园林以北京最为集中，最盛时期具备一定规模的宅园达一百五六十处。北京私家园林大致可分为王府花园、士绅宅园及贵戚别墅式赐园三种类型。王府花园是北京私家园林的一个特殊类别，包括亲王府、贝子府、贝勒府、公主府等府邸的附园或后花园，它们的规模比一般宅园大，规制也有所不同。清代北京城内共建有王公府第近百处，带有后花园的例子也有不少，而经历年的城市建设、整修改造后，保存下来的实例却是少之又少，现仅有什刹海前海的恭王府花园较完整，后海的摄政王府尚保留有部分园林景观。

恭王府花园

恭王府是清代恭亲王奕䜣的府邸，府邸北为花园，名萃锦园，是北京现存较完整的一处亲王府邸花园。恭王府地处北京什刹海前海西沿，它的前身为乾隆宠臣和珅的宅园。嘉庆四年，和珅获罪，家产被抄收，府邸被嘉庆赐给乾隆帝第十七子庆郡王永璘，也是嘉庆帝的同母兄弟，后因永璘被封为亲王，府邸便改称庆亲王府。咸丰年间，咸丰帝将王府收回，又转赐给其弟恭亲王奕䜣，从此便成为恭王府。

和珅是乾隆皇帝的庞臣，也是中国历史上有名的贪官，他贪污纳贿，积蓄了大量资财，

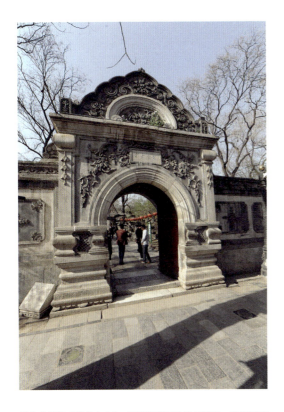

北京恭王府"静含太古" 恭王府花园始建于清代,曾经过多次修建及改建,至今保存相对完好,且规模庞大,园内景观丰富、精致,是北京城内的一座颇具代表性的王府花园。图为恭王府花园入口正门,采用中西合璧的建筑风格,称"静含太古"

府邸花园称萃锦园,又名朗润园。在北京西郊海淀曾有一座花园,名朗润园,是皇帝赐给恭亲王的一个花园,后来恭亲王搬进这座王府,便将府邸后花园也称作朗润园。

府邸部分向南中部有门,园门为晚清流行的西洋式拱券门,仿照圆明园中大水法海园门建造,俗称"洋门"。园门上方,南面题刻"静含太古",北面题刻"秀挹恒春",点出了府邸与花园的不同意境和情趣。

花园总平面近方形,整体格局由中、东、西路三部分组成。中路主要是宴请宾客的厅堂,厅堂左侧是一组建筑院落,北面建有大戏台;右侧是花园景观,由一个大湖池和散落在周围的堂榭轩廊组成。

北京恭王府山池景观 自恭王府花园的正门进入,首先映入眼帘的是优美的山池景观,水面波光粼粼,四周山石林立,其中有一块体型最为巨大的山石,称独乐峰

可想而知,他的宅园也不是一般的规制。据《嘉庆朝实录》中所载和珅"二十大罪"中提到,和珅府内有用楠木建造的房屋,有依照紫禁城宁寿宫建筑内的样式设计的多宝格和隔断,有仿照圆明园蓬岛瑶台建造的观鱼台等,诸多细部装饰及规制都是等级很高的。

恭王府由前面的府邸和后面的花园两部分组成。府邸部分的建筑规制以南北厅堂排列为院落布局,平面布局上又可分为中、东、西路三组院落。中路包括三进院落;东路现存两个院落,有三进房;西路院落为三进。整体布局规整,颇具王府风范。

北京恭王府全景鸟瞰图

天津问津园

中路中轴线与前府的中轴线贯通。进入府门两座青石假山分持左右，迎面立有太湖石峰，顶刻独乐峰。峰北为一蝙蝠形水池，称蝠池（旧名"蝠河"，取谐音，也叫"福河"）。蝠池后为面阔五间的正厅，前出抱厦，左右游廊环抱，名安善堂，东西各有配房，东为明道斋，西为棣华轩。过安善堂，进入第二进院落，院落内有一方形水池，池后是一组名为"滴翠岩"的大假山，山内有石洞，洞壁嵌有康熙手书"福"字石刻，山上建邀月台，台上三间小室，名"绿天小隐"，现称福神庙，可俯瞰全园景色。过滴翠岩，为中轴线最后一进院落，院落以平面呈蝙蝠形的蝠厅（又称福殿）结束。中路三进院落，院院有"福"，前院有福河、中院有福字、后院有福厅，处处表达祈福之意。

东路以坐南朝北的大戏楼为主，南部为两座狭长的院落，与大戏楼的扮戏房相连。进垂花门，院落内有东房八间和西房三间。正北即为王府大戏楼，楼是三卷勾连搭式建筑，戏楼北为怡神所。戏楼的北面另有一座院落，原有东房两间，北房五间，园东侧南、北方向分别叠青石假山，据说这里是真正的"天香庭院"，府邸内锡晋斋挂有"天香庭院"匾。

西路以大型长方形湖池为主景。中心大水池，池中小岛上建"观鱼台"，池四周环以游廊、小亭，池北建"澄怀撷秀"厅，成为以水景为主的景点。水池最南端是一段城堡式的墙，墙顶砌成雉堞状，墙

左｜北京恭王府妙香亭 妙香亭是恭王府花园内的一座颇具特色的建筑，采用了海棠形平面及平顶的形式，并被置于水中，不仅其本身具有很好的观赏效果，同时也为观水提供了平台

北京恭王府花园局部 恭王府花园内的包含有一些由厅堂、门、廊共同组成的庭院空间，这些庭院整体上显得严谨、规整，与园内的自然山水景观形成了强烈的对比

右｜**北京恭王府湖心亭** 湖心亭是恭王府西路的主要景观，位于长方形湖池的中心处，亭一侧通过木桥与池岸相接

上辟券洞，洞北石刻"榆关"，榆关即山海关，喻义当年清帝就是由此入关、一统中原的。

整座园林的东、西、南三面为土山所包围，与南面的住宅部分相隔离，成为独立的园林环境。布局上以中路轴线为构图骨干，效仿皇家苑囿构图布置，显示出皇家的气派；建筑密度较高，装饰艳丽华美，这些都带有宫廷园林的特征。由此可以看出，王府园林的营造模式介于皇家园林与私家园林之间，既注重权威意识的表现，又着力于自然风景的营造，其设计构思、布局、山水创作都有一定的独特之处，尤其运用建筑与叠山相结合组成不同景致的手法，更是独出心裁，为古典园林一特殊类别。恭王府建筑的结构和装饰相比江南园林显现出浓丽的风格，有着明显的皇家气象。恭王府花园是北京现存清代王府花园中规模较大、保存比较完整的一处。

此外，由于园主人奕䜣生前喜读《红楼梦》，而园中部分景观又符合《红楼梦》中"大观园"的意境，因此，此园一度被称为《红楼梦》中"荣国府"及"大观园"的原型，这一观点还成为学术界一个具有争议的课题，同时也是中国园林史上的一段佳话。

北京大观园

十笏园

北方私家园林的数量比南方要少得多。山东省潍坊市的十笏园,应是北方私家园林的代表。

潍坊市位于山东半岛中部,东、西、南三面毗邻青岛、淄博、临沂等城市,北接渤海莱州湾,气候适宜、交通便利。从明代到清末,经济持续繁荣,乾隆年间便有"南苏州,北潍县"之称。据《潍县志》记载,在这段较长的繁荣时期内,潍县的富商、地主和官僚经营宅园成风,清代时,城内有著名的宅园七座,城郊有九座,这些私园无不以擅长山池花木亭馆之胜而得名,其中最负盛名也是目前仍存的只十笏园一例。

十笏园位于潍坊市胡家牌坊街。原为嘉靖年间刑部侍郎胡邦佐的故宅,清顺治时的陈兆鸾、道光时的郭熊飞也曾先后在这里居住。光绪十一年(1885),潍县豪绅丁善宝用重金购得,改建为小型花园。

笏是封建社会官员上朝叩拜皇帝时手里握的笏板,取"十笏"为名,用来形容园林之小。十笏园总面积仅有2000平方米,规模虽小,但园内却建有亭台楼榭二十多处,房屋六十多间,园内有水池、小岛、曲桥、假山、游廊等,布置紧凑,格局巧妙,在有限的空间里呈现无限的自然山水、建筑环境之美。

丁善宝经常在园内宴请宾客。当地或过往的文人雅士也以游此园为幸,并多有即兴挥毫泼墨吟诗题咏。1925年,康有为先生游十笏园,在园内住了三个晚上写下了《十笏园留题》:"峻岭寒松荫薛萝,芳池水石立红荷。我来山下凡三宿,毕至群贤主客多",对十

山东潍坊十笏园静如山房前水池 静如山房为十笏园西轴线南端的一座厢房,被作为客房使用,图为静如山房前的山池小景,可体现出十笏园在景致构成上的独具匠心

山东潍坊十笏园春雨楼屋顶 位于十笏园内的春雨楼为一座两层的小楼,楼顶采用了三重檐的形式设置,是整座建筑的独到之处

山东潍坊十笏园稳如舟 十笏园位于山东潍坊，园林规模较小，但由于在遵循布局严谨的北方特色的同时又吸收了江南园林的自由风格，使该园成为中国古典造园艺术中的奇葩

笏园的赞誉之情油然而出。

十笏园是在旧住宅基址上改建而成的，因此，在园中还保留一些原来的建筑，布局规划稍有改变。园林平面呈长方形，由东、西、中三条中轴线上的院落构成，左右对称，中轴线上的建筑布局层层变化，景致叠起，是十笏园的主体所在。

中轴线上的第一座建筑是厅堂建筑，堂前散置山石花木，池中荷香四溢，碧波涟漪，池正中挺立四照亭。四照亭为三重檐卷棚歇山顶建筑，屋顶造型十分奇特，这种屋顶是山东潍坊特有的做法。三重檐层层迭出，檐与檐之间不暴露柱子结构，而是单纯地在屋面上重叠。最上面一层为卷棚四坡水形式，下面两层间距较大，最底层檐两侧做叠涩装饰，这样的三重檐屋顶看起来颇有层次感和动感，而灰色的圆筒瓦，则使整个屋顶又显得古朴、稳重。灰瓦顶下配以绿柱红栏，典雅秀丽。亭四面通透，站于亭中可观赏到四面景观：东面正对山亭，西侧与曲桥相连，北观砚香层楼，南眺十笏草堂。

四照亭东北角筑有船形建筑"稳如舟"，建筑精巧。水池东临半壁假山，依东轴线上的院墙而建，与扬州何园的登楼贴壁山有异曲同工之妙。当园林空间范围狭小时，或以节省石料为目的，常采用靠墙堆叠构筑假山石景的方法。计成在《园冶》中对壁山的构筑有明确的要求："藉以粉壁为纸，以石为绘也。理者相石皴纹，仿古人笔意，植黄山松柏、古梅、美

山东潍坊十笏园

山东潍坊十笏园四照亭 四照亭位于园池的中心，整体平面为长方形，亭子西侧设有入口，并借曲桥与池岸相连

山东潍坊十笏园内的月洞门 十笏园面积小，因此园内的景致也多以小巧、秀丽而著称，体现了园林造景细腻的一面

竹，收之圆窗，宛然镜游也。"也就是说，粉墙要白，石峰要峭，还要适当配置美竹花木和漏窗框景，从而构成一幅立体的图画。这类山除了上述提到的两处外，苏州园林也有很多，如苏州网师园琴室前庭的峭壁山、留园五峰仙馆前模拟庐山五老峰的假山等。

假山顶建有六角攒尖小亭，名蔚秀亭，与山南端的落霞亭、池岸的漪岚亭互成犄角之势，烘托着中心建筑四照亭，从而形成对景。

水池北岸坐落着一处幽静的小院，院中北楼为十笏园主体建筑，始建于明代，名砚香楼。这里是园主人读书、藏书之所，站在楼上，放眼望去，十笏园全貌尽收眼底。砚香楼与池中的四照亭、十笏草堂构成贯穿全园的中轴线，在这条轴线上汇集了园内的主要建筑，丰富代纪念和研究郑板桥的论文专著等。这些名人真迹，为园林增添了高雅的书卷气息。

十笏园以小著称，园地虽小却有池山之胜，尽显小巧玲珑的特色，整体风格兼北方的浑厚与江南的柔媚于一体，成为我国北方园林中的一朵奇葩。

岭南私家园林

岭南园林

岭南泛指我国南方五岭（即越城岭、都庞岭、萌渚岭、骑田岭、大庾岭）以南的地区，古时称为南越，具体在湘、赣、粤、桂等省区边境。据文献记载，秦末的龙川县令赵佗建南越国，自称武帝，效仿秦始皇在都城番禺大兴土木修建宫苑，在越秀山下建王宫，并在山上筑越王台和歌舞岗，南越王每年都要到越秀山登高娱乐，欣赏歌舞。

汉代，岭南地区已出现民间的私家园林，广东出土的西汉明器陶屋就能看到庭院的形象。到唐五代时，刘䶮乘战乱之际，建南汉国，称帝以后"广聚南海珠玑，西通黔蜀，岭北行商或至其国"，经济有一定程度的发展。于是在南越旧宫的基础上经营规模甚大的宫苑建筑，其"御花园"仙湖中的一组水石景"药洲"遗迹尚保留至今。广州市南方戏院旁的九曜园的水石景就是原仙湖中药洲的一部分。水中的石头名"九曜石"，宋代米芾题刻的"药洲"二字尚清晰可辨。

此后岭南园林的发展情况，缺乏文献记载，更无实物可考。清初，岭南的珠江三角洲

竹子图石碑 竹景在中国古典园林中运用广泛，北方园林也不例外。此类植物景观既能够以真实的形象出现，也可以通过雕刻和绘画予以表现，图示石碑上的竹子图案即是采用雕刻而成的

了园林纵深空间的层次感。

十笏园文人气息浓重，园内存有大量名人石刻、诗篇。清代画家郑板桥（1693—1766）曾于乾隆年间在潍县做过七年知县，为官期间，爱护百姓，清正廉洁，曾结交不少诗友，写有不少诗人题咏。为表示纪念，在十笏园内专门设有郑板桥专题陈列室，分四个部分展示了有关郑板桥的大量资料。第一部分除一些文字和实物外，还有郑板桥的画像和塑像；第二部分以郑板桥遗留在潍坊的碑刻为主；第三部分陈列有郑板桥的手迹以及介绍他生平和艺术成就的文字图表；第四部分展出当

地区，经济比较发达，文化也相应繁荣起来。私家造园活动开始兴盛，逐渐影响到潮州、汕头、福建、台湾等地。到清中叶以后而日趋兴旺，在园林的布局、空间组织、水石运用和花木配置方面逐渐形成自己的特点，最终以异军突起之势而成为与江南、北方鼎足而立的三大地方风格园林。包括顺德的清晖园、东莞的可园、番禺的余荫山房、佛山的梁园合称粤中四大名园，还有后来突起的开平立园，它们都是保存比较完整的岭南园林，为岭南私家园林的代表。

可园

东莞可园位于广东省东莞市莞城区可园路，园主张敬修清道光四年（1824）生，一生曾浏览各地园林，广闻博识，建园时邀请岭南画派祖师居巢和居廉参与园林设计，并留下《可园遗稿》《可楼记》等文字资料。

可园始建于道光三十年（1850），园林占地面积不大，约2200平方米，而且平面形制不太规整，因此园林布局因势而置。全园基本上由三个相互联系的庭院组成，楼阁亭台、山水桥榭、厅堂轩院于四周布置，并以曲廊连成一

东莞可园可亭 为了与可园的名字相一致，园内的建筑景观也多取"可"字来命名，如可楼、可湖、可轩等，而图中被置于水上的小亭则被称为可亭

东莞可园可堂 可堂是东莞可园内的主体建筑，厅堂入口处的门窗上带有丰富且生动的木雕，显示出可园在细部装饰上的细腻与精致

东莞可园草草草堂的灰雕 与江南园林造型典雅的建筑不同，岭南园林中的建筑则时常通过精致的细部装饰来提升高雅的气质，图为位于可园草草草堂的动植物雕刻，采用透雕的形式，极富生动之感

体，整体呈不规则的连房广厦的庭院格式，是古典园林中十分少见的园林布局模式。

园内主要建筑有草草草堂、擘红小榭、可楼、绿绮楼、博溪渔隐、藏书楼等。双清室是园内主体建筑，分上下两层，上为可楼，下为可堂，楼内外均设阶梯，外阶梯从楼旁露台旋转而上，登楼可尽览东莞城景，远处江河如带，沃野千里，近处雁塔、金鳌洲塔耸立眼前，为园内借景之一。园内建筑以边沿游廊相连，留出中央天井布置赏月的月台，观兰的兰台、狮子上楼台石景、金鱼池等，可四面观景。

可园的水景在园东部庭院，院内有可湖，原是张敬修的花圃。1965年重修时把原来的池和塘疏浚合并为可湖，临湖建有钓鱼台、可亭、观鱼簃等，将湖面延伸入园，加大了庭院的景观范围。

可园整体以建筑占据园林较大部分，轩廊作线贯穿全园，园景相衬而成。

清晖园

清晖园位于广东省佛山市顺德区大良街道，相传最早为明代大学士黄士俊的宅园。乾隆年间为御史龙廷槐所有，该园后来被分隔成两个小园，其中一个即为今天的清晖园。清晖园内现存建筑多为嘉庆年间修建，后经过多次修复、改建才形成今天的规模。

清晖园景区分南、中、北三部

分，南部以长方形水池为中心，澄漪亭水榭、碧溪草堂、六角亭鼎足分布，改变了水池笔直的线条，增加了曲折变化之感。西北角有船厅，仿珠江紫洞艇的楼船而造，又融合了园林建筑艺术，具有浓郁的粤中特色。全园建筑的配置以船厅为主体，因地制宜，互相衬托。船厅前边靠左伸出一条游廊，与惜阴书屋相连，与真砚斋、归寄庐、笔生花馆一起构成园内的主要建筑区，也是园内宴饮、生活、读书的场所。建筑古朴淡雅，彼此之间用曲廊连接。船厅东面景物主要由假山和花卉组成，假山堆叠成狮形。园中紫藤年岁逾百，玉堂春花大如碗。置身园中，暗香盈袖，花光照眼，令人心旷神怡。

清晖园布局明确简练，整体呈南低北高、南水北屋、南疏北密的局势，这种布局与当地夏季炎热、凉风南来的气候特点相适宜，建筑设计方面别具匠心，颇富地方特色。园内所有装饰图案无一雷同，并且多以岭南佳果为题材，雕刻纤巧、细致，地方特色浓郁。

余荫山房

余荫山房位于广东省广州市番禺区南村镇，始建于清同治六年（1867），建成于同治十年（1871）。其东南侧与稍晚营建的瑜园紧邻，今已成为该园的一部分；另一侧与善言邬公祠相通，占地面积约三亩。园内堂、榭、亭、桥，曲径回栏、莲池山石、名花异卉一应俱全。园内主要突出以水庭为中心的景区。

余荫山房由南面一座并不显眼的青砖宅门入内，过门厅迎面只见小天井后有砖雕漏窗一幅。小天井东侧有一园门，即"留香园门"，门内对着一株蜡梅，宛如一幅画，花开时异香扑鼻。北折经过两旁迎立的翠竹，见到一扇中门，这就是余荫山房的园门。进宅门须经过曲折相连的三个小院才到园门，空间层次十分丰富。

全园分为东、西两部分，借以浣红跨绿的廊式拱桥将园一分为二。西半部中央是近方形石砌的荷池。池北有一座"深柳堂"，面阔三间，是全园的主体建筑。深柳堂门前两侧各有一株年逾百年的榆树，和两棵粗壮的炮仗花相牵缠，花开时金黄色的花朵和绿绿的叶子铺满了堂前的庭院，并且垂到地面，为深柳堂景色增加了富贵堂皇的气氛。水池西边围墙夹墙中满植青竹，称为"夹墙竹"。竹叶翠绿，使庭院犹如置于绿云深

处。水池南面与深柳堂相对,为造型简洁的"临池别馆",馆细部装饰玲珑精致,兼有江南园林的素雅与岭南园林建筑的曼丽。

余荫山房东半部有玲珑水榭立于八角形水池之中,另外,还有孔雀亭、来熏亭。水榭八面为玻璃窗,于水榭中可以观赏周围园景。水榭东布置了一组假山石景,由数组峦、岩、洞构成,可惜这组石景已毁。八角形水池东北出水,跨水架一石桥,再东一处跨水建筑为孔雀亭。过石桥往北,贴墙建有半圆亭。

余荫山房虽小,但亭、台、池、馆一应俱全,且借助游廊、拱桥、花径、假山、围墙和绿树等,穿插配置,虚实呼应,构成回环幽深、隐小若大的庭院风景,正与门联所题"余地三弓红雨足,荫天一角绿云深"的意境相对应。

梁园

梁园位于广东省佛山市先锋古道,是清代佛山梁氏家族私家园林的总称。梁园是清代嘉庆、道光年间由当地书画家梁九章、梁九图等梁氏族人陆续修建而成。

咸丰初年是梁园鼎盛时期,园内有"一门以内二百余人,祠宇、室庐、池亭、囿囿五十余所"规模景象。后来园林日渐缩小,建筑也

番禺余荫山房桥亭　在余荫山房内,建有一座造型小巧的拱桥,桥上设亭,形成桥亭,并通过长廊与两岸相连,营造出了一组层次丰富、迂回有致的园林空间

佛山梁园韵桥　韵桥是佛山梁园的标志性建筑,为一座拱桥,横跨于池水之上,桥上建有一座带双坡顶的长亭

日趋废毁。20世纪50年代初的梁园仅剩下群星草堂及汾江草庐的部分残址。20世纪80年代初，政府初次对梁园群星草堂进行修缮，后又于1994年对此园进行大规模的修复，以使梁园旧时盛况重现。

梁园规模较大，主要包括十二石斋、寒香馆、群星草堂、汾江草庐等多个部分。其中以十二石斋、群星草堂景区为主体。

十二石斋以园内塑造的十二组玲珑石景而著名。园内收罗太湖奇石，造型奇特。其中有些被命名为"苏武牧羊""如意吉祥""雄狮昂首"等，是石中之珍品。

群星草堂是梁氏家族聚会的场所，庭院西南有假山，西北设水池，东北部建草堂，以石庭、水庭、山庭绕以中心平整的庭院而成，整座庭院空间清空疏朗、朴素大方，园景石峰林立，玲珑隽秀，是梁园中最具园林风格的一处景点，也最能体现岭南园林的神韵。

立园

立园位于广东省开平市塘口镇，是当地华侨谢维立先生于20世纪20年代开始，历时十年修建而成的私家园林。立园占地面积近20000平方米，采用中国传统建筑布局设计，又融入西方几何式布局，建筑是明快流畅的造型，设计上巧妙地融合了西洋建筑艺术元素，同时保留了中国古色古香的传统建筑格调，中西合璧，被誉为华侨文化的瑰宝。

1926年，谢维立先生奉父命回乡建造立园，他选中了赓华村前虎山下的宝地，并高价收买，但西北面那块地的田主无论如何也不肯出售。原来，此地是田主女婿为老人买下的，特为岳父安度晚年而用。维立先生得知后颇为感动，就没有购买，所以北面缺角，因此有"立园不圆"的说法。

立园整体由三个部分组成，分别是别墅区、大花园区和小花园区。三个区以人工河或围墙相分隔，又以桥亭、回廊等建筑相连接，形成统一整体，构成园中有园，景中有景，亭台水榭错落有致的园林景致。

园林别墅区坐西向东，主要建筑包括六幢别墅和一幢古式碉楼。六幢别墅包括泮立楼、泮文楼、炯庐、明庐、稳庐和晃庐，其中以园主人的别墅泮立楼和毓培别墅以及其兄的泮文楼为主，其余为园主叔父及叔父儿子的别墅。以泮立楼和泮文楼为代表，建筑采用当地传统碉楼建筑形式。泮立楼建于1931年，绿色琉璃瓦顶，有龙脊、檐角、吻兽等，以中国古代重檐式建筑造型为主，与楼顶形成对比，楼身采用西式风格，如造型华丽的古

开平立园泮立楼一层灯饰 悬挂于立园泮立楼中的灯饰在造型和装饰上都极富古色古香的意味，与建筑内部的一些具有西洋特色的陈设形成了强烈的对比

希腊式圆柱、欧美风格的窗户，古罗马式的雕塑支柱，整体风格明丽轻盈。其他四座别墅也都采用中西结合的建筑手法，造型新颖。

以园主人谢维立和其夫人居住的泮立楼为代表，立园别墅的室内陈设也是中西合璧的风格。泮立楼室内地面和楼梯皆铺意大利彩色水磨石，室内悬吊各类古式灯饰，家具陈设以中式传统家具为主，中式家具和屏风的材质都选用贵重的酸枝木、柚木等，造型典雅高贵，古色古香。

在立园别墅的室内布局上，颇体现了西洋园林的风情。泮立楼一层客厅装设西洋式的壁炉，墙上有中国传统图案，客厅餐桌上还备有一套纯银制作的西式餐具，但餐具的柄却是中式的龙头造型。这里是园主人接待贵宾和亲朋好友的地方。

立园泮立楼在建筑构造上也具备了开平碉楼建筑的防御性，门、窗较小，门设三层，窗为四层，由外到内分别是玻璃窗、铁柱窗、纱窗和用进口钢板制作的窗，不仅防风沙、防盗，还可防子弹，防护性能尤其突出，这也是这一地域园林建筑区别于其他地域园林最明显的特征。防护性是这一地域园林建筑的特色之一。

立园的园林部分主要集中在别墅区西边的

开平立园　开平立园位于虎山脚下，依山傍水、特色显著，时至今日仍然备受人们的广泛关注

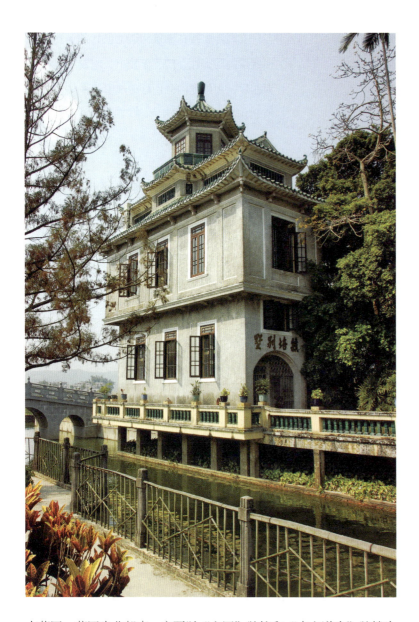

开平立园毓培别墅 毓培别墅是立园内的主体建筑，大体上采用了岭南地区常见的碉楼形式，但建筑的下层门窗却被做成了拱券的形式，使西方建筑风格融入其中

大花园。花园坐北朝南，主要以"立园"牌坊和"本立道生"牌楼为轴心进行布局。牌楼两侧是特制的"打虎鞭"，是两根高18米的钢柱，上尖下粗，水泥浮花底座，气势壮观。牌楼向后隔人工运河相对的是虎山，"打虎鞭"为震山而设。

牌楼向后的大花园是罗马式建筑，名"鸟巢"，为园主人养鸟使用。向后是花藤亭，由米黄色通花水泥构建，是一处用来乘凉的造型酷似藤架的建筑。鸟巢和花藤亭是大花园内造型最突出的建筑。

大花园的西南角坐落着立园内最著名的建筑之一——毓培别墅。"毓培"取自园主人谢维立的乳名，也是为纪念他的第二任太太而修建的。别墅临水而建,小巧玲珑,是一座工艺精湛的塔式建筑。毓培别墅从正面看是两层半,侧面看是三层半,实际上却有四层半。楼内四层分别设计为中式、日式、意式、罗马式风格,楼顶依然是仿古重檐式园林建筑。四层楼,园主人的四位太太每人一层,每层正厅的地面都用彩色水磨石铺设出四个心形连在一起的图案,喻义园主对四位太太一视同仁。

大花园区四周以曲径回廊连接为一个整体,其南面以人工运河相隔有座小花园。小花园与别墅区以虹桥相连,桥上建晚香亭,是观赏周围园景的好地方。

小花园是整座园林最具情趣的景区。园内有运河贯通,整体构图为"川"字形。以中间运河为分界,东边建玩水桥、长春亭;西边建观澜桥、共乐亭,两侧相对又与中间依水而建的挹翠亭相呼应。三亭风格各异,却都精巧秀丽,周围绿树相映,桥下流水潺潺,园林意境浓郁。此外,小花园中种植多类果树,因此有"百果园"之称。

乐天楼是立园的制高点,其防御性能也很高。乐天楼不仅是一座典型的碉楼,还是立园的防卫处。碉楼外观整体呈灰白色,约建于1926年。楼体墙壁厚约30厘米,每个开口很小的窗户上都装了粗大的铁栏,楼体四周遍布枪眼,且门窗都无一例外用钢板制成。顶层配备有枪械、石块、铜钟、探照灯等防卫设施,整座碉楼防备森严。楼里面还配备有厨房、卫生设施,为躲避盗匪、洪水时使用。此外,这座建筑也是一座公共性建筑,为公众避难使用,因此村民为它取名为"乐天楼"。

除碉楼外,立园在大花园地下还设有可容

开平立园晚香亭 在立园的别墅区与小花园之间,建有一座虹桥,桥上为一座小亭,称晚香亭。由于构思独特,因此晚香亭不仅可以供人休息,而且站在亭内还可将立园内的多处景观尽收眼底

开平立园挹翠亭 挹翠亭位于开平立园的小花园内,为一座临水而建的六角亭,以亭内带金龙雕塑的灯饰和描绘八仙过海的灰雕壁画而著称

两三人同时行走的地下室，地下室外边可通小运河，能使园中人们及时逃离，园中还有专门的防卫机械，防匪防盗设施相当完备。

立园集中国传统园艺和西方建筑技艺于一体，在当时，甚至今天，都是岭南园林中的佼佼者。

岭南园林的规模相对较小，且多数是宅园，一般为庭院和建筑的组合，建筑比重较大。庭院形式多样，排布较之江南园林更为密集、紧凑，往往连宇成片。

岭南园林建筑的平屋顶多做成"天台花园"，既能降低室内温度，又可美化环境。为了室内降温而需要良好的自然通风，因此建筑比江南园林中的建筑更为通透开敞，其外观形象也更富于轻快活泼的意趣。园林建筑在类型上的选用变化多端，如创造一些新的类型、汲取外来的建筑形式和运用某些特殊的建筑类型等。空间处理则适应气候条件，极力创造开敞通透的空间，并运用多式多样的手工艺制作和地方特有的装饰材料，使建筑的立面和色调轻松明快、活泼雅丽。

相对于北方园林或江南园林，岭南园林建筑的局部、细部做工很精致，尤以"三雕三塑"（木雕、砖雕、石雕、陶塑、灰塑、泥塑）见长，而且常运用西方建筑装修要素，如栏杆、柱式、套色玻璃等细部，还有以整座西洋古典建筑配以传统的叠山理水，颇有风趣。

此外，小型叠山或石峰与小型水体相结合，尺度亲切而婀娜多姿，堪称岭南园林一绝。理水手法不仅多样丰富，而且多受西方园林的影响，园内多砌规整的几何形平面水池，这与北方园林、江南园林的自由式水池形式有着明显的不同。

岭南地处亚热带，园林中不仅观赏植物品种繁多，而且一年四季都花团锦簇、绿荫葱翠，给人一种积极向上的生命力。园林内除本土花木之外，还多引进外来的植物，如红棉、乌榄、白兰、水松、榕树等，还有乡土花卉（如炮仗花、夜来香、鹰爪等），使园林具有浓郁的岭南地方特色，拥有大面积遮荫效果的老榕树十分适宜岭南常年温热的气候。另外，像立园等西洋风格较浓厚的园林中还引进有高大的棕榈树，这在北方园林和江南园林中是没有的。

从园林的总体来看，岭南园林中有不少建筑体量都偏大，容易产生突兀感，且对空间造成壅塞，与北方园林的开敞和江南园林

的曲幽相比，似乎缺乏些许柔和的气息。

地方风格的普遍化、园林风格的乡土化，在某种程度上也是造园技巧长足发展的结果。以北方园林、江南私家园林和岭南园林三大地方园林为例，其特征主要表现在各自造园要素的用材、建筑形象以及装饰装修细节方面。另外，园林的总体规划也有显著的区别。

北方园林建筑形象稳重、敦实，以防御冬季寒冷和夏季多风沙等气候特点，因此，建筑形象及布局上多呈现封闭感，具有一种不同于江南园林的刚健之美。北方园林规模一般较大，布局多以中轴对称、均衡规整为主，不同于江南园林的曲径通幽，北方园林整体风格凝重，呈现出严谨的格调，园内空间划分较少，完整性较强。

江南园林中叠山置石较为突出，尤以太湖石和黄石运用较丰富，常常置出颇具气势的大型的假山或玲珑的峰石，手法多样，技艺高超，堪称江南园林一绝。江南园林的建筑个体形象玲珑轻盈，呈现出一种柔媚的气质。建筑内外的连通，室内外的装修等方面，均显示出恬淡雅致，有若水墨画般的艺术格调，以突出江南园林的独特气质。

总的来说，三大地方园林中，若以表现中国传统民间造园艺术的最高形象而论，应以江南园林为地方园林之首。江南园林深厚的文化积淀、高雅的艺术格调和精湛的造园技艺，更能代表中国传统民间园林技艺的最高水平。

从园林意境上看，北方皇家园林是一望无际的山山水水，整体上似乎不受特定的环境空间限定，强调的是宏大、壮阔；而江南园林多是文人园林，"隐"的思想占主导地位，意在构筑自己理想的天地；岭南园林则又不同，采用内收和扩散相结合的空间组合。宅园空间属于内收空间，景观组织上，特别是视线组织上将园内、外空间有机地组合在一起，产生了扩散的空间，尤其是借景手法运用得十分成功，把园外景色组织到园内来，从而形成了园林空间的丰富层次。

苏州环秀山庄曲桥 为了塑造理想的天地，江南园林内的景致多为人工创造，如苏州环秀山庄就以各种人造的湖石假山而闻名

嘉兴烟雨楼鸟瞰图 嘉兴烟雨楼建在老城南面的南湖之上,是在湖中堆积而成的一座小岛,所以也可以看作为是一个景观园林

山水园林

　　山水园林分为人工山水园林和自然山水园林，两者的区别在于前者是以自然的真山真水为基本构成要素，经过不断的人工开发和加工，改变它原有的地形、地貌，莳花栽木，适地置景。最重要的是要有园林建筑点缀其间，使得人文景观与自然景观相互融合，甚至更突出其意境。如云南昆明的大观楼、山东济南的大明湖、威海的蓬莱阁、扬州的瘦西湖等，都是著名的人工山水园林。而后者是指在一个风景区里全是或者主要是天然的景色，并不增加建筑或人文景观，以突出原有的自然风貌。如广西桂林的漓江、安徽的黄山、山东的泰山、广东的七星岩等，都是典型的自然山水园林。本书以景观园林为主进行叙述。

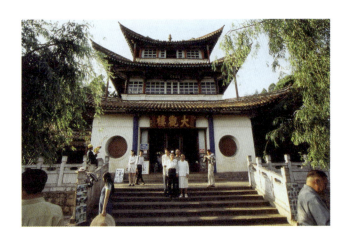

昆明大观楼入口全景 清代道光年间,大观楼被改建为三层,底层为粉墙环绕,而上两层则设有大面积的开窗,可以凭窗远眺滇池的风光

大观楼

大观楼位于昆明市西南方向的滇池北岸,与太华山隔水相望。元明时期,滇池周围不断有河口开挖,滇池水位下降,水域缩小,于现在的大观楼一带逐渐露出水面形成小岛。明代黔国公沐英曾在此训练水师,修建花园,用于休息。清康熙二十一年(1682),湖北僧人乾印在此结茅讲经,开坛讲《妙法莲花经》,听者众多,并集资修建观音阁,成为滇池岸边的一道风景。

后云南巡抚王继文又在此地建二层楼阁,以登楼观景,蔚为壮观,故名大观楼。之后在池边又相继营建涌月亭、澄碧堂、华严阁、催耕馆等建筑。道光八年(1828),大观楼增高为三层,从此,有诸多文人墨客云集于此,吟诗作赋,叹滇池的旖旎风光。1913年,滇系军阀唐继尧拨款重修大观楼,把附近的私家园林并入其中,改为公园。

大观楼楼址为一卵形小岛,岛外筑长堤,堤内形成环洲池沼。岛北有近华浦亭,大理石砌筑,覆黄琉璃瓦,色调明快,造型轻盈,立于岛端,用于迎客。岛南尽头即为大观楼,是全园的主景。

楼对面有揽胜阁,楼阁之间有观稼堂、涌月亭,点缀假山曲径,竹树花草,最具园林景观。自主楼向西,有长廊连接牧梦亭、催耕馆,直达临水茶榭,节奏变化起伏,共同衬托了方形的三层亭阁式主楼。大观楼攒尖黄琉璃瓦屋顶,造型爽洁轻盈,与周围山色、树影、湖光、园景相映。楼高三层,一层粉墙环绕,二、三层均为粉墙、红柱、方格窗,两侧开窗,登楼凭窗可远眺云南最大的湖泊——滇池风光。大观楼最引人注目的就是门前的一副长联,上联是:"五百里滇池,奔来眼底,披襟岸帻,喜茫茫空阔无边。看:东骧神骏,西翥灵仪,北走蜿蜒,南翔缟素。高人韵士,何妨选胜登临。趁蟹屿螺洲,梳裹就风鬟雾鬓;更苹天苇地,点缀些翠羽丹霞。莫辜负:四围香稻,万顷晴沙,九夏芙蓉,三春杨柳。"

下联是:"数千年往事,注到心头,把酒凌虚,叹滚滚英雄谁在?想:汉习楼船,唐标铁柱,宋挥玉斧,元跨革囊。伟烈丰功,费尽移山心力。尽珠帘画栋,卷不及暮雨朝云;便断碣残碑,都付与苍烟落照。只赢得:几杵疏钟,半江渔火,两行秋雁,一枕清霜。"登

昆明大观楼 昆明大观楼为三重檐攒尖顶木结构建筑，平面为正方形，屋顶饰黄琉璃瓦。因大观楼长联而闻名。大观楼在清康熙二十九年（1690）由巡抚王继文兴建；道光八年（1828）修葺大观楼，增建为三层；咸丰七年（1857）长联与楼毁于兵燹；同治五年（1866）重建，复遭大水；光绪九年（1883）再经修葺。大观楼四周设有月台，南面面水，建筑西面和长廊相接

楼望滇池风光，见西山胜景，联系长联内容，别有一番心境。

此联产生于乾隆年间，作者是当地名士孙髯。全联共一百八十字，成为中国第一长联。上联用简洁凝练的语言描绘出滇池诗画般的风景，下联又以凄婉悲凉的笔触道出仕途没落忧国忧民的心情。长联问世后，使大观楼声名远播，为大观楼增添了无限意境，成为大观楼著名的文化景点。

济南大明湖

济南又名泉城，古代曾有七十二名泉，所有的泉水皆汇入大明湖。大明湖位于济南旧城北，与趵突泉、千佛山合称为济南三大名胜。水面面积57.7公顷，湖水由珍珠泉、芙蓉泉、王府池等多处泉水汇合而成。

大明湖的经营始于北魏，郦道元《水经注》记有："泺水出历县故城西南……其水北流为大明湖，西即为大明寺。"六朝时，湖内莲荷翩翩，故名莲子湖，隋唐又称历水坡。北

宋时，因湖位于城西而称西望湖，简称西湖。金代元好问《济南行记》中，称大明湖。1958年，以湖为中心连接西、北侧的古城墙，辟建成大明湖公园。大明湖公园是北方典型的公共游憩园林，大园中包含许多精致的小园。园内著名的景观有：一阁、三园、四祠、六岛、七桥、十亭，其中又以北极阁、小沧浪、遐园、稼轩祠、历下亭等较为著名。

一阁是指湖北岸的北极阁，是一座道教庙宇，始建于元代至元十七年（1280），明清两代重修。阁建在7米多高的石台上，登临其上，南望"四面荷花三面柳，一城山色半城湖"，全城美景尽收眼下。阁东南有南丰祠，为纪念宋代文学家曾巩而建。1072年，曾巩担任齐州知州，主持修建齐州城的城门北水门，作为调节大明湖泄水的水闸，消除了济南多年的水患，深得民心。后人为了纪念他的政绩，专门修建了祠堂。因曾巩为江西南丰人，故人称"南丰先生"，

济南大明湖 大明湖是济南三大历史名胜之一，是由济南众多泉水汇流而成。湖水经泺水河注入小清河，景色秀丽，湖水澄碧。大明湖历史悠久，纪念古人政绩、行踪的建筑以及自然景观很多，诸如小沧浪、遐园、历下亭、北极阁、汇波楼、铁公祠、南丰祠、稼轩祠等，引得历代文人前来凭吊、吟咏

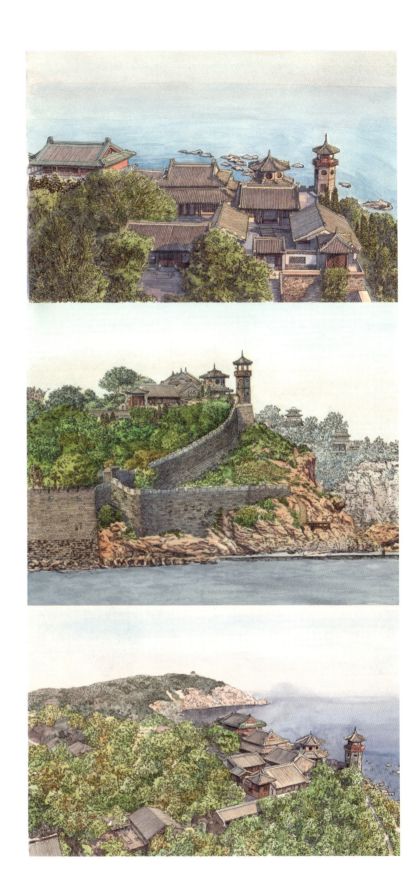

烟台蓬莱阁 山东烟台蓬莱阁地处海边的丹崖山上,自古以来一直被人称为"人间仙境"。主体建筑始建于北宋嘉祐六年(1061),历代屡加修葺,但没有经过重建,至今仍保持北宋原貌。因"八仙过海"传说和"海市蜃楼"奇观而闻名四海。与岳阳楼、滕王阁、黄鹤楼并称为"中国四大名楼"。蓬莱阁是由白云宫三清殿、吕祖殿、苏公祠、天后宫、龙王宫、蓬莱阁主体建筑、弥陀寺等几组不同的祠庙殿堂、楼阁、亭坊组成的建筑组团

烟台三仙山景区

所以祠堂以南丰为名，称"南丰祠"。祠内杨柳依依，翠竹成林，环境幽雅。

小沧浪亭位于大明湖西北岸，建于乾隆五十七年（1792），仿苏州沧浪亭格局建造。小沧浪亭是一座园中园，园门上悬"小沧浪"匾。小沧浪亭面山傍水，绕以长廊，湖水穿渠引入庭院，庭院内有水榭、亭桥，八角造型的小沧浪亭位于园中临湖处，三面荷池，清气袭人。三十六坡风光历历在目，清朗之日，可见远处千佛山的倒影，仿佛宋人笔下的水墨山水，悠远淡雅，意境无穷。

遐园在湖南岸，也是一座园中园，建于清宣统初年，由山东提学使罗正钧创办山东图书馆时所建。图书楼仿浙江宁波天一阁的式样建造，园门朝东，进门内有两侧长廊向南北方向延伸。园内有河池，聚散相宜，沿河回廊周折，亭台榭馆，错落有致，精巧合宜，有"济南第一标准庭院"之称。

由遐园往西，有稼轩祠，为纪念南宋抗金英雄和伟大词人辛弃疾而建。稼轩祠规模不大，整座院落坐北朝南，从南到北有三个院落组成。祠堂入口大门上悬有"辛稼轩纪念祠"横匾，为陈毅元帅所题。进门两侧厢房内有叶圣陶、臧克家、吴伯箫等文学名人的墨迹，正厅是郭沫若所题楹联一副。稼轩祠三进院落由南向北依次增大，开拓出较为开阔的空间，园北面以七曲石桥收尾，桥蜿蜒伸向湖心。

湖心筑小岛，岛上原有历下亭，初建于北魏，也就是《水经注》中所说的"客亭"。亭重檐八角，攒尖顶，亭北有五间厅，亭南接回廊，四面环水，古意轩昂。唐天宝四年（745），诗人杜甫游览大明湖，与北海太守李邕在亭内饮酒作赋，留下"海右此亭古，济南名士多"的诗句。大明湖成为历代文人学士聚集之处，李白、杜甫、高适、辛弃疾，今有郭沫若等古今名士都曾挥毫叹咏，留下名篇佳句。古亭现在已不复存在，后人为表示纪念，曾多次修建历下亭，现今的历下亭建于咸丰年间。

扬州瘦西湖五亭桥东立面图　五亭桥的桥身由十五个大小不一的石拱组成，整体上显得玲珑精巧，与江南园林的特色相吻合

扬州瘦西湖

扬州是一座具有两千多年历史的文化古城，自吴王夫差筑城以后，日趋繁华，六朝时有"腰缠十万贯，骑鹤上扬州"的说法。隋炀帝在此开凿大运河，大兴土木，建造宫苑，有"绿杨城郭是扬州"的名声。唐代有李白作诗"烟花三月下扬州"也是对扬州城的赞誉。扬州园林的大肆营建始于清代，尤其是乾隆六次南巡，当时扬州的一些盐商，为了迎奉皇帝南巡，在瘦西湖的两岸争相建筑，大到亭台楼阁，小至一花一木，无不别出心裁，造景别致，形成了名扬天下的扬州瘦西湖二十四景。由天宁寺御码头到蜀冈平山堂南麓，是"两堤花柳全依水，一路楼台直到山"的湖上胜景。嘉庆、道光以后，因战乱的破坏和经济中心的转移，扬州园林日渐凋零，但大体风格却依稀可见，尤其作为公共游憩园林的瘦西湖，保存比较完整。

当时钱塘诗人汪沆写诗赞曰："垂杨不断接残芜，雁齿虹桥俨画图。也是销金一锅子，故应唤作瘦西湖"，把瘦西湖清瘦纤丽的湖光美景形象地概括出来，而瘦西湖这一名称也不胫而走，流传至今。今天的瘦西湖园林风景区的范围，从南门古渡桥起，绕小金山至平山堂蜀冈下，以突出于水面的五亭桥和白塔为主要景观，也是瘦西湖的标志性建筑。

五亭桥在扬州的桥梁中可以说是独一无二，有着特殊的地位和荣耀。桥面上建有五座小亭，均为黄色琉璃瓦覆顶、红色亭柱；中间是一座重檐攒尖的四角亭，稍高于四周小亭；南北又各建两座单檐四角小亭，相互对称。亭与亭之间有短廊相连，远远看去，五亭好似盛开的莲花，因此又有"莲花桥"之称。

五亭桥的建造者高恒是满洲镶黄旗人。1757年，乾隆皇帝第二次南巡，高恒为了取悦钟情山水的乾隆皇帝，急忙赶修了这座五亭桥。建五亭桥的这一年，他刚刚到扬州上任不久。因此五亭桥的造型便有了北方的雄浑，而建桥的工匠却都是扬州当地的能工巧匠，所以桥又带有南国的小巧秀美。这种南北建筑风格的融合使五亭桥独树一帜。茅以升曾称之为"中国古代交通桥与观赏桥结合的典范"。五亭桥已经成为瘦西湖乃至扬州的标志性建筑。

白塔位于五亭桥南，建于莲性寺内。白塔形制与北京北海琼华岛白塔相仿，尺度更加匀秀，外形缩小，更显修长、飘逸，与瘦西湖的清丽风格相协调。

小金山，原名长春岭，是湖中最大的岛屿。仿镇江金山而筑，山上建风亭，山腰处，观音阁坐落其中，山下月观、棋室、琴室、关帝庙、草堂、玉佛洞环列四周。小金山西端一条长堤伸入湖中，堤的尽头是一座重檐翘角方亭，青瓦黄墙，名"吹台"，人称"钓鱼台"。风亭的东面是一个落地罩阁门，西北南三面开设月洞门，站在亭内可以从各个角度观景；如果站在东北望西、南面两洞门，则西面洞门正好将白塔框入，南面洞门又正好把五亭桥收入其中，一白一黄，一横一竖，把洞门框景的作用演绎得完美无缺，它不仅丰富了水面的层次感，而且提高了观赏效果。这种框景的手法在中国园林中应用得十分广泛。吹台的南面有徐园，是为祭祀民国草莽英雄徐宝山而建的。吹台的西面是凫庄，一座形似野鸭的小岛，全岛面积不大，岛上构景以玲珑精巧取胜。《望江南百调》中对该岛有过这样的描述："扬州好，入画小金山。亭榭高低风月胜，柳桃错杂水波环，此地即仙寰。"全岛四面环水，水榭、亭台依水而建，其间点缀以湖山假石，环岛种植梅、桃、竹等植物。

静香书屋是瘦西湖内的园中园。园内主体建筑为徽州传统民居的形式，坐北朝南，面阔三间，四周环以回廊，青瓦白墙，门楼的砖细匾额上横刻"静香书屋"四字。室内明间北侧有一落地罩，镂空精雕松竹梅图案，罩后条几上供桌屏、花瓶，书桌上置文房四宝，书架上摆放线装古书。

据史料记载，静香书屋原来并不是一个独立的景点，它是乾隆年间"水竹居"园林的一

部分。水竹居又称"石壁流淙",为清代瘦西湖二十四景之一。据说《红楼梦》中贾宝玉的居所怡红院就是以水竹居为蓝本的。现在的静香书屋是20世纪90年代初复建的。

同其他各地园林一样,植物也是构成瘦西湖景观的主要元素。瘦西湖的花木,绝对不是山水的附属。宋代画家郭熙说过:"山以水为血脉,以草木为毛发。"因此,山得水而显生气,得草木而获得意境上的提升。中国园林是由文学、建筑、山水、花木等要素共同组成的。花木的布置和安排,除了在布局、气氛上要与园林相协调统一,还要讲究花木本身所传达的艺术情境和象征寓意。瘦西湖的花木种类繁多,布局合理,并且由一草一木所构成的每一幅画面都诉说或传达着某种情感。

瘦西湖的美体现在一个"瘦"字上。按照"以瘦为美"的观念,人瘦,则显亭亭玉立,娇媚多姿;水瘦,则轻盈灵动,明净有加。瘦西湖四周没有高山,只有在西北有平山堂和观音山,但也只是略具山势而已。因此,大大小小的园林均沿湖而筑,楼台厅榭高不过一二层,风格以纤丽柔和见长,具有水面尺度上的温馨感。

人工山水园林因掺和了更多的人为因素,而成为园林的一种形式,它的特点是:范围大,内容多,没有围墙封闭,呈全面开放式,还有集市、民居等非园林要素掺杂其中。人工山水园林因为对外全面开放,游园不受任何限制,因而不仅有数量众多的游人参观游览,而且由于园林文化层次丰富,使得不同年龄、职业,不同文化背景的人都乐于其中。

扬州瘦西湖凫庄全景 凫庄是瘦西湖上的一座小岛,岛上建筑均被置于边缘,岛中央主要用于植树栽花

上 | **扬州瘦西湖望春楼** 望春楼是扬州瘦西湖景区内的一座小型楼阁，其在规模和装饰色调上都颇具江南建筑的特色

下 | **扬州瘦西湖熙春台** 熙春台位于扬州瘦西湖的二十四桥景区内，由一座双层的主楼和设置在主楼两翼的附属建筑构成

寺观园林

不论是外来的佛教、伊斯兰教还是土生土长的道教，在中国，它们都逐步向世俗化、人性化发展。中国的宗教建筑不同于柱列森森的埃及神庙，也不同于直指苍穹的中世纪教堂，它不是一个礼拜才去一次的膜拜场所，而是能够经常瞻仰或休憩的消闲场所，重在精神的陶冶和生活情调的感染与熏陶。当这种特性被强调或夸大以后，中国的宗教建筑开始与其他建筑形式相结合，因此就出现了寺观园林这一特殊的园林形式。

寺观园林是指附属于佛寺、道观和历史名人纪念性祠庙的园林。有些山林寺观在园林化方面的重要成就在于环境方面，即寺庙以外部分的园林化选景组景，它们都具有开阔、疏朗的布局和合宜的建筑，体型巨大不适合山区条件的建筑很少，而以亭、榭、廊、桥取胜，以衬托自然或植物景观为主，形成淡雅幽深的园林风格。

成都武侯祠　武侯祠位于四川成都，为一座纪念性的寺观园林，在明、清两代的古典园林中颇具代表性

晋祠

晋祠位于山西省太原市西南郊的悬瓮山麓,晋水源头。晋祠背依山水,楼阁亭台,鱼沼莲池,古木葱郁,是一处环境宜人、风景优美的名胜园林。晋祠始建于北魏,是为纪念西周初年武王次子唐叔虞而建的凉堂。北魏郦道元的《水经注》有记载:"沼西际山枕水,有唐叔虞祠。水侧有凉堂,结飞梁于水上",可知当时园内已建飞梁等建筑。北齐天保年间(550—559)加以扩建,大兴楼阁,开池筑塘,并改名为大崇皇寺。隋初开皇年间(581—600),又在寺内增修舍利生生塔;唐贞观二十年(646)太宗李世民来此游览,撰写《晋祠之铭并序》;北宋天圣年间(1023—1032)仁宗追封唐叔虞(即姬虞)为汾东王,并为其母邑姜修建了圣母殿;金代建有献殿;明代又增建对越坊、钟鼓楼,重修了会仙桥东面的水镜台,经过屡次整修、增建,形成以圣母殿为中心的晋祠园林建筑群。

山西晋祠局部鸟瞰图 山西晋祠整体布局灵活,与山形地势和自然景观巧妙融合。图示中规模最大的建筑为晋祠的圣母殿,殿前依次建有鱼沼飞梁、献殿和对越牌坊

晋祠依山面水，平面为东西窄、南北宽的布局。祠内遍植古树，以周柏、唐槐最为著名。其他苍松、翠柏、银杏等也都有百年的树龄。园内古树掩映，四季常青，生机勃勃。另有晋泉水引入园中，曲绕回环，轻灵跃动，一派自然野趣，使之成为一座典型的宗教祭祀园林。

圣母殿是园内的主体建筑，因供奉唐叔虞的母亲而得名。大殿建于北宋天圣年间，是一座面宽七间、进深六间、重檐歇山顶的大殿。大殿四周围廊，殿前八根廊柱上缠绕木雕盘龙，殿前设置有一处构筑奇特的"鱼沼飞梁"，将大殿衬托得更加庄严肃穆。大殿内部结构采用减柱法，殿内无柱，空间更为高敞通透，为放置高大的塑像提供了足够的空间。殿内四十三尊宋代彩塑个个衣着艳丽、形象生动。尤其是侍女像，栩栩如生、俏美动人，表现出不同的形态和神情，却又都是俊秀俏丽的妇人形象。主像为圣母邑姜，两侧分列宦官、女官及侍女塑像，是中国雕塑史上的佳作。这些塑像呈现出浓郁的世俗风格，宗教的作用和意义已逐渐淡化。这也是中国的古典园林能和宗教建筑建筑相结合的结果（或者说中国的宗教带有园林性质）。

晋祠圣母殿是一座糅合了园林柔丽气质的建筑。在外观上，圣母殿的殿角柱生起颇为显著，上檐柱的生起更为明显，使得整座建筑呈欢愉之美，与唐代、汉代的雄伟之美不相同。

圣母殿前的鱼沼飞梁始建于北魏，在郦道元的《水经注》中已有提到。殿前有方形水池和平面为"十"字形的桥梁组成。水池称鱼沼，池中立有八角形小石柱三十四根，柱上置

晋祠圣母殿彩塑 圣母殿内立有四十三尊宋代时期圣母及侍女塑像，使整座圣母殿充满了历史及艺术的美感，被誉为是晋祠的"三绝"之一

斗拱、梁枋承托起"十"字形的桥面，桥东西两端连接圣母殿和献殿两大殿的平台。桥整体造型如"十"字飞虹凌驾水上，极为优美，故有飞梁之称。鱼沼飞梁这种"十"字形的桥梁在古代不少，但在今天，我国古桥梁中仅存这一例。

献殿与桥相连，殿建于金代大定八年（1168），是一座祭祀圣母邑姜的享堂，面宽三间，单檐歇山顶。明代万历三年（1575），在献殿前加建"对越"牌坊，两侧设钟鼓楼，前面建水镜台，是座坐东朝西的大戏台，后面正对大门。这样就形成了以圣母殿为主体，主轴左右对称的庙宇形制，从圣母殿、鱼沼飞梁、献殿、水镜台到大门，东西中

晋祠全景图

山西晋祠钧天乐台 钧天乐台建于乾隆年间，为一座戏楼，位于晋祠北区

山西晋祠真趣亭 位于山西晋祠内的真趣亭采用单檐歇山顶，四面开敞，亭下开设石拱洞，因传说上古高士许由曾在此洗耳，故称为洗耳洞

轴线贯穿园景，是园内的最佳景区和重心所在。

晋祠北区几组封闭式的院落分别是旧时文人墨客游览晋祠时，登高远眺、吟诗作赋的地方，有朝阳洞，供奉道教上清、太清、玉清三位道教天尊的三清洞，纪念唐叔虞的唐叔虞祠和祭祀文昌帝君的文昌宫等。厅堂井然有序，其间林密花繁，环境幽静。在关帝祠和唐叔虞祠后原有景宜园，花木葱茏，景致秀丽。北部景区以大园包小园，环境更为幽静，达到闹中取静，景中有景的境界。

南区建筑有胜瀛楼、难老泉亭、晋溪书院、舍利生生塔等。胜瀛楼是一座平面为方形的重檐歇山顶建筑，据说夏至日时阳光直射北回归线，胜瀛楼四面皆能受到阳光普照，为晋祠八景之一的"胜瀛四照"。

在晋祠西南部有

难老泉，俗称南海眼，是晋水的主要源头。泉水从悬瓮山下约5米深的石岩里涌出，是晋祠风景的"命脉"，也曾是当地居民生活、灌溉用水的来源。难老泉上建八角形攒尖顶亭，称难老泉亭。亭名取自《诗经》"永锡难老"之句。难老泉一眼清泉为晋祠带来源源水流，赋予祠园更多的灵秀与活力。

由于晋祠的营建是一个很长的过程，因此没有统一的规划，而是因地制宜，经过历朝不断地修建，形成今日的面貌，又因时代不同，建筑风格有所差异，也使晋祠更加丰富多样。晋祠园林的总体布局具有分散、自由、灵活的特点，与一般祭祀建筑严谨对称的格局有所不同，而是结合山水地形，因地制宜构筑厅堂殿阁，晋祠的建筑布局疏密有致，具有丰富的历史文化氛围，使晋祠成为一座著名的宗教祭祀园林。

西山八大处

位于北京西郊山脉南麓的西山八大处是一座风景宜人、历史悠久的寺观园林。景区方圆332公顷，在北京近郊的山峰中，这里的山峰主峰较高，最高处海拔464米。西山南端的翠微、庐师、平坡三山环绕着八大处。

八大处原名四平台，也曾叫八大刹，是一处由八座寺庙组成的历史悠久的园林胜迹。八座寺庙包括长安寺、灵光寺、三山庵、大悲庵、龙王堂、香界寺、宝

西山八大处中华精印谷 中华精印谷位于西山八大处的四处到六处之间，山谷内以丰富的石刻印章和石趣景观而闻名

珠洞、证果寺。这些寺庙建筑分别建于隋唐时期和明清时期，由于战争的破坏，早期建筑几乎毁尽，现存多为清代所建。八大处一带山高林密，植物生长茂盛，夏季凉爽，冬季日暖风和，景色宜人。生长着各种名贵树种，有长安寺的白皮松、证果寺的黄连木、大悲庵的银杏树等，大多都有六百年以上的树龄，山上还有红叶树和元宝枫树等，秋霜过后，层林尽染。另外，八大处还保存着珍贵的石刻及元代雕塑，具有一定的历史文化价值。

关于八大处名胜，乾隆曾作《西山晴雪》："银屏重叠湛虚明，朗朗峰头对帝京。万壑晶光迎晓日，千林琼屑映朝晴。寒凝涧口泉犹冻，冷逼枝头鸟不鸣。祇有山僧颇自在，竹炉茗椀伴高清。"

潭柘寺

潭柘寺位于北京西郊门头沟区的东南部，太行山余脉宝珠峰的南麓。寺庙坐落在群峰回环的半坡上，周围有九座连绵的峰峦，构成"九龙戏珠"的地貌形胜，正所谓"深山藏古刹"，充分体现了中国传统寺庙建筑的特色。因山上有龙潭和柘树，故名潭柘山，寺随山名，称为潭柘寺。

潭柘寺历史悠久，俗语有"先有潭柘，后有幽州（今北京）"的说法。相传潭柘寺始建于晋代，原名嘉福寺，唐代改为龙泉寺，以后历经宋、金、元、明多次重修。康熙年间进行了一次大规模的扩建，后经道光、同治年间多次修葺，成为今天的寺庙格局。

寺庙坐北朝南，为庭院式园林布局。建筑群分为中、西、东三路：中路为主要殿堂区，

潭柘寺水院 图示的水院由一个采用汉白玉栏杆环绕的水池和一座歇山顶殿堂组成，是潭柘寺内的景观，称莲池

潭柘寺流杯亭（名"猗玗亭"） 流杯亭的汉白玉石地面上设置有一条蜿蜒曲折的流水槽，泉水可从北侧水槽口流入亭中，再从西侧留出，亭水相映，妙趣横生

包括山门、天王殿、大雄宝殿、三圣殿、毗卢殿五进院落，殿堂庄重华丽，庭院内有苍松翠柏，高大的银杏、柘树，尽显肃穆清幽的气氛。西路为次要殿堂区，主要有戒台、观音殿、龙王殿等组成；庭院较小，种植有古松、修竹。东路主要为园林区，包括方丈院、延清阁、舍利塔、石泉斋、竹林院等。另外，有康熙、乾隆的行宫。寺院茂林修竹，名花异卉，引泉水萦流其间，掇石叠山造景，还建置有流杯亭，营造出一派赏心悦目、雅致自然的园林气氛。

潭柘寺历经皇家资助和千余年的屡次修建，寺庙整体规模宏大，气势巍峨。殿宇参差错落层层排列，装饰精美，气韵宽广，庙宇周围有高大的围墙环绕，院内又布置各类建筑小品，峰回路转，饶有趣味。其园林化的处理别具一格。

潭柘寺内树木葱郁，枝叶掩映，犹如一顶巨大的绿色顶棚，遮阳蔽日，阳光从树隙中射到地面上，斑斑驳驳，漫步在寺内自有一番雅趣。僧院中有一水院，名曰"莲池"。院内正中为一多边形水池，水池四周围有汉白玉石栏杆，池中有石雕的莲子，水池对面是一座歇山顶殿堂。殿前正中的柱子上题有"晨钟初起茶溢香，暮鼓已毕味正浓"的楹联。

潭柘寺内的行宫院里，建有流杯亭，是一座木结构、绿琉璃盖顶的亭子，高6米多，四角上翘，雕梁画栋，气宇不凡。在古代，每到农历的三月初三，人们都到水边聚会和洗浴，传说这样能够平安吉祥。人们还常常将酒杯盛满美酒放在水面上，让其随波逐流，以祈来年五谷丰登。后来，这种习俗被发展成在亭内凿刻水槽代替碧水激流，还将求神祈福的习俗转变为饮酒的即兴游戏（这种游戏的方法是：几个人围坐水边，用酒杯斟上美酒，放到水面上，让酒杯慢慢漂流。谁的酒杯漂得最远，谁就胜出；谁的酒杯较近或在水中倾翻，就算失败。失败者要罚饮美酒一杯，或即兴赋诗一首）。东晋王羲之会稽山下曲水流觞的故事不仅影响了文人墨客纵情山水的情怀，也成为古代造园的惯用手法，同时也丰富了中国园林的内容。

在中国古典园林，尤其是皇家园林中，如紫禁城宁寿宫花园、承德避暑山庄内都建置有流杯亭，体现了帝王的雅兴，也为园林增添了雅致逸趣。于潭柘寺内建流杯亭，颇增添其园林化的意境。

北京潭柘寺

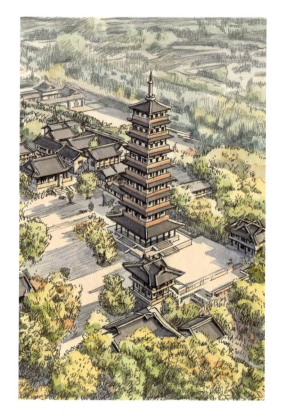

扬州大明寺栖灵塔 初建于隋代,高九层,也是园中最高的建筑。现塔为近代重建,登临塔上可俯瞰大明寺和瘦西湖等周边美景

西园是典型的江南寺庙园林风格,它没有寺庙的佛教气息,同江南其他私家园林一样充满了文人气息。整座园子建筑依山就势,或高或低,风格粗犷,在扬州园林中别具一格。园中建筑较少,水面开阔,树木茂密,富于山林野趣。乾隆多次南巡,每次必到扬州,并且到大明寺游览,曾留下许多诗篇。

园内有乾隆御碑亭,面阔三间,单檐歇山顶,亭内三方石碑并排而立,亭前松柏挺立。内有乾隆游园时留下的亲笔游览诗。园南面是康熙御碑亭,内置摹刻康熙题杭州灵隐寺的御笔。乾隆御碑亭南为一片竹林,竹林前开出一方小池,池旁筑亭,亭前立石碑一块,上刻

扬州大明寺西园 位于扬州大明寺内的西园虽然是一座寺观园林,但园内布局疏朗、景致清雅,显然是受到了当地私家园林的影响

扬州大明寺西园

西园又称御苑,坐落于扬州大明寺平山堂西侧,是附属于大明寺的一处寺观园林。

乾隆元年(1736),扬州巨富汪应庚购地数十亩,在大明寺平山堂旁边营建御苑。咸丰年间,园毁于战火,清末有所增修。中华民国时已经是"惟余古木藤萝,荒池怪石,使怀古者增无穷感喟"的凄凉景象了。新中国成立后,分别进行了三次维修,如今的西园虽没有完全恢复旧貌,但风韵不减当年。

"天下第五泉"字样。唐人张又新在《煎茶水记》中指出，天下适合泡茶的水，按水质来论："扬子江南零水第一；无锡惠山寺石泉水第二；苏州虎丘寺水第三；丹阳观音寺水第四；扬州大明寺水第五；吴淞江水第六；淮水最下第七。"

西园池中有亭阁，池畔有假山，黄山石叠置，奇巧无比。亭阁建筑均沿池布置，池西北角有楠木厅，池南为听石山房。池中岛上又建船厅三间——楠木厅、船厅、听石山房，三座建筑高低错落，构成

扬州大明寺西园第五泉 大明寺西园中现有两口"第五泉"，图示为其中之一，位于西园的东岸，与待月亭相邻

丰富的景观层次。池南端建有五泉茶室，又于池西北角建置殿堂，并供有佛像。

西园布局疏朗，景致清雅，加上园东梵刹崇宇，香火缭绕，为西园园景增添几分神秘缥缈的意境。

其他地区园林

徽州园林

徽州是对安徽南部歙县、黟县、休宁县、祁门县、绩溪县、婺源县（现属江西上饶）的统称，毗邻江西、浙江两省。徽州境内山水资源丰富，享有"天下第一名山"之称的黄山、道教圣地齐云山，如两道天然屏障环拥而立，新安江、太平湖碧波细流萦绕其中。山水相依相映的自然风光孕育出了与秀美山水相得益彰的园林意境。

徽州园林的起源应始于南宋。南宋初年，金兵南下，宋高宗等人仓皇逃往临安（今杭州），此后杭州成为南宋政治、经济、文化的中心，徽州与南宋都城相邻，各方面都深受杭州影响，园林意识也渐渐在这一时期从杭州传入。

徽州以徽商著称。明清之际，徽商称雄江南，虽在外经商，但却又回到家乡，造富村庄。他们不仅修建自己的宅、园，并且还拿出部分资金赞助公共事业，其中就包括修造公共园林。得天独厚的自然条件、丰富悠久的历史文化、雄厚的经济基础共同成就了一枝独秀的徽州园林。

根据园林的营建者和园林的性质，徽州园林大致可分为私家园林和公共园林两大类。私家园林多为徽商在自家的住宅旁或宅

江西婺源　婺源是徽州六县之一，位于江西和安徽的交界处，因近婺水之源而得名

后营建的花园,是家宅的附园,也称后花园。有富足的经济实力作基础,徽商还遍游天下对各地名园略有游览,这为回乡建园提供了条件,徽州的私家园林也成为徽州园林的精华部分。

黟县碧山村的培筠园是徽州遗存的最古老的园林,据有关文献记载,该园始建于南宋,园主是南宋绍兴三年(1133年)的进士。现园内仅留一方石碑,上刻诗文:"万仞巍然叠嶂中,泻来峻落几千重。森森桧柏松花老,又见黄山六六峰。"石碑虽经近千年的风雨侵蚀,但依旧巍然矗立,斑驳陆离的碑身是培筠园千年沧海桑田的历史印证。

檀干园

檀干园,坐落于歙县西10公里唐模村。园名取意《诗经·伐檀》:"坎坎伐檀兮,置之河之干兮。"园由清初富商许氏出资而建,据说因许氏的母亲非常想去西湖游览,但由于交通不便未能如愿,于是许氏就在村里购地建园,以杭州西湖为模本,掘池筑坝,修建阁、楼、亭、榭,园内有桃花林、玉带桥、三潭印月、湖心亭、白堤、环中亭等景观,多仿西湖而建,因此有"小西湖"之称。

清末徽州翰林许承尧曾为檀干园写了一副对联:"喜桃露春浓,荷云夏净,桂风秋馥,梅雪冬妍,地僻历俱忘,四序且凭花事告;看紫霞西耸,飞布东横,天马南驰,灵金北倚,山深人不觉,全村同在画中居。"言语简洁,形象概括地描绘出檀干园春夏秋冬四季的美妙景致。

檀干园位于西塘村村口,以村中的檀干溪为边界,溪对岸种植高大的树木,增强了园内幽深的意境。

镜亭是全园的中心景点,四面环水,前出抱厦,两侧接廊,造型别致生动,亭内墙壁上有苏轼、黄庭坚、米芾、蔡襄、赵孟頫、董其昌、文徵明、祝枝山、朱耷等书法名家的大理石碑刻,正、草、隶、篆,神形兼备,再加上精湛细致的刻工,称得上为书碑精品。亭东为内湖,湖的北岸即为模拟西湖的白堤,堤

歙县檀干园笠亭 笠亭坐落于檀干园的内湖中,采用圆形攒尖顶,四周碧草如茵,将笠亭衬托得更加小巧秀气

上桃红柳绿，堤东碑石刻"桃花林"，为许承尧书写。陶渊明《桃花源记》中有："缘溪行，忘路之远近。忽逢桃花林……芳草鲜美、落英缤纷。" 许承尧在此处留下"桃花林"的石碑，喻含这里与陶渊明的桃花林有着相似的意境。

湖中筑有两座小岛，一为三潭印月，一为湖心岛，岛与堤之间有断桥，模拟西湖"断桥残雪"之景。从堤桥返回，可见一方形水榭，面阔三间，歇山顶，于榭中可观湖全景。榭一侧与龙墙相接，墙前种植芭蕉，每有细雨飘落，在榭中可享"雨打芭蕉"之妙境。墙上不开漏窗，为实墙，一端与园门相接。

檀干园依山傍水，风光旖旎，园林处于村口的位置，进村先游园，使檀干园成为徽州地区的名胜之一。流经唐模村的檀干溪到村口成为水口，因此檀干园又被称为水口园林。

水口园林是徽州地区特有的一种园林形

歙县檀干园沙堤亭　檀干园中的沙堤亭始建于清代，为一座双层的八角石亭，以造型复杂、装饰精细而著称

歙县檀干园镜亭　图示的亭子采用歇山顶，前出抱厦，两侧以游廊相接，称镜亭，是檀干园内的中心建筑

式，实际上它属于公共园林的一部分。水口即水源的出口，是徽州古村落营建中一项重要的设置。"水口"一词，源于风水术，在《地理大全》《入地眼图说》《阴阳宅》等风水术著作中均有提到，水是财富的象征，水来之处为天门，水源滚滚而来，天门才会打开，只有天门开，财则可来。中国古村落的选址往往重视风水。

元代以后，全国风水文化的中心由江西的赣州转移到了安徽徽州地区，有"风水之说，徽人尤重。"明清两代，很多有名的堪舆家都出自徽州。直到现在，仍有"扬州风景，徽州风水"之说。而从生态环境和村落绿化方面来讲，丰富的水资源势必提高村落的整体绿化效果。徽州地区很多村落都在围绕村落的水口修建一些亭、阁、桥廊等园林小品建筑，增植花木，从而使得水口成为带有园林性质的公共活动空间。

宏村

宏村已有八百多年的历史，地处黄山西南麓黟县桃花源盆地的北缘，四周被群峰所抱，大大小小、形态各异的湖池散列其间，古朴简约的民居建筑"面面相向，背背相承，巷道纵横，似连却断，似通却闭。"古楼、古桥、古亭等公共建筑更是以清古悠远的建筑风格，营造出古色古香的村落氛围。

宏村又被称为"牛形村"，以雷岗山为牛头，楼房为牛身，荷塘为牛肚，古树为牛角，过去村中有四座木桥为牛腿，宏村人意在把整

安徽宏村南湖 安徽省黄山市黟县宏村南湖是这个古村落仿牛形风水建筑说法中的两个"牛胃"之一。宏村建于明万历丁未年（1607），这个村落经永乐年间到万历年间的营造，楼舍连栋，人口繁衍，光靠位于村中一个半圆形平面的月塘蓄水已不够村民使用，于是在万历丁未年将村南百亩良田凿出新的水面，建成南湖，1986年建造了中堤

个村庄营造成一头静卧于青山绿水中的耕牛，这其中也蕴含着宏村人的兢兢业业、永不停息的精神风貌。

宏村是一个完整的园林体系，共有八景：西溪雪霭、石濑夕阳、月沼风荷、雷岗秋月、南湖春晓、东山松涛、黄雉秋色、梓路钟声等。

在村落的中央是一泓半月形的池塘，状如新月，村人称它为月沼。村中的民居、祠堂、园林均围绕月沼建置，鳞次栉比，形成一派独特的江南园林景观。

宏村这座大园林中包含着许多小的私家园林，碧园、松鹤堂、承志堂、敬修堂、德义堂、居善堂，姿态各异，风情万种。

板桥林家花园

林家花园位于台湾省台北市郊的板桥，是清代台湾最著名的园林。

光绪初年，林维源在家宅旧址上营建林家花园，又名板桥别墅。光绪二年（1876）及光绪九年（1883），林维源资助海防及督办台北府筑城有功，历授官职，因此，光绪十四年（1888）林家花园又被大加扩建，凿池、筑山，构建亭、阁、楼、轩，历时五年，到光绪十九年（1893）花园全部完工。据有关资

台湾板桥林家花园局部鸟瞰图 图为林家花园的一部分，其中包括定静堂、月波水榭和香玉簃

台湾板桥林家花园漏窗 图示的两个漏窗均出自林家花园中,为砖墙上的装饰。这些漏窗不仅形制复杂,且每一部分都有漏空,可通过窗上的孔洞看到墙内外的风景

这一代名园能够在今天重现昔日光彩。

林家花园的总体布局采用化整为零的一系列庭院组合方式,利用建筑把全园划分成若干功能各异的庭院空间,全园整体布局没有中轴线,而每个庭院建筑却又主从分明,重点突出,从而形成整体分散、局部集中,零而不乱的园林格局。

定静堂是林家花园中规模最大的建筑群,是招待贵客宴客之所在。定静堂是一座四合院建筑,院落中心有歇山屋顶中廊,使出入的人们免受风吹日晒。中廊把天井分割成两个小的天井,也使得庭院空间更为封闭。与封闭狭小的中庭相对,前庭院则更显宽广,有豁然开朗的感觉,这也是设计者考虑到封闭庭院给人压抑之感,应提供更广阔的空间以舒缓情绪而特意设置的。前庭两侧的粉墙上开有月洞门,左侧洞门两边是蝴蝶形漏窗,右侧洞门两侧为蝙蝠形漏窗,"蝴""蝠"都与"福"谐音,表达了主人祈福的愿望。

过左、右月洞门,可达月波水榭。水榭为木石混合结构,由两个菱形建筑相连而成。榭四周绕水,各面都有窗,有小桥与外面相连,旁边假山上设回旋式楼梯,可登上屋顶。月波水榭外观造型奇特,使用较少见的菱形平面,其笔直硬朗的折线与椭圆形水池柔和的曲线形成强烈对比,相互衬托,特点突出。水榭的另一个特别之处在于,它融中国园林中观水的榭和观景的亭于一体,榭内可观鱼赏水,登上屋顶又可以举目远眺。

定静堂左月洞门通往园内最大的水池,榕荫大池。池北面堆叠假山,据说这是园主林维源因思念家乡漳州的景色而特意仿造的,山石

料记载,此次造园的工匠多从闽南地区聘请,筑园材料也从福建、广东,甚至云南等地购得,营建费用高达白银五十万两。可惜花园建成后的第二年,爆发了中日甲午战争,次年清政府与日本签订《马关条约》,把台湾岛及其附属岛屿割让给日本。林家不甘被日本人统治,于是迁回厦门,庭院逐渐荒废。直到1982年,由台北市政府出资进行全面修复。如今的林家花园是按照当时的样子整建的,在材料、施工方法上也尽量与原来保持一致,使

台湾板桥林家花园全景图

台湾板桥林家花园来青阁 来青阁的内外部均有精美的雕刻彩绘，将这座建筑装点得更加华贵大方

间栽植榕树，并以此命名榕荫大池。一条长堤将水池分隔成两半，而半月桥使水面相通。云锦淙方亭建于桥头，是园中唯一一座四面环水的亭子，沿池又建置许多形态各异的凉亭，三角形、方形、八角形等，亭子周围都有美景相配，形成以游赏为主的景区。

方鉴斋是进园后第一座院落，位居院内一隅，环境十分安静、清雅，非常适合读书，林家把此处用作读书交友的场所。院内布置精巧，亭阁、戏台面水而建，隔水相望，池中朵朵莲荷悦心赏目。

林家花园总结了台湾文化和闽南一带的造园趣旨，不同于江南园林的自然雅洁，以其精细华丽、复杂而又严谨的秩序独具一格，成为大陆与台湾文化相和相补的园林艺术作品。

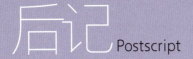

纵观中国园林的发展历史，我们可以归纳出这样的经验，即经济能力的增强可以促进园林营造数量上的增长，但园林艺术的形成却是依赖于文人的具体参与和对中国其他艺术的大量吸收与借鉴。本书的编写目的，就是为了使读者能够全面了解中国历史和中华文化。

我曾经到中国各地去实地考察园林，除了大家熟知的皇家园林、江南园林以外，还包括分散于各处的北方园林、皖南园林、岭南园林以及西藏的罗布林卡、台湾板桥的林家花园等。园林空间的精彩在于现场给人的艺术感染力，即便是用建筑的平面图、立面图、剖面图和照片来表示，还是不能给人带来那种亲临现场的激动。

我在加拿大的多伦多大学建筑学院和英国的格拉斯哥美术学院建筑系都遇到过国外建筑学者谈到参观苏州园林时的兴奋："一个小小的三角形平面空间，透过前后两个叠加在一起的不同形状的窗户看过去，就像是立体的取景框，里面是一棵芭蕉树，树的背后是白色的墙面，墙面的顶端是弯曲起伏的墙的屋顶……"

事实上，这种中国园林之美是只可意会、不可言传的。也因此，我建议对中国园林感兴趣的读者，有条件时一定要尽可能地多看一些优秀的古典园林实例，这是了解园林史的重要途径之一。

王其钧
于中央美术学院城市设计学院人文社科中心

参考文献 Reference

[1] 周维权. 中国古典园林史[M]. 北京：清华大学出版社，1999.

[2] 刘叙杰. 中国古代建筑史：第一卷[M]. 北京：中国建筑工业出版社，2003.

[3] 傅熹年. 中国古代建筑史：第二卷[M]. 北京：中国建筑工业出版社，2001.

[4] 郭黛姮. 中国古代建筑史：第三卷[M]. 北京：中国建筑工业出版社，2003.

[5] 潘谷西. 中国古代建筑史：第四卷[M]. 北京：中国建筑工业出版社，2003.

[6] 孙大章. 中国古代建筑史：第五卷[M]. 北京：中国建筑工业出版社，2003.

[7] 赵兴华. 北京园林史话[M]. 北京：中国林业出版社，2000.

[8] 张家骥. 中国造园艺术史[M]. 太原：山西人民出版社，2004.

[9] 张家骥. 中国造园论[M]. 太原：山西人民出版社，2003.

[10] 章采烈. 中国园林艺术通论[M]. 上海：上海科学技术出版社，2004.

[11] 曹林娣. 中国园林文化[M]. 北京：中国建筑工业出版社，2005.

[12] 刘敦桢. 苏州古典园林[M]. 北京：中国建筑工业出版社，2005.

[13] 张富强. 皇城宫苑之三：北海北岸风光[M]. 北京：中国档案出版社，2003.

[14] 张富强. 皇城宫苑之四：北海东岸风光[M]. 北京：中国档案出版社，2003.

[15] 张富强. 皇城宫苑之一：北海团城[M]. 北京：中国档案出版社，2003.

[16] 张富强. 皇城宫苑之二：北海琼华岛[M]. 北京：中国档案出版社，2003.

[17] 洪振秋. 中国文化遗珍·徽州卷：徽州古园林[M]. 沈阳：辽宁人民出版社，2004.

[18] 汪菊渊. 中国古代园林史[M]. 北京：中国建筑工业出版社，2006.

[19] 徐建融. 园林·府邸[M]. 上海：上海人民美术出版社，1996.

[20] 程里尧. 中国古建筑大系：文人园林建筑[M]. 北京：中国建设工业出版社，2004.

[21] 程里尧. 中国古建筑大系：皇家苑囿建筑[M]. 北京：中国建设工业出版社，2004.

[22] 陈从周. 中国园林鉴赏辞典[M]. 上海：华东师范大学出版社，2001.

[23] 刘庭风. 中国古园林之旅[M]. 北京：中国建筑工业出版社，2004.

[24] 王其钧，邵松. 古典园林[M]. 北京：中国水利水电出版社，2005.

[25] 潘谷西. 江南理景艺术[M]. 南京：东南大学出版社，2001.

[26] 彭一刚. 中国古典园林分析[M]. 北京：中国建筑工业出版社，1986.

中华文明的一个重要特点是它的连续性，中国园林是中华文化发展过程中逐渐形成的一个艺术门类，就园林艺术的发展来说，自古至今从未中断过。中国园林作为中华文化的一部分，是中国古代建筑艺术中的瑰宝，是中国建筑中灵活生动、富有变化和艺术情调的建筑种类之一，是中国古代传统建筑中的精华部分。中国园林集中国文化与建筑营造为一体，创造出一种画境诗情般的空间形式，在本书中，中国传统的诗意、画境、美感、情趣等园林组成要素得到具体解读。以诗为据，以画辅文，跟随本书一起领略中国园林这一中华民族的瑰宝彰显出的独特魅力。本书可供园林专业从业者、园林专业学生及园林文化爱好者阅读学习。

北京市版权局著作权合同登记　图字 01-2023-4424。

图书在版编目（CIP）数据

游园入梦：宛自天成的中国园林 /（加）王其钧著．—北京：机械工业出版社，2023.11
（建筑的语言）
ISBN 978-7-111-74751-2

Ⅰ.①游… Ⅱ.①王… Ⅲ.①园林建筑—建筑史—中国　Ⅳ.
① TU-098.42

中国国家版本馆 CIP 数据核字（2024）第 041631 号

机械工业出版社（北京市百万庄大街 22 号　邮政编码 100037）
策划编辑：赵　荣　　　　责任编辑：赵　荣　张大勇
责任校对：孙明慧　王　延　责任印制：张　博
装帧设计：鞠　杨

北京利丰雅高长城印刷有限公司印刷
2025 年 5 月第 1 版第 1 次印刷
185mm×250mm · 24.75 印张 · 560 千字
标准书号：ISBN 978-7-111-74751-2
定价：199.00 元

电话服务　　　　　　网络服务
客服电话：010-88361066　　机　工　官　网：www.cmpbook.com
　　　　　010-88379833　　机　工　官　博：weibo.com/cmp1952
　　　　　010-68326294　　金　书　网：www.golden-book.com
封底无防伪标均为盗版　　机工教育服务网：www.cmpedu.com